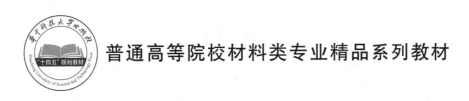

普通高等院校材料类专业精品系列教材

材料液态成形模拟方法及其应用

主　编　周建新

副主编　殷亚军　计效园

参　编　沈　旭　李　文

U0180112

华中科技大学出版社

中国·武汉

内 容 简 介

本教材系统地阐述了材料液态成形(铸造)过程数值模拟理论及其求解方法和应用实例。先简要介绍了材料成形模拟技术与基本方法;再按先理论后实例的方式分别介绍了成形过程涉及的温度场、流动场、应力场、浓度场、电磁场以及微观组织模拟等六个方面,较好地覆盖了目前材料成形数值模拟技术的各个方面。其中,理论部分详细介绍了各种物理场对应的数学模型与求解方法,实例部分则针对可能的成形缺陷以及对应的工艺优化举例进行了详细说明。数值模拟技术是近几十年来尤其是近二十年来铸造等材料成形领域发展的最重要的新兴技术,本教材顺应时代新发展以及研究生教育的改革,能够充实目前材料加工工程领域数值模拟教学实力,为铸造行业数值模拟人才的培养提供必备利器。

图书在版编目(CIP)数据

材料液态成形模拟方法及其应用/周建新主编. —武汉:华中科技大学出版社,2023.3
ISBN 978-7-5680-8355-3

Ⅰ.①材…　Ⅱ.①周…　Ⅲ.①工程材料-成型-数值模拟　Ⅳ.①TB3

中国国家版本馆 CIP 数据核字(2023)第 057194 号

材料液态成形模拟方法及其应用
Cailiao Yetai Chengxing Moni Fangfa ji Qi Yingyong

周建新　主编

策划编辑:张少奇
责任编辑:罗　雪
封面设计:原色设计
责任监印:周治超
出版发行:华中科技大学出版社(中国·武汉)　　电话:(027)81321913
　　　　　武汉市东湖新技术开发区华工科技园　　邮编:430223
录　排:武汉市洪山区佳年华文印部
印　刷:武汉科源印刷设计有限公司
开　本:787mm×1092mm　1/16
印　张:16.5
字　数:423 千字
版　次:2023 年 3 月第 1 版第 1 次印刷
定　价:62.00 元

本书若有印装质量问题,请向出版社营销中心调换
全国免费服务热线:400-6679-118　竭诚为您服务
版权所有　侵权必究

前　言

金属液态成形(铸造)是指将熔融金属在重力场或其他外力场(压力场、离心力场、电磁力场等)作用下浇入铸型中,冷却并凝固而获得具有型腔形状制品的成形方法。随着计算机与数值分析等技术的发展,铸造工艺设计从过去依靠"实际试错法",到现在通过成形过程数值模拟进行"电脑试错",在计算机虚拟环境中完成铸造工艺的优化设计。在传统铸锻焊等热成形工艺中,铸造是普遍公认的数值模拟技术应用最为成熟的领域,近40年国内外也出现了许多成熟的商业化软件,已成为提高铸件质量以及铸造成形技术水平的重要手段,可实现铸件成形制造过程的工艺优化,预测铸件组织、性能,确保铸件质量,显著缩短产品研发周期,降低生产费用,并大量节约资源与能源。数值模拟技术使铸造实现了由传统的"睁眼造型,闭眼浇铸"到现代的"睁眼造型,睁眼浇铸"的转变。

虽然铸造行业已经普遍认可数值模拟在工艺优化设计方面的巨大作用,但是从"有用"到"用好"的转变,不仅需要一批具有远见卓识的企业家、高水平的软件研发人员,还需要培养一大批懂铸造数值模拟的管理人员、技术人员以及软件使用者。在此背景下,编者结合近20年教学经验,与华铸软件中心近40年的铸造数值模拟技术方面的研发与实践工作经验,以及作为所在单位材料加工工程方向研究生负责人近10年的管理经验,编写此教材,以求充实目前材料加工工程领域数值模拟方面的教程,为材料成形铸造等行业数值模拟人才的培养提供必备利器。

铸造数值模拟涉及材料加工、力学、数学、计算机、软件等多个学科,因此,在教材编写时,编者对于难以理解的、跨学科的基本概念和基本理论,叙述上由浅入深、循序渐进。秉承所提出的"实际案例搬进教材"的教学理念,编者将90余个案例、200余张铸件图片放入教材中,让学生更能深入理解和运用模拟技术。为了使学生学会总结归纳所学知识并训练学生分析问题和解决问题的能力,每一章均安排了学习指导与习题,书末也提供了教材编写的参考文献,可供读者进一步学习。教材共13章;第1、2章概述了材料成形模拟技术以及数值模拟基本方法;第3~13章使用"先理论、后实例"的方式介绍了铸件成形过程所涉及的温度场、流动场、应力场、浓度场、电磁场以及微观组织模拟等6个方面,理论部分详细介绍了每一种物理场对应的数学模型与求解方法,实例部分则针对可能的成形缺陷以及对应的工艺优化举例进行了详细说明,较好地覆盖了目前铸造数值模拟技术各个方面。

本教材由华中科技大学周建新、殷亚军、计效园、沈旭、李文共同编写完成。其中:周建新为主编,负责第1章、第2章的编写以及全书的统稿;殷亚军为副主编,负责第3章、第5章、第7章、第9章的编写;计效园为副主编,负责第4章、第6章、第8章、第10章的编写;沈旭负责第11章、第12章的编写,李文负责第13章的编写。本书可作为高等院校材料加工工程专业的研究生教材,也可作为材料加工工程液态成形等相关方向的科研工作者、企业工程管理者、工艺优化设计人员以及关注数字化、信息化、智能化技术的人员的参考书。鉴于编者水平有限,书中不足之处还请读者批评指正。

周建新

2022 年 11 月于华中科技大学

目　　录

第1章　绪论 ·· (1)

　学习指导 ·· (1)

　第1节　研究目的与研究内容 ·· (1)

　　1. 研究目的 ·· (1)

　　2. 研究内容 ·· (2)

　第2节　数值分析方法 ·· (2)

　　1. 有限差分法(FDM) ·· (2)

　　2. 有限元法(FEM) ·· (3)

　　3. 有限体积法(FVM) ·· (3)

　　4. 直接差分法(DFDM) ··· (3)

　　5. 边界元法(BEM) ·· (4)

　第3节　CAE软件组成 ··· (4)

　　1. 前处理模块 ··· (4)

　　2. 计算分析模块 ··· (5)

　　3. 后处理模块 ··· (5)

　本章小结 ·· (6)

　本章习题 ·· (6)

第2章　数值模拟方法基础 ··· (7)

　学习指导 ·· (7)

　第1节　有限差分法基础 ·· (7)

　第2节　差分原理及逼近误差 ·· (8)

　　1. 差分原理 ··· (8)

　　2. 逼近误差 ··· (9)

　第3节　差分方程、截断误差和相容性 ··· (11)

　第4节　收敛性与稳定性 ·· (15)

　　1. 收敛性 ·· (15)

　　2. 差分格式的依赖区间与影响区域 ··· (17)

　第5节　Lax等价定理 ·· (18)

　第6节　有限元法概述 ··· (19)

　第7节　变分原理 ··· (20)

　第8节　里兹法 ··· (20)

　第9节　有限元求解基本过程 ·· (21)

　　1. 确定位移插值函数 ·· (21)

　　2. 建立应变应力矩阵 ·· (23)

　　3. 建立单元刚度方程 …………………………………………………… (24)
　　4. 建立并求解整体刚度方程 …………………………………………… (24)
　本章小结 ………………………………………………………………… (24)
　本章习题 ………………………………………………………………… (25)
第 3 章　温度场数学模型与数值求解 ……………………………………… (26)
　学习指导 ………………………………………………………………… (26)
　第 1 节　传热的基本方式 ……………………………………………… (26)
　　1. 热传导 ……………………………………………………………… (26)
　　2. 热对流 ……………………………………………………………… (27)
　　3. 热辐射 ……………………………………………………………… (27)
　第 2 节　温度场数学模型 ……………………………………………… (27)
　　1. 傅里叶定律 ………………………………………………………… (27)
　　2. 热传导微分方程 …………………………………………………… (28)
　第 3 节　基于有限差分法的离散 ……………………………………… (29)
　　1. 二维场合的离散格式 ……………………………………………… (29)
　　2. 三维场合的离散格式 ……………………………………………… (30)
　第 4 节　初始条件与边界条件 ………………………………………… (31)
　　1. 初始条件 …………………………………………………………… (31)
　　2. 边界条件 …………………………………………………………… (32)
　第 5 节　潜热处理 ……………………………………………………… (34)
　　1. 定义 ………………………………………………………………… (34)
　　2. 考虑析出潜热的热能守恒式 ……………………………………… (34)
　　3. 固相率和温度的关系 ……………………………………………… (35)
　　4. 潜热的实际处理方法 ……………………………………………… (36)
　第 6 节　温度场数值模拟流程图 ……………………………………… (40)
　本章小结 ………………………………………………………………… (40)
　本章习题 ………………………………………………………………… (41)
第 4 章　温度场模拟实例 …………………………………………………… (42)
　学习指导 ………………………………………………………………… (42)
　第 1 节　概述 …………………………………………………………… (42)
　第 2 节　砂型铸钢件应用实例 ………………………………………… (42)
　　1. 壳体铸件凝固过程模拟 …………………………………………… (42)
　　2. 索箍铸件的工艺优化 ……………………………………………… (43)
　　3. 大型下机架铸钢件工艺优化 ……………………………………… (44)
　　4. 半齿圈工艺改进 …………………………………………………… (45)
　　5. 大型牌坊铸钢件凝固过程模拟 …………………………………… (45)
　　6. 普通碳钢阀体凝固过程模拟 ……………………………………… (46)
　　7. 不锈钢阀体工艺改进 ……………………………………………… (46)
　　8. Ⅱ型体铸钢件工艺改进 …………………………………………… (48)

   9. 某铸钢件工艺优化 ……………………………………………… (49)

   10. 轧辊凝固过程模拟 ……………………………………………… (49)

第 3 节　熔模铸钢件应用实例 ……………………………………… (51)

   1. 熔模铸件 A 凝固过程模拟 …………………………………… (51)

   2. 熔模铸件 B(锤头)的工艺优化 ……………………………… (52)

   3. 熔模铸件 C 凝固过程模拟 …………………………………… (52)

   4. 熔模铸件 D 的工艺优化 ……………………………………… (52)

   5. 熔模铸件 E 凝固过程模拟 …………………………………… (54)

   6. 熔模铸件 F 凝固过程模拟 …………………………………… (54)

   7. 熔模铸件 G 凝固过程模拟 …………………………………… (55)

   8. 熔模铸件 H 凝固过程模拟 …………………………………… (56)

   9. 熔模铸件 I 凝固过程模拟 …………………………………… (57)

第 4 节　球铁件应用实例 …………………………………………… (57)

   1. 汽车后桥壳工艺改进 ………………………………………… (57)

   2. 排气管凝固过程模拟 ………………………………………… (58)

   3. 主轴箱工艺优化 ……………………………………………… (58)

   4. 某大型球铁件凝固过程模拟 ………………………………… (62)

   5. 某汽车球铁件工艺优化 ……………………………………… (63)

   6. 某微型球铁件工艺优化 ……………………………………… (68)

   7. 联轴器工艺优化 ……………………………………………… (68)

第 5 节　灰铁件应用实例 …………………………………………… (69)

   1. 制动盘工艺优化 ……………………………………………… (69)

   2. DISA 灰铁件凝固过程模拟 …………………………………… (69)

   3. 保温冒凝固过程模拟 ………………………………………… (70)

   4. 汽车灰铸铁凝固过程模拟 …………………………………… (70)

   5. 滑阀凝固过程模拟 …………………………………………… (71)

第 6 节　铜合金铸件应用实例 ……………………………………… (72)

   1. 螺旋桨叶片凝固过程模拟 …………………………………… (72)

   2. 内壳体凝固过程模拟 ………………………………………… (72)

   3. 叶轮凝固过程模拟 …………………………………………… (73)

   4. 泵体凝固过程模拟 …………………………………………… (74)

   5. 精密铸铜件凝固过程模拟 …………………………………… (75)

第 7 节　铝合金重力铸件应用实例 ………………………………… (76)

   1. 铝合金轮毂铸件 A 凝固过程工艺分析 ……………………… (76)

   2. 铝合金轮毂铸件 B 凝固过程工艺分析 ……………………… (77)

   3. 铝合金铸件 C 凝固过程工艺优化 …………………………… (77)

   4. 铝合金铸件 D 凝固过程工艺优化 …………………………… (77)

   5. 铝合金铸件 E 凝固过程工艺分析 …………………………… (79)

第 8 节　铝合金低压铸件应用实例 ………………………………… (80)

　　　1. 铝合金低压轮毂铸件 A 凝固过程工艺分析 ……………………………………（80）

　　　2. 铝合金低压连接器铸件 B 凝固过程工艺分析 ………………………………（81）

　　　3. 铝合金低压铸件 C 凝固过程工艺分析 …………………………………………（81）

　　　4. 铝合金低压箱体铸件 D 凝固过程工艺分析 …………………………………（82）

　　　5. 铝合金低压轮毂铸件 E 凝固过程工艺分析 …………………………………（82）

　　第 9 节　压铸件应用实例……………………………………………………………（83）

　　　1. 铝合金压铸件 A 凝固过程模拟 ………………………………………………（83）

　　　2. 铝合金压铸件 B 凝固过程模拟 ………………………………………………（84）

　　　3. 锌合金压铸件 C 凝固过程模拟 ………………………………………………（84）

　　本章小结…………………………………………………………………………………（85）

　　本章习题…………………………………………………………………………………（85）

第 5 章　流动场数学模型与数值求解 ……………………………………………………（86）

　　学习指导…………………………………………………………………………………（86）

　　第 1 节　流体的基本概念……………………………………………………………（86）

　　　1. 恒定流动和非恒定流动 …………………………………………………………（86）

　　　2. 层流和紊流 ………………………………………………………………………（87）

　　　3. 黏性流与牛顿流体 ………………………………………………………………（87）

　　第 2 节　流动分析的主要方法………………………………………………………（87）

　　　1. SIMPLE 方法 ……………………………………………………………………（87）

　　　2. MAC 及 SMAC 方法 ……………………………………………………………（87）

　　　3. SOLA-VOF 方法 …………………………………………………………………（88）

　　　4. SOLAMAC 方法 …………………………………………………………………（88）

　　　5. FAN 方法 …………………………………………………………………………（88）

　　　6. Finite Volume 方法 ………………………………………………………………（89）

　　　7. 格子气模型 ………………………………………………………………………（89）

　　第 3 节　流动场数学模型……………………………………………………………（89）

　　　1. 从 Eular 方程到 Navier-Stokes 方程 …………………………………………（89）

　　　2. 分离时间变量 ……………………………………………………………………（91）

　　　3. 方程的矢量形式 …………………………………………………………………（91）

　　　4. 连续性方程 ………………………………………………………………………（92）

　　第 4 节　流动场数学模型的离散……………………………………………………（92）

　　　1. 离散格式的选择 …………………………………………………………………（92）

　　　2. 动量守恒方程（Navier-Stokes 方程）的离散 ………………………………（92）

　　　3. 连续性方程的离散 ………………………………………………………………（93）

　　第 5 节　SOLA-VOF 方法 …………………………………………………………（93）

　　　1. 体积函数的求值 …………………………………………………………………（93）

　　　2. SOLA-VOF 计算方法 ……………………………………………………………（94）

　　第 6 节　流动与传热耦合计算………………………………………………………（95）

　　第 7 节　流动场计算分析的流程……………………………………………………（97）

本章小结 ·· (98)

本章习题 ·· (98)

第 6 章　流动场模拟实例 ·· (99)

学习指导 ·· (99)

第 1 节　概述 ··· (99)

第 2 节　铸钢件应用实例 ··· (99)

　　1. 前压圈铸钢件充型过程模拟 ··· (99)

　　2. 熔模阀体铸件充型过程模拟 ··· (100)

　　3. 砂型阀体铸件充型过程模拟 ··· (100)

第 3 节　球铁件应用实例 ··· (102)

　　1. 球铁排气管铸件充型过程模拟 ·· (102)

　　2. 球铁透平缸体充型过程模拟 ··· (103)

　　3. 球铁钢锭模铸件充型过程模拟 ·· (104)

　　4. 球铁 DISA 铸件充型过程模拟 ·· (105)

第 4 节　灰铸铁件应用实例 ·· (106)

　　1. 柴油机机体充型过程模拟 ·· (106)

　　2. 灰铁箱体盖充型过程模拟 ·· (108)

　　3. 柴油机缸体充型过程模拟 ·· (108)

第 5 节　铜合金铸件应用实例 ··· (109)

　　1. 内壳体铜合金铸件充型过程模拟 ··· (109)

　　2. 铜合金泵体充型过程模拟 ·· (110)

　　3. 铜合金倾转铸件充型过程模拟 ·· (111)

第 6 节　铝合金重力铸件应用实例 ·· (112)

　　1. 某铝合金砂型铸件充型过程模拟 ··· (112)

　　2. 铝合金定子铸件充型过程模拟 ·· (112)

　　3. 铝合金倾转铸件充型过程模拟 ·· (113)

第 7 节　低压铸件应用实例 ·· (114)

　　1. 上箱体低压铸件充型过程模拟 ·· (114)

　　2. 前罩低压铸件充型过程模拟 ··· (115)

　　3. 箱体低压铸件充型过程模拟 ··· (116)

第 8 节　压铸件应用实例 ··· (116)

　　1. 铝合金压铸后盖充型过程模拟 ·· (116)

　　2. 铝合金压铸件舱体充型过程模拟 ··· (116)

　　3. 铝合金压铸件硬盘壳充型过程模拟 ·· (118)

　　4. 某锌合金压铸件充型过程模拟 ·· (119)

　　5. 锌合金压铸件烘手罩充型过程模拟 ·· (119)

　　6. 铝合金压铸件盖体充型过程模拟 ··· (120)

　　7. 某铝合金压铸件充型过程模拟 ·· (120)

　　8. 铝合金压铸件变速箱充型过程模拟 ·· (121)

本章小结 ··· (123)

本章习题 ··· (123)

第7章　应力场数学模型与数值求解 ································· (124)

学习指导 ··· (124)

第1节　引言 ·· (124)

第2节　应力场数学模型 ·· (125)

第3节　热-力耦合数学模型 ·· (125)

第4节　热-应力场数学模型离散 ······································ (126)

　　1. 离散化过程 ··· (126)

　　2. 单元平衡方程的组装及约束处理 ···························· (127)

　　3. 本构方程的离散 ·· (129)

　　4. 热载荷的离散 ·· (132)

第5节　应力场计算分析流程 ··· (133)

本章小结 ··· (134)

本章习题 ··· (134)

第8章　应力场模拟实例 ·· (135)

学习指导 ··· (135)

第1节　概述 ·· (135)

第2节　铸造凝固应力场模拟应用实例 ································ (135)

　　1. 应力框试件应力场模拟 ······································· (135)

　　2. 减速箱箱体铸件应力场模拟 ·································· (138)

　　3. 槽板铸件应力场模拟 ··· (139)

　　4. 铝合金机壳试件应力场模拟 ·································· (140)

第3节　固定端上摆热处理应力场模拟实例 ·························· (142)

　　1. 模拟参数的确定 ·· (142)

　　2. 温度场模拟结果与分析 ······································· (143)

　　3. 应力场模拟结果与分析 ······································· (144)

　　4. 变形量模拟结果与分析 ······································· (145)

第4节　固定端上摆补焊应力场模拟实例 ····························· (146)

　　1. 模拟参数的确定 ·· (146)

　　2. 温度场模拟分析与讨论 ······································· (147)

　　3. 应力场模拟分析与讨论 ······································· (148)

第5节　弯梁铝合金铸件热处理时效应力模拟实例 ··················· (150)

　　1. 弯梁铸件几何模型及划分网格 ································ (150)

　　2. 合金材料参数及工艺条件 ····································· (151)

　　3. 应力变形模拟结果分析与讨论 ································ (152)

　　4. 时效处理模拟结果分析与讨论 ································ (155)

本章小结 ··· (156)

本章习题 ··· (156)

第 9 章　浓度场数学模型与数值求解 ·· (157)

　学习指导 ·· (157)

　第 1 节　概述 ·· (157)

　第 2 节　宏观偏析缺陷预测理论模型 ·· (158)

　第 3 节　溶质扩散理论基础 ·· (160)

　　1. 物质间的传质方式 ·· (160)

　　2. 凝固尺度 ··· (160)

　　3. 宏观偏析机理 ··· (161)

　第 4 节　铸造浓度场特性及数值求解过程 ·· (162)

　　1. 铸造浓度场的特性 ··· (162)

　　2. 数值求解过程 ··· (162)

　第 5 节　铸造浓度场求解流程图 ·· (165)

　本章小结 ·· (165)

　本章习题 ·· (166)

第 10 章　浓度场模拟实例 ·· (167)

　学习指导 ·· (167)

　第 1 节　概述 ·· (167)

　第 2 节　自然对流下浓度场模拟实例 ·· (167)

　　1. 二维 Fe-C 合金算例研究 ·· (167)

　　2. 三维铸钢件模拟研究 ··· (173)

　第 3 节　等轴晶移动浓度场模拟实例 ·· (182)

　　1. 二维 Fe-C 合金算例研究 ·· (182)

　　2. 三维铸钢件模拟研究 ··· (183)

　本章小结 ·· (185)

　本章习题 ·· (185)

第 11 章　电磁场数学模型与数值求解 ·· (186)

　学习指导 ·· (186)

　第 1 节　概述 ·· (186)

　　1. 感应电炉熔炼过程与简化的物理模型 ·· (186)

　　2. 金属凝固过程与简化的物理模型 ·· (187)

　　3. 基本假设 ··· (188)

　第 2 节　电磁场数学模型 ·· (188)

　　1. 电磁场控制方程数学建模 ·· (188)

　　2. 复矢量磁位和复标量电位描述求解方程组 ·································· (190)

　　3. 边界条件 ··· (191)

　第 3 节　电磁条件下多物理场数学模型 ··· (193)

　　1. 假设条件 ··· (193)

　　2. 传热与流动耦合数学模型 ·· (194)

　　3. 流动与传质耦合数学模型 ·· (195)

　第 4 节　电磁条件下多物理场数学模型离散 ····································· (196)

　　1. 混合交错网格模型建立 ……………………………………………（196）

　　2. 涡流区 V_m 内 ………………………………………………………（199）

　　3. 非涡流区 V_o 内 ………………………………………………………（200）

　　4. 求解域外边界上 …………………………………………………（200）

　　5. 涡流区外边界上 …………………………………………………（200）

　　6. 电磁收敛条件 ……………………………………………………（203）

　第 5 节　电磁条件下多物理场模拟计算流程图 ……………………（203）

　本章小结 ……………………………………………………………（205）

　本章习题 ……………………………………………………………（205）

第 12 章　电磁场模拟实例 ……………………………………………（206）

　学习指导 ……………………………………………………………（206）

　第 1 节　感应电炉熔炼过程电磁场数值模拟算例 …………………（206）

　　1. 引言 ………………………………………………………………（206）

　　2. 模型网格与计算参数 ……………………………………………（207）

　　3. 电磁场模拟结果与分析 …………………………………………（208）

　　4. 电磁传热耦合行为模拟结果与分析 ……………………………（213）

　　5. 传热与流动行为耦合模拟结果与分析 …………………………（217）

　第 2 节　铸钢锭凝固过程电磁场数值模拟算例 ……………………（219）

　　1. 引言 ………………………………………………………………（219）

　　2. 模型网格与计算参数 ……………………………………………（219）

　　3. 电磁场模拟结果与分析 …………………………………………（221）

　　4. 传热行为数值模拟结果与分析 …………………………………（225）

　　5. 流动行为数值模拟结果与分析 …………………………………（226）

　　6. 传质行为数值模拟结果与分析 …………………………………（230）

　本章小结 ……………………………………………………………（235）

　本章习题 ……………………………………………………………（235）

第 13 章　金属材料成形微观组织模拟 ………………………………（236）

　学习指导 ……………………………………………………………（236）

　第 1 节　概述 ………………………………………………………（236）

　第 2 节　微观组织模拟方法 ………………………………………（237）

　　1. 合金凝固组织模拟数理基础 ……………………………………（237）

　　2. 组织模拟的数值方法 ……………………………………………（239）

　第 3 节　液态成形凝固组织模拟实例 ………………………………（242）

　　1. 元胞自动机方法枝晶组织模拟实例 ……………………………（242）

　　2. 元胞自动机方法晶粒结构模拟实例 ……………………………（244）

　　3. 相场法二元及多元合金组织模拟实例 …………………………（246）

　　4. 相场法两相及多相组织模拟实例 ………………………………（248）

　本章小结 ……………………………………………………………（250）

　本章习题 ……………………………………………………………（251）

参考文献 ………………………………………………………………（252）

第1章 绪 论

学习指导

学习目标

(1) 掌握液态成形模拟技术的研究目的与研究内容；

(2) 掌握液态成形模拟的常用数值分析方法；

(3) 掌握液态成形模拟软件的组成与主要功能。

学习重点

(1) 液态成形模拟技术的研究内容；

(2) 常用数值分析方法；

(3) 模拟分析软件的组成；

(4) 模拟分析软件的功能。

学习难点

(1) 液态成形模拟技术的研究目的；

(2) 如何正确理解模拟软件的作用。

第1节 研究目的与研究内容

1. 研究目的

一般说来，数值模拟 CAE(计算机辅助工程)技术是通过建立能够准确描述研究对象某一过程的数学模型，采用合适可行的求解方法，以在计算机上模拟仿真研究对象的特定过程，分析有关影响因素，预测这一特定过程的可能趋势与结果的技术。液态成形数值模拟 CAE 技术的研究目的是在计算机虚拟的环境下，通过交互方式制订合理的工艺，而不需要或少做现场试生产，从而大幅度缩短新产品开发周期，降低废品率，提高经济效益。

2. 研究内容

液态成形数值模拟 CAE 技术涉及材料成形理论与实践、计算机图形学、传热学、流体力学、弹性塑性力学、数学、软件科学等多种学科,是典型的多学科交叉前沿技术。其主要研究内容有如下几个方面。

（1）温度场模拟　利用传热学原理模拟材料成形过程,如铸件凝固过程中的温度场分布,从而预测凝固过程中相关缺陷。

（2）流动场模拟　利用流体力学原理模拟材料成形过程,如铸件充型过程中的速度场、压力场,优化浇注系统,预测卷气、夹渣等缺陷。

（3）流动与传热耦合计算　利用流体力学与传热学原理,在模拟流动场的同时计算传热,可以预测材料成形过程,如铸造充型过程中的浇不足、冷隔等缺陷,同时可以得到充型结束时的温度分布,为后续的温度场分析提供准确的初始条件。

（4）应力场模拟　利用力学原理（如 Heyn 模型、弹塑性模型、Derzyna 模型、统一内状态变量模型等）,分析铸件应力分布,预测热裂、冷裂、变形等缺陷。

（5）组织模拟　分宏观、介观及微观组织模拟,利用一些数学模型（确定性模型、Monte Carlo 法、CA 模型等）来计算形核数、枝晶长生速度、组织转变,预测力学性能等。

（6）其他过程模拟　如熔炼过程模拟（电磁场）、大型铸件偏析过程模拟（成分浓度场）、射砂紧实过程模拟（物质密度场）等其他材料成形过程的数值模拟。

第 2 节　数值分析方法

数值模拟中常用的分析方法包括有限差分法（finite difference method,FDM）、有限元法（finite element method,FEM）、有限体积法（finite volume method,FVM）、直接差分法（direct finite difference method,DFDM）和边界元法（boundary element method,BEM）。

1. 有限差分法（FDM）

以密执安大学的 Pehlke 教授为首的研究小组从 1968 年开始相继以显式有限差分、交替隐式有限差分和 Saul'yev 有限差分格式建立了数值计算模型,对 T 形、L 形铸钢件成形过程进行计算,给出了温度场、等温线和等时线分布图。因此,有限差分法成了最早使用的方法,也是在诸多商品化软件中应用最广的。它又包括显式有限差分法、隐式有限差分法、交替隐式有限差分法和 Saul'yev 有限差分法等。

有限差分法的实质就是将求解区域划分为有限个网格单元,将微分问题化为差分问题,离散化得到差分格式,利用差分格式来求解相应问题。用有限差分法来求解材料成形过程中的不同物理场,如流动场、温度场等,可按如下的步骤进行:对材料成形过程所涉及的区域在空间和时间上进行离散化处理;设定物性条件、初始条件和边界条件;推导出单元差分格式;求解过程通过计算机编程实现,由计算机算出材料成形过程各物理场相关结果。

2. 有限元法(FEM)

有限元法是随着电子计算机的发展而迅速发展起来的一种现代计算方法,现在已广泛应用于求解连续体力学、热传导、电磁场、流体力学等领域的问题。有限差分法的缺点是网格形状固定,在曲面离散时会有阶梯现象,有限元法则克服了这一缺点,单元划分更灵活,对曲面可以实现很好的拟合,但离散算法复杂,对硬件要求高。有限元法又可分为位移法、利用余位进行变化的方法和用混合积分的混合法三种。

位移法的实质就是将求解区域划分为有限个单元,通过构造插值函数,把求解问题化为一个变分问题(即求泛函数值的问题),经过离散化得到计算格式,利用计算格式来求解相应问题。变分法可证明求解某些微分方程的问题等效于将泛函数的相关量最小化。如果相关于因变量的节点值使泛函数值最小,那么所得到的条件表达式就是所需要的离散化方程。也就是说,求一个微分方程边值的问题就可以通过寻找某一变分问题的极值函数来解决。有限元法解题的基本过程:对一个具体的工程应用进行分析,在确定了分析计算的基本方案后,就可以按建模(即建立几何模型)、分网(即建立有限元模型)、加载(即给定边界条件)、求解(有限元求解)和后处理(即计算结果的可视化)等几个步骤实施分析计算。

3. 有限体积法(FVM)

有限体积法(FVM)首先把要求解的区域划分成有限个有规格的离散网格,每个离散网格就看成一个控制体,在控制体内对守恒方程两边积分,这样就可以推出在求解域内守恒方程的离散格式,而采用的插值函数决定了守恒方程的最终离散格式。从上面可以看出采用此方法得到的全离散格式也满足守恒特性,并且具有物理意义明确的离散方程的系数,得到的离散方程具有一定的规律,求解此方程时的计算量相对较小。

有限体积法不同于有限差分法,首先它是从积分形式的控制方程出发进行数学模型的推导,其积分方程表示了控制容积内特征变量的守恒性;其次,采用有限体积法对方程进行离散时,由于对离散的各项都能给出物理解释,因此积分方程中的各项都有非常明确的物理意义;最后,进行积分的控制容积与离散的节点网格是独立分开的,因此有限体积法可适用于大多数形状的网格。

4. 直接差分法(DFDM)

数值解析法几乎都是以微分方程式为基础的,而直接差分法则不然。直接差分法将欲求解的系统分割为许多微小单元,各单元的物理现象不是通过微分方程式表示,而是直接表示为可以由计算机进行计算的差分方程式,之后求解差分方程式,得出数值解。直接差分法中,节点以及节点所代表的节点领域的概念很重要,因为温度和固相率是因节点的值而离散的,而且节点领域内的各种守恒定律也是用数学式来表示的。根据节点和节点领域的定义方法,直接差分法可分为内节点法和外节点法两大类。

（1）内节点法　把分割系统后所得到的微小单元本身定义为节点领域,而把单元的外心定义为节点。该方法中要避免单元的形状不同,外心有可能不在节点领域内的情况。

（2）外节点法　把分割单元的顶点定义为节点,由各单元中各边的垂直平分线(对于三维空间是垂直平分面)构成的新领域被定义为节点领域。

将直接差分法和有限差分法进行比较,可知直接差分法具有以下优点:

（1）能够使用三角形和四边形(在三维场合为四、五、六面体)等各种单元,所以能够求解复杂形状的问题;

（2）对每个单元能够指定其物性值,所以能够容易求解多物质系统问题。

直接差分法的缺点为:

（1）输入数据量大;

（2）程序复杂;

（3）计算时间稍长。

5. 边界元法(BEM)

边界元法在原理上不同于上述几种方法。用边界元法处理恒定问题时只需对边界进行分割即可,非常方便。即使对于非稳定问题,边界元法也具有受分割单元的形状和大小限制小的优点。但是采用边界元法时,计算公式的推导和程序实现很复杂,而且必须解联立方程式,故目前边界元法应用很少。

材料成形过程模拟中有限差分法、有限元法应用最广,因此本书将在第 2 章主要介绍有限差分法和有限元法。

第 3 节　CAE 软件组成

一般情况下,液态成形过程 CAE 软件系统应该包括三大基本模块:前处理模块、计算分析模块、后处理模块。不同的 CAE 软件系统可能采用不同的数值计算方法,如有限元法、有限差分法、直接差分法和边界元法等,也可能对不同的物理场进行模拟分析,如温度场模拟、流动场模拟、应力场模拟以及组织模拟等。有些 CAE 软件系统可能采用两种或两种以上的数值计算方法,也有些 CAE 软件系统能对多物理场进行耦合分析,但其基本的思路和框架大体相同。图 1-1 是铸造 CAE 软件系统的组成及基本流程示意图。下面简单介绍三大模块的具体功能和相互关系。

1. 前处理模块

前处理模块的功能包含三维造型及网格剖分两大部分。三维造型主要是将要进行分析的对象输入计算机;网格剖分则是将已输入的对象剖分成计算所需的网格单元。最初的 CAE

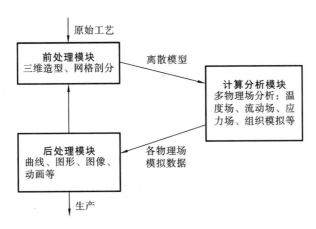

图 1-1 铸造 CAE 软件系统的组成及基本流程示意图

软件系统一般自带一个简单的造型系统,但由于现在通用的造型软件如 UG、Pro/E、I-DEAS、SolidWorks、MDT、AutoCAD、金银花、电子图板等已经比较成熟,基本可以满足各种不同场合的需要,因此现在许多 CAE 软件系统已不再提供单独的造型系统,而是通过一定文件格式和通用的商品化造型系统接口导入模型,其中文件格式包括 STEP、IGS、STL 等。所以现在大部分 CAE 软件系统前处理模块的主要功能就是对采用商品化造型软件所建立的模型进行网格剖分,得到原本是连续对象的离散模型,这就是空间上的离散。离散模型根据所采用的不同数值计算方法,可以分为有限元模型、有限差分模型、直接差分模型、边界元模型等,现阶段采用较多的是有限元模型和有限差分模型。从网格角度来区分,离散模型也分为结构化网格和非结构化网格模型。

2. 计算分析模块

计算分析模块的主要功能是对利用前处理模块所得的空间离散模型进行各物理场模拟分析。计算分析模块的工作步骤一般如下:首先要对数学模型进行离散,求出前处理模块剖分所得到的离散模型所对应的离散格式;然后设置对应的初始条件和边界条件;最后进行求解并保存各物理场的分布情况。

上述计算分析过程包含了对时间的离散,离散是 CAE 软件系统中的一个重要概念,数值模拟的本质就是求物理场空间和时间的离散数值解。

3. 后处理模块

后处理模块的主要任务是数据的可视化,将各物理场的计算分析结果,真实、生动、形象地显示出来,如导出图片、动画、曲线等。此部分需要采用计算机图形学、多媒体技术、图形处理技术、软件开发技术等科学的理论与方法。

另外,一些成熟的 CAE 软件系统还包括一些辅助模块,如工程管理模块、工程数据库等等,本书不做详细阐述。

本 章 小 结

    本章主要讲述材料成形模拟技术的研究目的与内容、材料成形模拟数值分析方法常用方法、材料成形模拟软件的模块组成与基本功能等。本章简要介绍了这些入门知识,后续章节将展开介绍。

本 章 习 题

1. 简述液态成形 CAE 技术的研究目的与内容。
2. 数值分析方法有哪几种? 分别简要说明。
3. 简述铸造 CAE 软件系统的组成以及各功能模块的主要作用。

第 2 章　数值模拟方法基础

学 习 指 导

学习目标

(1) 掌握有限差分法的基本概念,如差分、差商、向前差分、中心差分、向后差分;

(2) 掌握差分原理、逼近误差等;

(3) 掌握差分方程、截断误差;

(4) 了解相容性、收敛性与稳定性以及 Lax 等价定理;

(5) 掌握有限元法的基本概念,如变分、插值函数等;

(6) 掌握变分原理等;

(7) 掌握整体刚度矩阵的组装。

学习重点

(1) 差分原理与逼近误差;

(2) 差分与差商;

(3) 差分方程;

(4) 有限元法原理;

(5) 有限元法求解基本过程。

学习难点

(1) 差分与差商的关系;

(2) 差分与微分的关系;

(3) 应力应变矩阵建立;

(4) 整体刚度矩阵组装。

第 1 节　有限差分法基础

有限差分法是数值求解微分问题的一种重要工具,很早就有人在这方面做了一些基础性的工作。到了 1910 年,L. F. Richardson 在一篇论文中论述了拉普拉斯(Laplace)方程、重调和方程等的迭代解法,为偏微分方程的数值分析奠定了基础。但是在电子计算机问世前,研究重点在于确定有限差分解的存在性和收敛性。这些工作成了后来实际应用有限差分法的指南。20 世纪 40 年代后半期出现了电子计算机,有限差分法得到迅速的发展,在很多领域(如传热分析、流动分析、扩散分析等)取得了显著的成就,对国民经济及人类生活产生了重要影响,积极地推动了社会的进步。

有限差分法在材料成形铸造 CAE 技术中应用得最为普遍,目前对铸件充型过程、凝固过程等基本上均采用有限差分方式进行模拟分析。特别是在流动场分析方面,与有限元法相比,有限差分法有独特的优势,因此目前流体力学数值分析绝大多数都是基于有限差分法。另外,一向被认为是有限差分法的弱项——应力分析,目前也取得了长足进步。一些基于有限差分法的铸造应力分析软件纷纷推出,从而使得流动、传热、应力统一于差分方式下。

第 2 节　差分原理及逼近误差

1. 差分原理

设有关于 x 的解析函数 $y = f(x)$,从微分学知道函数 y 对 x 的导数为

$$\frac{\mathrm{d}y}{\mathrm{d}x} = \lim_{\Delta x \to 0} \frac{\Delta y}{\Delta x} = \lim_{\Delta x \to 0} \frac{f(x + \Delta x) - f(x)}{\Delta x} \tag{2-1}$$

式中:$\mathrm{d}y$、$\mathrm{d}x$ 分别是函数及自变量的微分,$\frac{\mathrm{d}y}{\mathrm{d}x}$ 是函数对自变量的导数,又称微商;相应地,式中的 Δy、Δx 分别称为函数及自变量的差分,$\frac{\Delta y}{\Delta x}$ 为函数对自变量的差商。

在导数的定义中 Δx 是以任意方式趋近于零的,因而 Δx 是可正可负的。在差分方法中,Δx 总是取某一小的正数。这样一来,与微分对应的差分可以有 3 种形式:

向前差分　　　　　　　　　$\Delta y = f(x + \Delta x) - f(x)$ 　　　　　　　(2-2)

向后差分　　　　　　　　　$\Delta y = f(x) - f(x - \Delta x)$ 　　　　　　　(2-3)

中心差分　　　　　　$\Delta y = f\left(x + \frac{1}{2}\Delta x\right) - f\left(x - \frac{1}{2}\Delta x\right)$ 　　　　　(2-4)

上面谈的是一阶导数,对应的差分称为一阶差分。对一阶差分再作一阶差分,所得到的差分称为二阶差分,记为 $\Delta^2 y$。以向前差分为例,有

$$\begin{aligned}
\Delta^2 y &= \Delta(\Delta y) = \Delta[f(x + \Delta x) - f(x)] = \Delta f(x + \Delta x) - \Delta f(x) \\
&= [f(x + 2\Delta x) - f(x + \Delta x)] - [f(x + \Delta x) - f(x)] \\
&= f(x + 2\Delta x) - 2f(x + \Delta x) + f(x)
\end{aligned} \tag{2-5}$$

依此类推,任意阶差分都可由其低一阶的差分再作一阶差分得到。例如 n 阶向前差分为

$$\begin{aligned}
\Delta^n y &= \Delta(\Delta^{n-1} y) = \Delta[\Delta(\Delta^{n-2} y)] \\
&\qquad\qquad\qquad \vdots \\
&= \Delta\{\Delta \cdots [\Delta(\Delta y)]\} \\
&= \Delta\{\Delta \cdots [\Delta f(x + \Delta x) - \Delta f(x)]\}
\end{aligned} \tag{2-6}$$

n 阶向后差分、中心差分的形式类似。

　　函数的差分与自变量的差分之比,即为函数对自变量的差商。如一阶向前差商为

$$\frac{\Delta y}{\Delta x} = \frac{f(x+\Delta x)-f(x)}{\Delta x} \tag{2-7}$$

一阶向后差商为

$$\frac{\Delta y}{\Delta x} = \frac{f(x)-f(x-\Delta x)}{\Delta x} \tag{2-8}$$

一阶中心差商为

$$\frac{\Delta y}{\Delta x} = \frac{f\left(x+\frac{1}{2}\Delta x\right)-f\left(x-\frac{1}{2}\Delta x\right)}{\Delta x} \tag{2-9}$$

或

$$\frac{\Delta y}{\Delta x} = \frac{f(x+\Delta x)-f(x-\Delta x)}{2\Delta x} \tag{2-10}$$

二阶差商多取中心式,即

$$\frac{\Delta^2 y}{\Delta x^2} = \frac{f(x+\Delta x)-2f(x)+f(x-\Delta x)}{(\Delta x)^2} \tag{2-11}$$

当然,在某些情况下也可取向前或向后的二阶差商。

　　以上是一元函数的差分与差商。多元函数 $f(x,y,\cdots)$ 的差分与差商也可以类推。如多元函数的一阶向前差商为

$$\frac{\Delta f}{\Delta x} = \frac{f(x+\Delta x,y,\cdots)-f(x,y,\cdots)}{\Delta x} \tag{2-12}$$

$$\frac{\Delta f}{\Delta y} = \frac{f(x,y+\Delta y,\cdots)-f(x,y,\cdots)}{\Delta y} \tag{2-13}$$

$$\vdots$$

2. 逼近误差

　　由导数(微商)和差商的定义知道,当自变量的差分(增量)趋近于零时,就可由差商得到导数。因此在数值计算中常用差商近似代替导数。差商与导数之间的误差表明差商逼近导数的程度,称为逼近误差。由函数的泰勒(Taylor)展开,可以得到逼近误差相对于自变量差分(增量)的量级,称为用差商代替导数的精度,简称为差商的精度。

　　现将函数 $f(x+\Delta x)$ 在 x 的 Δx 邻域作 Taylor 展开:

$$f(x+\Delta x)=f(x)+\Delta x \cdot f'(x)+\frac{(\Delta x)^2}{2!} \cdot f''(x)+\frac{(\Delta x)^3}{3!} \cdot f'''(x)$$
$$+\frac{(\Delta x)^4}{4!}f^{\text{Ⅳ}}(x)+O((\Delta x)^5) \tag{2-14}$$

得　　$\dfrac{f(x+\Delta x)-f(x)}{\Delta x}=f'(x)+\dfrac{f''(x)}{2!}\Delta x+\dfrac{f'''(x)}{3!}(\Delta x)^2+\dfrac{f^{\text{Ⅳ}}(x)}{4!}(\Delta x)^3+O((\Delta x)^4)$

$$=f'(x)+O(\Delta x) \tag{2-15}$$

这里符号 $O(\ \cdot\ )$ 表示与 $(\ \cdot\ )$ 中的量有相同量级的量。式(2-15)表明一阶向前差商的逼近误差与自变量的增量同量级。我们把 $O(\Delta x^n)$ 中 Δx 的指数 n 称为精度的阶数。这里 $n=1$,故一阶

向前差商具有一阶精度。由于 Δx 是个小量,因此阶数越大精度越高。

又

$$f(x-\Delta x)=f(x)-\Delta x\cdot f'(x)+\frac{(\Delta x)^2}{2!}f''(x)-\frac{(\Delta x)^3}{3!}f'''(x)+\frac{(\Delta x)^4}{4!}f^{\text{IV}}(x)+O((\Delta x)^5)$$

得

$$\frac{f(x)-f(x-\Delta x)}{\Delta x}=f'(x)+O(\Delta x) \tag{2-16}$$

一阶向后差商也具有一阶精度。

将 $f(x+\Delta x)$ 与 $f(x-\Delta x)$ 的 Taylor 展开式相减可得

$$\frac{f(x+\Delta x)-f(x-\Delta x)}{2\Delta x}=f'(x)+O((\Delta x)^2) \tag{2-17}$$

可见一阶中心差商具有二阶精度。

将 $f(x+\Delta x)$ 与 $f(x-\Delta x)$ 的 Taylor 展开式相加可得

$$\frac{f(x+\Delta x)-2f(x)+f(x-\Delta x)}{\Delta x^2}=f''(x)+O((\Delta x)^2) \tag{2-18}$$

这说明二阶中心差商的精度也为二阶。

掌握了用 Taylor 展开分析差商精度的方法后,再回过来看一看函数差分和差商的定义。由于差分和差商是微分和导数的近似表达式,所以不必局限于前面的定义,而可予以扩充。

设有函数 $f(x)$,自变量 x 的增量为 Δx,若取

$$x=x_i+j\Delta x,\quad j=0,\pm1,\pm2,\cdots \tag{2-19}$$

对应的函数值为 $f(x_i+j\Delta x)$,则 $f(x)$ 在 x_i 处的 n 阶差分可表达为

$$\Delta^n f(x_i)=\sum_{j=-J_1}^{J_2}c_j f(x_i+j\Delta x) \tag{2-20}$$

式中:c_j 为给定系数;J_1 和 J_2 是两个正整数。当 $J_1=0$ 时,称为向前差分;当 $J_2=0$ 时,称为向后差分;当 $J_1=J_2$ 且 $|c_j|=|c_{-j}|$ 时,称为中心差分。

$$c_j=\frac{n!a_j}{\displaystyle\sum_{j=-J_1}^{J_2}a_j j^n} \tag{2-21}$$

函数的 n 阶差分与自变量的 n 阶差分之比为 n 阶差商,可用 Taylor 展开分析其逼近误差 $O(\Delta x^m)$。

以上的差分是以等距离 Δx 向前、向后进行计算的。在有些情况下要求自变量的增量本身是变化的,如图 2-1 中的 Δx_{i-2}、Δx_{i-1}、Δx_i 和 Δx_{i+1},是不相等的,相应的差分和差商就是不等距的。

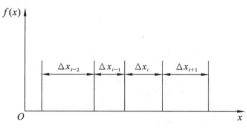

图 2-1　变距离差分

下面列出一些不等距的差商供参考：

一阶向后差商

$$\frac{f(x_i) - f(x_i - \Delta x_{i-1})}{\Delta x_{i-1}} \qquad (2\text{-}22)$$

一阶中心差商

$$\frac{f(x_i + \Delta x_i) - f(x_i - \Delta x_{i-1})}{\Delta x_i + \Delta x_{i-1}} \qquad (2\text{-}23)$$

二阶向后差商

$$\frac{2\left[f(x_i)\Delta x_{i-2} - f(x_i - \Delta x_{i-1})(\Delta x_{i-2} + \Delta x_{i-1}) + f(x_i - \Delta x_{i-1} - \Delta x_{i-2})\Delta x_{i-1}\right]}{\Delta x_{i-2}\Delta x_{i-1}(\Delta x_{i-2} + \Delta x_{i-1})} \qquad (2\text{-}24)$$

二阶中心差商

$$\frac{2\left[f(x_i + \Delta x_i)\Delta x_{i-1} - f(x_i)(\Delta x_{i-1} + \Delta x_i) + f(x_i - \Delta x_{i-1})\Delta x_i\right]}{\Delta x_{i-1}\Delta x_i(\Delta x_{i-1} + \Delta x_i)} \qquad (2\text{-}25)$$

以上差商都是一阶精度的。二阶精度的差商如下：

一阶向后差商

$$\frac{f(x_i)\left[(\Delta x_{i-2} + \Delta x_{i-1})^2 - \Delta x_{i-1}^2\right] - f(x_i - \Delta x_{i-1})(\Delta x_{i-2} + \Delta x_{i-1})^2 + f(x_i - \Delta x_i - \Delta x_{i+1})\Delta x_{i-1}^2}{\Delta x_{i-2}\Delta x_{i-1}(\Delta x_{i-2} + \Delta x_{i-1})}$$

$$(2\text{-}26)$$

一阶中心差商

$$\frac{f(x_i + \Delta x_i)\Delta x_{i-1}^2 + f(x_i)(\Delta x_i^2 - \Delta x_{i-1}^2) - f(x_i - \Delta x_{i-1})\Delta x_i^2}{\Delta x_{i-1}\Delta x_i(\Delta x_{i-1} + \Delta x_i)} \qquad (2\text{-}27)$$

　　基于不等距离（一维）、不等规格（二维、三维）网格的有限差分法已广泛应用于目前的商品化软件中，一般称为变网格技术。变网格技术可以在保证计算精度的前提下，有效地提高计算速度。

第 3 节　差分方程、截断误差和相容性

　　从本章第 2 节所述可知，差分对应微分，差商对应导数。只不过差分和差商是用有限形式表示的，而微分和导数则是以极限形式表示的。如果将微分方程中的导数用相应的差商近似代替，就可得到有限形式的差分方程。现以对流方程

$$\frac{\partial \zeta}{\partial t} + \alpha \frac{\partial \zeta}{\partial x} = 0 \qquad (2\text{-}28)$$

为例，列出对应的差分方程。

　　用差商近似代替导数时，首先要选定 Δx 和 Δt，称为步长。然后在 $x\text{-}t$ 坐标平面上用平行于坐标轴的两族直线：

$$x_i = x_0 + i\Delta x, \quad i = 0, 1, 2, \cdots \qquad (2\text{-}29)$$

$$t_n = n\Delta t, \quad n = 0, 1, 2, \cdots \qquad (2\text{-}30)$$

划分出矩形网络，如图 2-2。通常空间步长 Δx 取为相等的，而时间步长 Δt 与 Δx 以及 α 有关，当 Δx 和 α 为常数时，Δt 也取常数。直线 $t = t_n$ 称为第 n 层。网格交叉点称为结点。

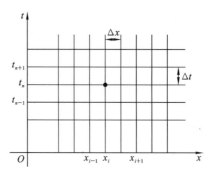

图 2-2　差分网格

网格划定后,就可针对某一结点,例如图 2-2 中的结点 (x_i, t_n),用差商近似代替导数。现用 $(\cdot)_i^n$ 表示 $(\cdot)$ 内函数在 (x_i, t_n) 点的值(有时括号可省略),则对流方程在 (x_i, t_n) 点可表示为

$$\left(\frac{\partial \zeta}{\partial t}\right)_i^n + \alpha \left(\frac{\partial \zeta}{\partial x}\right)_i^n = 0 \tag{2-31}$$

这里 α 是作常数处理的。若 α 是 x 的函数,则应该用 α_i 表示。

若时间导数用一阶向前差商近似代替,即

$$\left(\frac{\partial \zeta}{\partial t}\right)_i^n \approx \frac{\zeta_i^{n+1} - \zeta_i^n}{\Delta t} \tag{2-32}$$

空间导数用一阶中心差商近似代替,即

$$\left(\frac{\partial \zeta}{\partial x}\right)_i^n \approx \frac{\zeta_{i+1}^n - \zeta_{i-1}^n}{2\Delta x} \tag{2-33}$$

则在 (x_i, t_n) 点的对流方程就可近似地写作

$$\frac{\zeta_i^{n+1} - \zeta_i^n}{\Delta t} + \alpha \frac{\zeta_{i+1}^n - \zeta_{i-1}^n}{2\Delta x} = 0 \tag{2-34}$$

这就是对应的差分方程。

按照前面关于逼近误差的分析知道,用时间向前差商代替时间导数时的误差为 $O(\Delta t)$,用空间中心差商代替空间导数时的误差为 $O((\Delta x)^2)$,因而对流方程与对应的差分方程之间也存在一个误差,它是

$$R_i^n = O(\Delta t) + O((\Delta x)^2) = O(\Delta t, (\Delta x)^2) \tag{2-35}$$

这也可由 Taylor 展开得到。因为

$$\frac{\zeta(x_i, t_n + \Delta t) - \zeta(x_i, t_n)}{\Delta t} + \alpha \frac{\zeta(x_i + \Delta x, t_n) - \zeta(x_i - \Delta x, t_n)}{2\Delta x}$$

$$= \left(\frac{\partial \zeta}{\partial t}\right)_i^n + \frac{1}{2}\left(\frac{\partial^2 \zeta}{\partial t^2}\right)_i^n \Delta t + \cdots + \alpha \left[\left(\frac{\partial \zeta}{\partial x}\right)_i^n + \frac{1}{3!}\left(\frac{\partial^3 \zeta}{\partial t^3}\right)_i^n (\Delta x)^2 + \cdots\right]$$

$$= \left(\frac{\partial \zeta}{\partial t} + \alpha \frac{\partial \zeta}{\partial x}\right)_i^n + O(\Delta t, (\Delta x)^2) \tag{2-36}$$

这种用差分方程近似代替微分方程所引起的误差,称为截断误差。这里误差量级相当于 Δt 的一次式、Δx 的二次式。若已知 Δt 与 Δx 的关系,例如 $\frac{\Delta t}{\Delta x} = \mathrm{const}$,则 $R_i^n = O(\Delta t, (\Delta x)^2) = O(\Delta t)$,精度为一阶。在一般情况下,则称其对 Δt 精度为一阶,对 Δx 精度为二阶。

一个与时间相关的物理问题,应用微分方程表示时,还必须给定初始条件,从而形成一个

完整的初值问题。对流方程的初值问题为

$$\begin{cases} \dfrac{\partial \zeta}{\partial t} + \alpha \dfrac{\partial \zeta}{\partial x} = 0 \\[2mm] \zeta(x,0) = \bar{\zeta}(x) \end{cases} \tag{2-37}$$

这里 $\bar{\zeta}(x)$ 为某已知函数。同样,差分方程也必须有初始条件:

$$\begin{cases} \dfrac{\zeta_i^{n+1} - \zeta_i^n}{\Delta t} + \alpha \dfrac{\zeta_{i+1}^n - \zeta_{i-1}^n}{2\Delta x} = 0 \\[2mm] \zeta_i^0 = \bar{\zeta}(x_i) \end{cases} \tag{2-38}$$

初始条件是一种定解条件。如果是初边值问题,定解条件中还应有适当的边界条件。差分方程和其定解条件一起,称为相应微分方程定解问题的差分格式。

上述初值问题的差分格式可改写为

$$\begin{cases} \zeta_i^{n+1} = \zeta_i^n - \alpha \dfrac{\Delta t}{2\Delta x}(\zeta_{i+1}^n - \zeta_{i-1}^n) \\[2mm] \zeta_i^0 = \bar{\zeta}(x_i) \end{cases} \tag{2-39}$$

我们称它为 FTCS 格式。

从 FTCS 格式可见,若已知第 n 层上 (x_{i-1}, t_n)、(x_i, t_n) 和 (x_{i+1}, t_n) 点处函数 ζ 的值,则立即可算出第 $n+1$ 层上 (x_i, t_{n+1}) 点处函数 ζ 的值。由于在第 0 层(初始层)函数 ζ 的值是已给定的,故可逐层计算。直观起见,可用图 2-3(a) 表示 FTCS 格式的计算方式。差分方程是由图中"$\otimes$"点列出,图中"$\bigcirc$"表示计算所涉及的结点。这种图称为格式图。

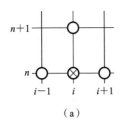 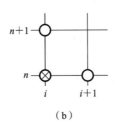 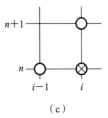

（a）　　　　　　　　（b）　　　　　　　　（c）

图 2-3　差分格式

FTCS 格式是采用时间向前差分、空间中心差分得来的。若时间和空间都用向前差分,则得

$$\begin{cases} \dfrac{\zeta_i^{n+1} - \zeta_i^n}{\Delta t} + \alpha \dfrac{\zeta_{i+1}^n - \zeta_i^n}{\Delta x} = 0 \\[2mm] \zeta_i^0 = \bar{\zeta}(x_i) \end{cases} \tag{2-40}$$

或改写成

$$\begin{cases} \zeta_i^{n+1} = \zeta_i^n - \alpha \dfrac{\Delta t}{\Delta x}(\zeta_{i+1}^n - \zeta_i^n) \\[2mm] \zeta_i^0 = \bar{\zeta}(x_i) \end{cases} \tag{2-41}$$

这是 FTFS 格式,其格式图如图 2-3(b)。

若采用时间向前差分、空间向后差分,则得到 FTBS 格式:

$$\begin{cases} \dfrac{\zeta_i^{n+1} - \zeta_i^n}{\Delta t} + \alpha \dfrac{\zeta_i^n - \zeta_{i-1}^n}{\Delta x} = 0 \\[2mm] \zeta_i^0 = \bar{\zeta}(x_i) \end{cases} \tag{2-42}$$

或

$$\begin{cases} \zeta_i^{n+1} = \zeta_i^n - \alpha\, \dfrac{\Delta t}{\Delta x}(\zeta_i^n - \zeta_{i-1}^n) \\[2mm] \zeta_i^0 = \bar{\zeta}(x_i) \end{cases} \tag{2-43}$$

其格式图如图 2-3(c)。

FTCS 格式的截断误差为

$$R_i^n = O(\Delta t, (\Delta x)^2) \tag{2-44}$$

FTFS 和 FTBS 格式的截断误差为

$$R_i^n = O(\Delta t, \Delta x) \tag{2-45}$$

3 种格式对 Δt 都有一阶精度。

一般说来,若微分方程为

$$D(\zeta) = f \tag{2-46}$$

其中 D 是微分算子,f 是已知函数,而对应的差分方程为

$$D_\Delta(\zeta) = f \tag{2-47}$$

其中 D_Δ 是差分算子,则截断误差为

$$R = D_\Delta(\varphi) - D(\varphi) \tag{2-48}$$

这里 φ 为定义域上某一足够光滑的函数,当然也可以取微分方程的解 ζ。

如果当 Δx、$\Delta t \to 0$ 时,差分方程的截断误差的某种范数 $\|R\|$ 也趋近于零,即

$$\lim_{\substack{\Delta x \to 0 \\ \Delta t \to 0}} \|R\| = 0 \tag{2-49}$$

则表明从截断误差的角度来看,此差分方程是能用来逼近微分方程的,通常称这样的差分方程和相应的微分方程相容(一致)。如果当 Δx、$\Delta t \to 0$ 时,截断误差的范数不趋近于零,则称为不相容(不一致),这样的差分方程不能用来逼近微分方程。

以上只考虑了方程,但从整个问题来看,还应考虑定解条件。若微分问题的定解条件为

$$B(\zeta) = g \tag{2-50}$$

其中 B 是微分算子,g 是已知函数,而对应的差分问题的定解条件为

$$B_\Delta(\zeta) = g \tag{2-51}$$

其中 B_Δ 是差分算子,则截断误差为

$$r = B_\Delta(\varphi) - B(\varphi) \tag{2-52}$$

只有方程相容,定解条件也相容,即

$$\lim_{\substack{\Delta x \to 0 \\ \Delta t \to 0}} \|R\| = 0 \quad 和 \quad \lim_{\substack{\Delta x \to 0 \\ \Delta t \to 0}} \|r\| = 0 \tag{2-53}$$

整个问题才相容。Δx、$\Delta t \to 0$ 的情况有两种:一种是各自独立地趋近于零,这种情况下的相容称为无条件相容;另一种是 Δx 与 Δt 之间在某种关系(譬如要求 $\dfrac{\Delta t}{\Delta x} = K$)下同时趋近于零,这种情况下的相容称为条件相容。

从对截断误差的分析知道,FTCS、FTFS 和 FTBS 格式都具有相容性。这 3 种格式都只涉及两个时间层的量。此外,若知道第 n 层的 ζ,可由一个差分式子直接算出第 $n+1$ 层的 ζ,故称这类格式为显式格式。总结起来,以上 3 种格式都属于一阶精度、二层、相容、显式格式。

这 3 种格式也有不同的特性,如有的不能用来进行实际计算,这将在后面介绍稳定性时

谈到。

　　以上介绍中将一点(x_i,t_n)的函数值,如函数ζ在这点的值,有时写为$\zeta(x_i,t_n)$,有时写为ζ_i^n,以后还会遇到这类情况。通常认为,$\zeta(x_i,t_n)$表示连续函数$\zeta(x,t)$在(x_i,t_n)点的值;而ζ_i^n没有"连续"的含意,只是表示某离散点(x_i,t_n)处的ζ值。因此$\zeta(x_i,t_n)$可以作为微分方程的解在(x_i,t_n)点的值,而ζ_i^n则作为差分问题(代数方程)的解。

第4节　收敛性与稳定性

1. 收敛性

　　所谓相容性,是指当自变量的步长趋近于零时,差分格式与微分问题的截断误差的范数是否趋近于零,从而可看出是否能用此差分格式来逼近微分问题。然而,方程(无论是微分方程还是差分方程)是物理问题的数学表达形式,其目的是借助数学手段来求问题的解。因此,除了必须要求差分格式能逼近微分方程和定解条件(表明这两种数学表达方法在形式上是一致的)外,还进一步要求差分格式的解(精确解)与微分方程定解问题的解(精确解)是一致的(表明这两种数学表达方法的最终结果是一致的),即当步长趋近于零时,要求差分格式的解趋于微分方程定解问题的解。我们称这种差分格式的解是否趋近于微分方程定解问题的解的情况为差分格式的收敛性。更明确地说,对差分网格上的任意结点(x_i,t_n),也即微分问题定解区域上的一固定点,设差分格式在此点的解为ζ_i^n,相应的微分问题的解为$\zeta(x_i,t_n)$,二者之差

$$e_i^n=\zeta_i^n-\zeta(x_i,t_n)\tag{2-54}$$

称为离散化误差。如果当Δx、$\Delta t\to0$时,离散化误差的某种范数$\|e\|$趋近于零,即

$$\lim_{\substack{\Delta x\to0\\\Delta t\to0}}\|e\|=0\tag{2-55}$$

则说明此差分格式是收敛的,即此差分格式的解收敛于相应微分问题的解,否则不收敛。与相容性类似,收敛又分为有条件收敛和无条件收敛。

　　粗看起来,似乎只要差分格式逼近微分问题(Δx、$\Delta t\to0$时,$\|R\|\to0$,$\|r\|\to0$),其解就应该一致;也就是说,似乎相容性能保证收敛性。但其实并不一定如此。这是因为在分析截断误差时,是以差分格式与微分问题有同一个解$\zeta(x,t)$为基础(或以定解域内某足够光滑的函数φ为基础),并对此函数分别在(x_i,t_n)点的邻域作 Taylor 展开的,其中所有的ζ、$\partial\zeta/\partial t$、$\partial\zeta/\partial x$等都是指同一个函数及其各阶导数。所以最后得到的截断误差R、r实质上是当差分问题与微分问题有同一解时两种方程、两种定解条件之间的误差。R、r并不能真正表示两种方程、两种定解条件之间的误差,因此,相容性不能保证收敛性,不能保证二者解的一致性。但若没有相容性,就更不能得到二者解的一致性,故相容性是收敛性的必要条件。有人称相容性是形式上的逼近。

　　相容性不一定能保证收敛性,那么对于一定的差分格式,其解能否收敛到相应微分问题的解?答案是差分格式的解收敛于微分问题的解是可能的。至于某给定格式是否收敛,则要按具体问题予以证明。下面以一个差分格式为例,讨论其收敛性。

微分问题

$$\begin{cases} \dfrac{\partial \zeta}{\partial t} + \alpha \dfrac{\partial \zeta}{\partial x} = 0 \\ \zeta(x,0) = \bar{\zeta}(x) \end{cases} \tag{2-56}$$

的 FTBS 格式为

$$\begin{cases} \dfrac{\zeta_i^{n+1} - \zeta_i^n}{\Delta t} + \alpha \dfrac{\zeta_i^n - \zeta_{i-1}^n}{\Delta x} = 0 \\ \zeta_i^0 = \bar{\zeta}(x_i) \end{cases} \tag{2-57}$$

在某结点 (x_i, t_n) 微分问题的解为 $\zeta(x_i, t_n)$，差分格式的解为 ζ_i^0，则离散化误差为

$$e_i^n = \zeta_i^n - \zeta(x_i, t_n) \tag{2-58}$$

按照对截断误差的分析知道

$$\frac{\zeta(x_i, t_n + \Delta t) - \zeta(x_i, t_n)}{\Delta t} + \alpha \frac{\zeta(x_i, t_n) - \zeta(x_i - \Delta x, t_n)}{\Delta x} = O(\Delta x, \Delta t) \tag{2-59}$$

将式(2-57)(FTBS 格式)与式(2-59)作差得

$$\frac{e_i^{n+1} - e_i^n}{\Delta t} + \alpha \frac{e_i^n - e_{i-1}^n}{\Delta x} = O(\Delta x, \Delta t) \tag{2-60}$$

或写成

$$\begin{aligned} e_i^{n+1} &= e_i^n - \alpha \frac{\Delta t}{\Delta x}(e_i^n - e_{i-1}^n) + \Delta t \cdot O(\Delta x, \Delta t) \\ &= \left(1 - \alpha \frac{\Delta t}{\Delta x}\right)e_i^n + \alpha \frac{\Delta t}{\Delta x}e_{i-1}^n + \Delta t \cdot O(\Delta x, \Delta t) \end{aligned} \tag{2-61}$$

若条件 $\alpha \geqslant 0$ 和 $\alpha \dfrac{\Delta t}{\Delta x} \leqslant 1$ 成立，即 $0 \leqslant \alpha \dfrac{\Delta t}{\Delta x} \leqslant 1$，则

$$\begin{aligned} |e_i^{n+1}| &\leqslant \left(1 - \alpha \frac{\Delta t}{\Delta x}\right)|e_i^n| + \alpha \frac{\Delta t}{\Delta x}|e_{i-1}^n| + \Delta t \cdot O(\Delta x, \Delta t) \\ &\leqslant \left(1 - \alpha \frac{\Delta t}{\Delta x}\right)\max_i |e_i^n| + \alpha \frac{\Delta t}{\Delta x}\max_i |e_i^n| + \Delta t \cdot O(\Delta x, \Delta t) \end{aligned} \tag{2-62}$$

式中：$\max\limits_i |e_i^n|$ 表示在第 n 层所有结点上 $|e|$ 的最大值。

由式(2-62)知，对一切 i 有

$$|e_i^{n+1}| \leqslant \max_i |e_i^n| + \Delta t \cdot O(\Delta x, \Delta t) \tag{2-63}$$

故有

$$\max_i |e_i^{n+1}| \leqslant \max_i |e_i^n| + \Delta t \cdot O(\Delta x, \Delta t) \tag{2-64}$$

于是

$$\begin{aligned} \max_i |e_i^1| &\leqslant \max_i |e_i^0| + \Delta t \cdot O(\Delta x, \Delta t) \\ \max_i |e_i^2| &\leqslant \max_i |e_i^1| + \Delta t \cdot O(\Delta x, \Delta t) \\ &\vdots \\ \max_i |e_i^n| &\leqslant \max_i |e_i^{n-1}| + \Delta t \cdot O(\Delta x, \Delta t) \end{aligned} \tag{2-65}$$

综合得

$$\max_i |e_i^n| \leqslant \max_i |e_i^0| + n\Delta t \cdot O(\Delta x, \Delta t) \tag{2-66}$$

由于初始条件给定函数 ζ 的初值,初始离散化误差 $e_i^0 = 0$,并且 $n\Delta t = t_n$ 是一有限量,因此

$$\max_i |e_i^n| \leqslant O(\Delta x, \Delta t) \tag{2-67}$$

可见本问题 FTBS 格式的离散化误差与截断误差具有相同的量级。最后得到

$$\lim_{\substack{\Delta x \to 0 \\ \Delta t \to 0}} (\max_i |e_i^n|) = 0 \tag{2-68}$$

这样就证明了,当 $0 \leqslant a \dfrac{\Delta t}{\Delta x} \leqslant 1$ 时,本问题的 FTBS 格式收敛。这种离散化误差的最大绝对值趋近于零的收敛情况称为一致收敛。

此例介绍了一种证明差分格式收敛的方法,同时表明了相容性与收敛性的关系:相容性是收敛性的必要条件,但不一定是充分条件。收敛性还可能要求其他条件,如本例就是要求 $0 \leqslant a \dfrac{\Delta t}{\Delta x} \leqslant 1$。

2. 差分格式的依赖区间与影响区域

首先介绍一下差分格式的依赖区间、决定区域和影响区域,还是以初值问题

$$\begin{cases} \dfrac{\partial \zeta}{\partial t} + a \dfrac{\partial \zeta}{\partial x} = 0 \\ \zeta(x, 0) = \bar{\zeta}(x) \end{cases} \tag{2-69}$$

为例。先看 FTCS 格式,如图 2-4(a)所示,欲计算第 2 层 p 点的函数值,必先知道第 1 层上 a、b、c 这 3 点的函数值,故称 p 点的解依赖于 a、b、c 这 3 点的解。而 a 点的解又依赖于第 0 层(初值线)上 A、d、e 这 3 点的初值,b 点的解依赖于 d、e、f 这 3 点的初值,c 点的解依赖于 e、f、B 这 3 点的初值。因此 p 点的解依赖于初值线 AB 段上所有结点的初值,故称 AB 段上所有结点为 p 点的依赖区间。又,三角形 pAB 区域内任一结点的依赖区间都包含在 AB 之内,即该区域内任一结点上的解都由 AB 段上某些结点的初值所决定,而与 AB 以外结点的初值无关,故称此三角形区域为 AB 区间所决定的区域。方便起见,这里是以第二层的 p 点为例的,事实上对任意层的任一结点,都在初值线上有一对应的依赖区间,而初值线的任一区间都有一对应的决定区域。

FTFS 格式和 FTBS 格式的依赖区间分别为图 2-4(b)和(c)中的 AB 线段上的全部结点;图中阴影部分为 AB 所决定的区域。

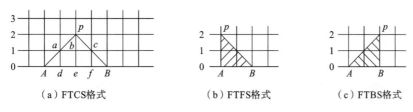

|　　(a)FTCS格式　　|　　(b)FTFS格式　　|　　(c)FTBS格式　　|

图 2-4　差分格式的依赖区间

随着时间的推移,一点函数值将影响以后某些结点的解。如图 2-5,设 p 为第 n 层的某结点,当用 FTCS 格式计算第 $n+1$ 层上的结点值时,a、b、c 这 3 点的解必须用到 p 点的函数值,在第 $n+2$ 层上则有更多点的解受 p 点函数值的影响。所有受 p 点函数值影响的结点总和为

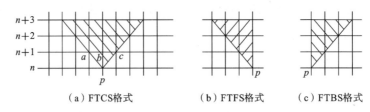

（a）FTCS格式　　　　（b）FTFS格式　　　（c）FTBS格式

图 2-5　差分格式的影响区域

p 点的影响区域,如图 2-5 中阴影所示区域。

第 5 节　Lax 等价定理

前面讨论了差分问题的相容性、收敛性和稳定性。我们已经知道,相容性是收敛性的必要条件;还发现,稳定性与收敛性有一定的联系。Lax 等价定理就是阐述相容性、收敛性和稳定性三者之间关系的。

Lax 等价定理:对一个适定的线性微分问题及一个与其相容的差分格式,如果该格式稳定则必收敛,不稳定则必不收敛。换言之,若线性微分问题适定,差分格式相容,则稳定性是收敛性的必要和充分条件。这也可表示为

稳定性 $\xLeftrightarrow[\text{线性微分问题适定}]{\text{差分格式相容}}$ 收敛性

下面对此定理作一些简略的说明。

由于在定解域内有

$$D(\zeta)=f \quad 及 \quad D_\Delta(Z)=f \tag{2-70}$$

式中:D 和 D_Δ 分别为微分算子和差分算子,是线性的;f 是已知函数;ξ 和 Z 分别为微分解和差分解。两式相减得

$$D_\Delta(Z)-D(\zeta)=0 \tag{2-71}$$

改写成

$$[D_\Delta(Z)-D_\Delta(\zeta)]+[D_\Delta(\zeta)-D(\zeta)]=0 \tag{2-72}$$

因为算子是线性的,故式中第一个[·]内相当于 $D_\Delta(Z-\zeta)$,而第二个[·]内就是截断误差 R,所以有

$$D_\Delta(Z-\zeta)=-R \tag{2-73}$$

若定解条件为

$$B(\zeta)=g \quad 及 \quad B_\Delta(Z)=g \tag{2-74}$$

式中:B 和 B_Δ 分别为微分算子和差分算子,且是线性的;g 为已知函数。按照以上对方程的同样推导法,可得

$$B_\Delta(Z-\zeta)=-r \tag{2-75}$$

式中:$r=B_\Delta(\zeta)-B(\zeta)$ 是截断误差。若差分格式是稳定的,按稳定性的定义,应该有

$$\|Z-\zeta\| \leqslant K[\|D_\Delta(Z-\zeta)\|+\|B_\Delta(Z-\zeta)\|] \tag{2-76}$$

将式(2-73)、式(2-75)代入式(2-76)得

$$\| Z-\zeta \| \leqslant K(\| R \| + \| r \|) \tag{2-77}$$

当差分格式相容时,可得

$$\lim_{\substack{\Delta x \to 0 \\ \Delta t \to 0}} \| Z-\zeta \| =0 \tag{2-78}$$

从而保证了收敛性。

　　根据此定理,在线性适定和格式相容的条件下,只要证明了格式是稳定的,则它一定收敛;若不稳定,则不收敛。由于收敛性的证明往往比稳定性更难,因此研究者就可以把注意力集中在稳定性的研究上。

第 6 节　有限元法概述

　　有限元法(FEM)起源于 20 世纪 40 年代提出的结构力学中的矩阵算法。“有限元法”这一术语则是克拉夫于 1960 年提出来的。它是一种常用的求解偏微分方程边值问题和初值问题的数值计算方法,不受物体或构件几何形状的限制,对于各种复杂物理关系都能算出正确的结果,广泛应用于科学与工程领域,其中包括结构力学、连续体力学、热传导、流体力学、电磁场及其相互耦合的分析。

　　从数学上看,众多领域的力学分析问题是一个偏微分方程(组)的边值问题。所谓偏微分方程的边值问题,是指问题的场方程(即基本物理规律)和边界条件都可以用偏微分方程来描述。许多科学和工程问题都可以归结为偏微分方程的边值问题,但其中能用解析方法求出精确解的只是少数方程性质比较简单且构件几何形状相当规则的问题。大多数问题由于其本身的非线性性质或求解区域的几何形状比较复杂,得不到解析解,但可采用离散化的数值分析方法求解。

　　数值分析方法的基本特点是将偏微分方程边值问题的求解域进行离散化,将原来预求得在求解域内处处满足场方程、在边界上处处满足边界条件的解析解的要求降低为求得在给定的离散点(结点)上满足由场方程和边界条件所导出的一组代数方程的数值解。这样,就使一个连续的、无限自由度问题变成离散的、有限自由度问题。已经发展的数值模拟方法可以分为两大类:一类以有限差分法为代表,另一类以有限元法为代表。

　　有限元法的特点是将求解域离散成为一组有限个形状简单且仅在结点处相互连接的单元的集合体,在每个单元内用一个满足一定要求的插值函数描述基本未知量在其中的分布。随着单元尺寸的缩小,近似的数值解将越来越逼近精确解。有限元法适应任意复杂的和变动的边界。

　　有限元法是以变分原理为基础,吸取差分格式中离散化思想而发展起来的一种有效的数值计算方法。变分法是研究泛函极值问题的一种方法,泛函中的变量是由函数的选取所确定的,因此,泛函是函数的函数。在求解实际工程技术问题中,有时直接对微分方程的边值问题求解十分困难,但从变分原理可知,微分方程的边值问题的解等价于相应泛函极值的解,因此将微分方程的边值问题转化为泛函的变分问题,求解反而更容易。泛函一般以积分形式表达,而能量一般也以积分形式的泛函表达,因此,变分法在此也称为能量法。19 世纪 Ritz 提出了直接从求解泛函的极值问题出发,把泛函的极值问题转化为函数的极值问题,最终以解线性代数方程组求得近似解,这种方法称为变分问题的直接法。有限元法是变分问题直接法中的一种有效方法,它利用离散化的概念直接对研究的问题进行离散化处理,省略了有限差分法中需建立微分方程的中间环节,在利用变分原理时,只要假定求解的函数分段连续就可以了,降低了变分法中函数整体连续的要求,并把数值解与解析解结合起来。以整体而言,有限元法是求数值解的,分段而言,它又是求解析解的。

第7节　变分原理

设 u 是未知函数,F 和 E 是 u 及其偏导数的函数,V 是求解域,S 是 V 的边界,则如下积分形式 Ⅱ 称为未知函数 u 的泛函,Ⅱ 随函数 u 的变化而变化,即它是未知函数 u 的函数。

$$\Pi = \int_V F\left(u, \frac{\partial u}{\partial x}, \cdots\right) dV + \int_S E\left(u, \frac{\partial u}{\partial x}, \cdots\right) dS \tag{2-79}$$

变分法所研究的是如何求得使泛函 Ⅱ 取驻值的函数 u,以及驻值点的性质(极大值、极小值或驻值)。与微积分中对函数驻值问题的讨论相似,泛函 Ⅱ 取驻值的条件是,对于函数 u 的微小变化 δu,泛函的变分(即变化量)$\delta \Pi$ 等于零。

$$\delta \Pi = 0 \tag{2-80}$$

许多物理问题可以表达为求解泛函的驻值条件,可采用变分法求解。这种求解方法的原理称为变分原理。

第8节　里　兹　法

设未知函数的近似解由一族带有待定参数的试探函数表示:

$$u \doteq \tilde{u} = \sum_{i=1}^{n} N_i a_i = Na \tag{2-81}$$

式中:a 是待定参数;N 是已知函数。将式(2-81)代入式(2-79),得到用试探函数和待定参数表示的泛函 Ⅱ。泛函的变分为零相当于将泛函对所包含的待定参数进行全微分,并令所得的方程等于零,即

$$\delta \Pi = \frac{\partial \Pi}{\partial a_1}\delta a_1 + \frac{\partial \Pi}{\partial a_2}\delta a_2 + \cdots + \frac{\partial \Pi}{\partial a_n}\delta a_n = 0 \tag{2-82}$$

由于 $\delta a_1, \delta a_2, \cdots, \delta a_n$ 是任意的,满足式(2-82)时必然有 $\frac{\partial \Pi}{\partial a_1}, \frac{\partial \Pi}{\partial a_2}, \cdots, \frac{\partial \Pi}{\partial a_n}$ 都等于零。因此可以得到一组方程:

$$\frac{\partial \Pi}{\partial a} = \begin{bmatrix} \frac{\partial \Pi}{\partial a_1} & \frac{\partial \Pi}{\partial a_2} & \cdots & \frac{\partial \Pi}{\partial a_n} \end{bmatrix}^T = 0 \tag{2-83}$$

这是所含方程数与待定参数 a 的个数相等的方程组,用以求解 a。这种求泛函近似解的直接方法称为里兹法。

有限元法将连续的求解域离散成一组单元的组合体,用在每个单元内假设的近似函数来分片地表示求解域上待求的未知(位移)场函数。用有限元法分析处理问题的基本思想是将分析过程归结为"化整为零"和"积零为整"这两个步骤。首先,用一系列假想的面(平面或曲面)

沿各个方向将物体切割成许多形状简单的单元(通常为六面体或四面体),并认为单元之间也仅在其共有的结点处相互连接并产生相互作用;对于每个单元建立结点的位移分量和应变、应力以及结点内力之间的关系,将单元所承受的各种载荷(外力载荷、温度载荷、流动载荷、磁载荷等)通过作用力等效的原则移置到结点上,列出相应的方程(称为单元刚度方程);然后,根据各结点的内力和外力应处于平衡状态这一条件,将各个单元联系起来,即把各个单元刚度方程集合起来,形成分析整个物体的联立方程组,称为整体刚度方程。求解整体刚度方程,就能得到所需的结果。

　　实际上,有限元法的"化整为零"和"积零为整"的处理方法(即离散化的方法)以及对非线性问题的迭代计算方法普遍适用于求解各种复杂的偏微分方程的边值问题,因此它也是求解偏微分方程边值问题的一种一般化的离散化方法。在工程应用中,有限元法广泛地用于变形、传热、流体力学、电磁场问题以及多物理场耦合问题的数值分析。

第9节　有限元求解基本过程

1. 确定位移插值函数

　　这里采用位移法,即以位移为未知量。在对物体进行离散化以后,以结点的位移分量为基本未知量,建立关于结点位移的求解方程。为了由结点位移确定单元中任意点的位移,必须引进单元的位移插值函数(又称作形函数)。这样,在求得结点位移以后,将其代入位移插值函数,就可以通过几何方程,求得单元中的应变分布,进而由物理方程求得单元中的应力分布。

　　以四面体单元为例,考察形函数的确定方法。

　　在一个 4 结点四面体单元中,每个结点有 3 个位移分量,如图 2-6 所示。结点 i 的位移用列向量记为

$$\boldsymbol{U}_i = \begin{bmatrix} u_i \\ v_i \\ w_i \end{bmatrix} \quad (i,j,m,l) \tag{2-84}$$

四面体单元的 4 个结点为 i,j,m,l,每个结点有 3 个自由度,一个单元共有 12 个自由度。

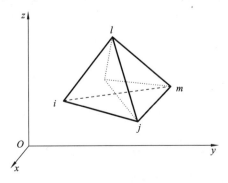

图 2-6　四面体单元

选取一次多项式作为单元位移模式或位移函数的近似函数,位移函数可写为如下线性函数:

$$\begin{cases} u=\beta_1+\beta_2 x+\beta_3 y+\beta_4 z \\ v=\beta_5+\beta_6 x+\beta_7 y+\beta_8 z \\ w=\beta_9+\beta_{10} x+\beta_{11} y+\beta_{12} z \end{cases} \tag{2-85}$$

式中:$\beta_1 \sim \beta_{12}$ 是待定系数,$\boldsymbol{\beta}=[\beta_1,\beta_2,\beta_3,\cdots,\beta_{12}]^T$ 为广义坐标,可以表示成结点的坐标和位移的线性函数。将结点的坐标和位移 (i,j,m,l) 分别代入式(2-85)中第一式得:

$$\begin{cases} u_i=\beta_1+\beta_2 x_i+\beta_3 y_i+\beta_4 z_i \\ u_j=\beta_1+\beta_2 x_j+\beta_3 y_j+\beta_4 z_j \\ u_m=\beta_1+\beta_2 x_m+\beta_3 y_m+\beta_4 z_m \\ u_l=\beta_1+\beta_2 x_l+\beta_3 y_l+\beta_4 z_l \end{cases} \tag{2-86}$$

系数行列式为:

$$D=\begin{vmatrix} 1 & x_i & y_i & z_i \\ 1 & x_j & y_j & z_j \\ 1 & x_m & y_m & z_m \\ 1 & x_l & y_l & z_l \end{vmatrix}=6V \tag{2-87}$$

式中:V 是四面体单元的体积。联立求解式(2-86)可得:

$$\begin{cases} \beta_1=\dfrac{1}{2A}(a_i u_i+a_j u_j+a_m u_m+a_l u_l) \\ \beta_2=\dfrac{1}{2A}(b_i u_i+b_j u_j+b_m u_m+b_l u_l) \\ \beta_3=\dfrac{1}{2A}(c_i u_i+c_j u_j+c_m u_m+c_l u_l) \\ \beta_4=\dfrac{1}{2A}(d_i u_i+d_j u_j+d_m u_m+d_l u_l) \end{cases} \tag{2-88}$$

式中:A 为系数行列式的值。

同理,将结点的坐标和位移 (i,j,m,l) 分别代入式(2-85)中第二、三式可得:

$$\begin{cases} \beta_5=\dfrac{1}{2A}(a_i v_i+a_j v_j+a_m v_m+a_l v_l) \\ \beta_6=\dfrac{1}{2A}(b_i v_i+b_j v_j+b_m v_m+b_l v_l) \\ \beta_7=\dfrac{1}{2A}(c_i v_i+c_j v_j+c_m v_m+c_l v_l) \\ \beta_8=\dfrac{1}{2A}(d_i w_i+d_j w_j+d_m w_m+d_l w_l) \end{cases} \tag{2-89}$$

$$\begin{cases} \beta_9=\dfrac{1}{2A}(a_i w_i+a_j w_j+a_m w_m+a_l w_l) \\ \beta_{10}=\dfrac{1}{2A}(b_i w_i+b_j w_j+b_m w_m+b_l w_l) \\ \beta_{11}=\dfrac{1}{2A}(c_i w_i+c_j w_j+c_m w_m+c_l w_l) \\ \beta_{12}=\dfrac{1}{2A}(d_i w_i+d_j w_j+d_m w_m+d_l w_l) \end{cases} \tag{2-90}$$

在式(2-88)至式(2-90)中：

$$\begin{cases} a_i = \begin{vmatrix} x_j & y_j & z_j \\ x_m & y_m & z_m \\ x_l & y_l & z_l \end{vmatrix} & b_i = -\begin{vmatrix} 1 & y_j & z_j \\ 1 & y_m & z_m \\ 1 & y_l & z_l \end{vmatrix} \\ c_i = \begin{vmatrix} 1 & x_j & z_j \\ 1 & x_m & z_m \\ 1 & x_l & z_l \end{vmatrix} & d_i = -\begin{vmatrix} 1 & x_j & y_j \\ 1 & x_m & y_m \\ 1 & x_l & y_l \end{vmatrix} \end{cases} \quad (i,j,m,l) \quad (2\text{-}91)$$

式(2-91)中(i,j,m,l)表示下标轮换，如 $i \rightarrow j, j \rightarrow m, m \rightarrow l, l \rightarrow i$。

将求得的 $\boldsymbol{\beta}$ 代回式(2-85)加以整理后可得：

$$\begin{cases} u = N_i u_i + N_j u_j + N_m u_m + N_l u_l \\ v = N_i v_i + N_j v_j + N_m v_m + N_l v_l \\ w = N_i w_i + N_j w_j + N_m w_m + N_l w_l \end{cases} \quad (2\text{-}92)$$

写成矩阵形式为：

$$\boldsymbol{u} = \begin{bmatrix} u & v & w \end{bmatrix}^{\mathrm{T}} = \boldsymbol{N}\boldsymbol{U}^{\mathrm{e}} = \begin{bmatrix} \boldsymbol{I}N_i & \boldsymbol{I}N_j & \boldsymbol{I}N_m & \boldsymbol{I}N_l \end{bmatrix}\boldsymbol{U}^{\mathrm{e}} \quad (2\text{-}93)$$

式中：$\boldsymbol{I}$ 为四阶单位矩阵；

$$\boldsymbol{U}^{\mathrm{e}} = \begin{bmatrix} u_i & v_i & w_i & u_j & v_j & w_j & u_m & v_m & w_m & u_l & v_l & w_l \end{bmatrix}^{\mathrm{T}}$$

$$N_i = \frac{1}{6V}(a_i + b_i x + c_i y + d_i z) \quad (i,j,m,l) \quad (2\text{-}94)$$

式中的 $a_i, b_i, c_i, d_i (i,j,m,l)$ 都是由结点坐标决定的常数，因此 N_i, N_j, N_m 和 N_l 仅是结点坐标的函数，它们反映单元的位移状态，因而称为形函数。式(2-94)中的 V 是四面体 $ijml$ 的体积，为了使求得的体积不成为负值，结点局部编码 i,j,m,l 必须依照一定的顺序。在右手坐标系中，当按照 $i \rightarrow j \rightarrow m$ 的方向转动时，右手螺旋应向 l 的方向前进。

2. 建立应变应力矩阵

确定了单元位移后，利用几何方程和本构方程求得单元的应变和应力。将三维问题的应变分量写成向量形式：

$$\begin{aligned} \boldsymbol{\varepsilon} &= \begin{bmatrix} \varepsilon_x & \varepsilon_y & \varepsilon_z & 2\varepsilon_{xy} & 2\varepsilon_{yz} & 2\varepsilon_{zx} \end{bmatrix}^{\mathrm{T}} \\ &= \begin{bmatrix} \dfrac{\partial u}{\partial x} & \dfrac{\partial v}{\partial y} & \dfrac{\partial w}{\partial z} & \dfrac{\partial u}{\partial y} + \dfrac{\partial v}{\partial x} & \dfrac{\partial v}{\partial z} + \dfrac{\partial w}{\partial y} & \dfrac{\partial w}{\partial x} + \dfrac{\partial u}{\partial z} \end{bmatrix}^{\mathrm{T}} \\ &= \boldsymbol{B}\boldsymbol{U}^{\mathrm{e}} = \begin{bmatrix} \boldsymbol{B}_i & -\boldsymbol{B}_j & \boldsymbol{B}_m & -\boldsymbol{B}_l \end{bmatrix}\boldsymbol{U}^{\mathrm{e}} \end{aligned} \quad (2\text{-}95)$$

式中

$$\boldsymbol{B}_r = \frac{1}{6V}\begin{bmatrix} b_r & 0 & 0 \\ 0 & c_r & 0 \\ 0 & 0 & d_r \\ c_r & b_r & 0 \\ 0 & d_r & c_r \\ d_r & 0 & b_r \end{bmatrix} \quad (r=i,j,m,l) \quad (2\text{-}96)$$

由式(2-94)可知，应变矩阵 $\boldsymbol{B}_r$ 的元素均为常数，故四面体单元是一种常应变单元。

弹性体单元应力为

$$\boldsymbol{\sigma} = \boldsymbol{C}^e \boldsymbol{\varepsilon} = \boldsymbol{C}^e \boldsymbol{B} \boldsymbol{U}^e = \boldsymbol{S} \boldsymbol{U}^e \qquad (2\text{-}97)$$

式中：$\boldsymbol{C}^e$ 是弹性矩阵，这里将二阶张量 $\boldsymbol{\sigma}$ 和 $\boldsymbol{\varepsilon}$ 均表示为列向量，而将四阶张量 $\boldsymbol{C}^e_{ijkl}$ 表示为一个方阵 $\boldsymbol{C}^e$；$\boldsymbol{S} = \boldsymbol{C}^e \boldsymbol{B}$ 称为应力矩阵。

3. 建立单元刚度方程

对于任一单元，将位移式（2-93）、应变式（2-95）和应力-应变关系式（2-97）代入虚功原理：

$$\int_V \sigma_{ij} \delta \varepsilon_{ij} \, \mathrm{d}V = \int_V \overline{f}_i \delta u_i \, \mathrm{d}V + \int_{S_p} \overline{p}_i \delta u_i \, \mathrm{d}S \qquad (2\text{-}98)$$

可以整理得单元刚度方程：

$$\boldsymbol{K}^e \boldsymbol{U}^e = \boldsymbol{P}^e \qquad (2\text{-}99)$$

式中：$\boldsymbol{K}^e$ 为单元刚度矩阵，$\boldsymbol{K}^e = \displaystyle\int_{V^e} \boldsymbol{B}^{\mathrm{T}} \boldsymbol{C}^e \boldsymbol{B} \mathrm{d}V$；$\boldsymbol{P}^e$ 为单元等效结点载荷列阵。

4. 建立并求解整体刚度方程

假设物体被离散成 n_e 个单元，将全部 n_e 个单元刚度方程累加起来，就得到物体的整体刚度方程：

$$\boldsymbol{K} \boldsymbol{U} = \boldsymbol{P} \qquad (2\text{-}100)$$

式中

$$\boldsymbol{K} = \sum_{e=1}^{n_e} \boldsymbol{K}^e_e = \sum_{e=1}^{n_e} \int_{V^e} \boldsymbol{B}^{\mathrm{T}} \boldsymbol{C}^e_e \boldsymbol{B} \mathrm{d}x \mathrm{d}y \mathrm{d}z \qquad (2\text{-}101)$$

$$\boldsymbol{P} = \sum_{e=1}^{n_e} \boldsymbol{P}^e_e \qquad (2\text{-}102)$$

式（2-100）中的 $\boldsymbol{K}$ 是所有单元的刚度矩阵之和，称为整体刚度矩阵或总刚度矩阵；$\boldsymbol{P}$ 是由作用于弹性体上的载荷（包括体积力、面积力、集中力、温度载荷）分别移置到有关单元的结点上，并逐个结点加以合成得到的总等效结点力，按照结点编号由小到大排列组成，所以称为载荷列阵。由于单元之间相互作用的内力彼此抵消，故 $\boldsymbol{P}$ 中仅包含载荷所引起的等效结点力。显然，$\boldsymbol{P}$ 中结点力的个数和排列顺序与整体结点位移列阵 $\boldsymbol{U}$ 中的位移应互相对应。式（2-100）包含 $3n_e$ 个以结点位移分量为基本未知量的线性代数方程，实际上，它们是基本未知量的结点位移 $\boldsymbol{U}$。将 $\boldsymbol{U}$ 代入式（2-95）和式（2-97）即可求得各单元的应变和应力。

本 章 小 结

本章主要分为两个部分：第一部分主要讲述有限差分法的一些基本知识，包括差分原理及逼近误差、差分方程、截断误差和相容性、收敛性与稳定性以及 Lax 等价定理等，这些仅仅是有限差分法的入门知识,为后续章节的学习奠定基础;第二部分主要讲述有限元法的基本原理以及一般有限元法的求解基本过程。后续在应力场模拟中,会继续详细地给出材料液态成形过程中采用有限元法进行数值模拟的离散与求解过程。

本 章 习 题

1. 区分如下概念:差分、差商、微分、微商(导数)。
2. 请写出一阶向前、一阶中心、一阶向后差分。
3. 请推导二阶向前、二阶中心、二阶向后差分。
4. 请写出二阶中心差商。
5. 请推导二阶中心差商的精度。
6. 请推导对流方程的 FTCS 格式,并指出其截断误差。
7. 请简述变分原理。
8. 请简述有限元法求解基本过程。

第3章　温度场数学模型与数值求解

学 习 指 导

学习目标

(1) 掌握温度场数学模型以及基于有限差分法的离散格式；

(2) 掌握温度场边界条件与初始条件设定以及潜热处理方法；

(3) 掌握温度场模拟的基本流程。

学习重点

(1) 传热的基本方式；

(2) 温度场数学模型；

(3) 二维、三维有限差分格式；

(4) 潜热处理方法；

(5) 温度场模拟的流程图。

学习难点

(1) 温度场数学模型；

(2) 温度场的差分格式。

第1节　传热的基本方式

通常热量传递可以通过三种方式进行：热传导、热对流、热辐射。这三种传热方式在材料成形过程中都存在。下面以铸造过程中的热量传递为例，简要介绍一些基本概念。

1. 热传导

物体各部分之间不发生相对位移时，依靠分子、原子及自由电子等微观粒子的热运动进行的热量传递称为热传导，简称导热。在紧密的不透明物体内部，热量只能依靠热传导方式传递。

只有在物体处于不同温度下时，热量才能从一个物体传递到另一个物体，或从物体的某一部分传递到物体的另一部分。在没有其他作用的条件下,热量总是从温度高的地方传向温度低的地方。铸件凝固冷却时,铸件内部的温度高于外界温度,因此铸件内部向其外侧以及铸型传递热量。

在三维笛卡儿坐标系中,连续介质各点在同一时刻的温度分布称为温度场,一般可表达为 $T = f(x, y, z, t)$。若温度场不随时间变化,则称为稳定温度场,由此产生的导热为稳定导热;若温度场随时间改变,则称为不稳定温度场,不稳定温度场的导热为不稳定导热。

导热的基本定律是傅里叶(Fourier)定律,Fourier 定律的具体内容我们在后面再阐述。

2. 热对流

热对流是指流体中质点发生相对位移而引起的热量传递过程,又称为对流换热。热对流总与流体的导热同时发生,可以看作流体流动时的导热。对流换热的情况比只有热传导的情况复杂。对流换热可以用牛顿(Newton)冷却定律来描述,即

$$q = \alpha (T_f - T_w) \tag{3-1}$$

式中:q 为热流密度;α 为对流换热系数;T_f 为流体的特征温度;T_w 为固体边界温度。

对流换热按引起流动运动的不同原因可分为自然对流换热和强制对流换热两大类。自然对流是由流体冷、热部分的密度不同而引起的,如暖气片表面附近热空气向上流动就是自然对流。如果流体的流动是由水泵或其他压差所造成的,则称为强制对流。

3. 热辐射

物体通过电磁波传递能量的方式称为辐射。物体会因各种原因发出辐射能,其中因热的原因发出辐射能的现象称为热辐射,也称辐射换热。自然界中各个物体都不停地向空间发出热辐射能,同时又不断地吸收其他物体发出的热辐射能。发出与吸收的综合效果造成物体间以辐射方式进行热量传递。辐射换热可以用斯特藩-玻尔兹曼(Stefan-Boltzmann)定律来描述,即

$$q = \varepsilon \sigma_0 T_s^4 \tag{3-2}$$

式中:q 为热流密度;T_s 为表面的绝对温度;ε 为辐射黑度;ε_0 为 Stefan-Boltzmann 常数。

第 2 节　温度场数学模型

1. 傅里叶定律

在大量实验基础上,J. B. Fourier 于 1882 年指出,单位时间内因热传导而通过单位面积的热量(比热流量)与温度梯度成正比。

在一维空间,Fourier 定律表示成下式:

$$\dot{q} = -\lambda \frac{\partial T}{\partial x} \tag{3-3}$$

式中：$\dot{q}$ 为比热流量（W/m²）；T 为温度（K）；x 为坐标值（m）；$\frac{\partial T}{\partial x}$为温度梯度（K/m）；$\lambda$ 为导热系数（W/(m·K)）。负号表明，导热的方向为温度降低的方向，即导热热流从高温区流向低温区。

如图 3-1 所示，当 x 方向的温度分布呈线性时，温度梯度$\frac{\partial T}{\partial x}$为：$\frac{\partial T}{\partial x} = \frac{T_2 - T_1}{x_2 - x_1}$。

根据式（3-3），沿 x 方向产生的比热流量为：

$$\dot{q} = -\lambda \frac{T_2 - T_1}{x_2 - x_1} \tag{3-4}$$

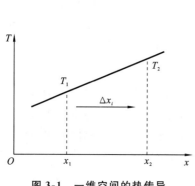

图 3-1　一维空间的热传导

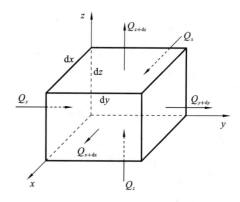

图 3-2　三维空间微元体热平衡图

2. 热传导微分方程

以直角坐标系为例，如图 3-2 所示，假设微元体在 x、y、z 三个方向上的尺寸分别为 dx、dy、dz，显然微元体的体积为 $dxdydz$。

根据 Fourier 定律，流入此微元体的热量为：

$$\begin{cases} Q_x = -\lambda \cdot \dfrac{\partial T}{\partial x} \cdot dydz \\[2mm] Q_y = -\lambda \cdot \dfrac{\partial T}{\partial y} \cdot dxdz \\[2mm] Q_z = -\lambda \cdot \dfrac{\partial T}{\partial y} \cdot dxdy \end{cases} \tag{3-5}$$

而流出此微元体的热量为：

$$\begin{cases} Q_{x+dx} = -\lambda \dfrac{\partial}{\partial x}\left(T + \dfrac{\partial}{\partial x}dx\right)dy \cdot dz \\[2mm] Q_{y+dy} = -\lambda \dfrac{\partial}{\partial y}\left(T + \dfrac{\partial}{\partial y}dy\right)dx \cdot dz \\[2mm] Q_{z+dz} = -\lambda \dfrac{\partial}{\partial z}\left(T + \dfrac{\partial}{\partial z}dz\right)dx \cdot dy \end{cases} \tag{3-6}$$

如物体中无内热源，根据能量守恒定律，流入热量－流出热量＝微元体内蓄热量的增加，即

$$Q_入 - Q_出 = \Delta Q \tag{3-7}$$

而单位时间内微元体蓄热量增量为：

$$\Delta Q = \rho \cdot C_p \cdot \frac{\partial T}{\partial t} \cdot dx \cdot dy \cdot dz \tag{3-8}$$

将上述式(3-5)至式(3-7)代入式(3-8)，整理得：

$$\rho C_p \frac{\partial T}{\partial t} = \lambda \left(\frac{\partial^2 T}{\partial x^2} + \frac{\partial^2 T}{\partial y^2} + \frac{\partial^2 T}{\partial z^2} \right) \tag{3-9}$$

式中：ρ, C_p, λ 为常数。令 $\frac{\lambda}{\rho C_p} = \alpha$，则式(3-9)变为：

$$\frac{\partial T}{\partial t} = \alpha \left(\frac{\partial^2 T}{\partial x^2} + \frac{\partial^2 T}{\partial y^2} + \frac{\partial^2 T}{\partial z^2} \right) = \alpha \nabla^2 T \tag{3-10}$$

式中：∇^2 为拉普拉斯运算符号(算子)；α 为导温系数(m^2/s)。

该方程的物理意义：

(1) 当 $\nabla^2 T > 0$ 时，$\frac{\partial T}{\partial t} > 0$，物体被加热；

(2) 当 $\nabla^2 T = 0$ 时，$\frac{\partial T}{\partial t} = 0$，稳定温度场；

(3) 当 $\nabla^2 T < 0$ 时，$\frac{\partial T}{\partial t} < 0$，物体被冷却。

式(3-10)即为三维热传导微分方程，亦即温度场数值模拟的数学模型，式(3-11)、式(3-12)分别是一维、二维场合下温度场数值模拟的数学模型。

一维场合：

$$\frac{\partial T}{\partial t} = \alpha \frac{\partial^2 T}{\partial x^2} \tag{3-11}$$

二维场合：

$$\frac{\partial T}{\partial t} = \alpha \left(\frac{\partial^2 T}{\partial x^2} + \frac{\partial^2 T}{\partial y^2} \right) \tag{3-12}$$

第 3 节　基于有限差分法的离散

下面将采用有限差分法对上述温度场数学模型在时间上和空间上进行离散。首先介绍二维场合下的离散格式，然后在此基础上介绍三维离散格式。

1. 二维场合的离散格式

在二维场合下，对傅里叶热传导微分方程(式(3-12))进行基于有限差分法的离散。如图 3-3 所示，单元 i 是一边长为 Δx 的正四边形单元，它与相邻的 4 个单元进行热量交换。在微小的时间 Δt 内，单元 i 吸收的热量 Q 为

$$Q = \rho_i C_{pi} (\Delta x)^2 (T_i^{t+\Delta t} - T_i^t) \tag{3-13}$$

从相邻的单元 1、2、3、4 传入单元 i 的热量总和 Q_{sum} 为

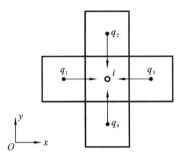

图 3-3　二维差分单元 i 的热平衡关系图

$$Q_{\text{sum}} = \sum_{j=1}^{4} \frac{\Delta x}{\frac{\Delta x/2}{\lambda_i} + \frac{\Delta x/2}{\lambda_j}}(T_j^t - T_i^t)\Delta t \quad (3\text{-}14)$$

根据能量守恒定律,由式(3-13)、式(3-14)得

$$\rho_i C_{\text{p}i}(\Delta x)^2(T_i^{t+\Delta t} - T_i^t) = \sum_{j=1}^{4} \frac{\Delta x(T_j^t - T_i^t)\Delta t}{\frac{\Delta x}{2\lambda_i} + \frac{\Delta x}{2\lambda_j}}$$

$$(3\text{-}15)$$

整理式(3-15)得

$$T_i^{t+\Delta t} = T_i^t + \frac{\Delta t}{\rho_i C_{\text{p}i}\Delta x}\sum_{j=1}^{4} \frac{T_j^t - T_i^t}{\frac{\Delta x}{2\lambda_i} + \frac{\Delta x}{2\lambda_j}} \quad (3\text{-}16)$$

将式(3-16)变形得

$$T_i^{t+\Delta t} = \left[1 - \frac{\Delta t}{\rho_i C_{\text{p}i}\Delta x}\sum_{j=1}^{4} \frac{1}{\frac{\Delta x}{2\lambda_i} + \frac{\Delta x}{2\lambda_j}}\right]T_i^t + \frac{\Delta t}{\rho_i C_{\text{p}i}\Delta x}\sum_{j=1}^{4} \frac{T_j^t}{\frac{\Delta x}{2\lambda_i} + \frac{\Delta x}{2\lambda_j}} \quad (3\text{-}17)$$

由式(3-17)知,单元 i 在 $t+\Delta t$ 时刻的温度等于 t 时刻自身温度以及相邻 4 个单元温度的线性组合。显而易见,如果相邻单元温度高或低,单元 i 的温度也相应地高或低;另外从物理含义来说,单元 i 在 t 时刻温度高,则其在 $t+\Delta t$ 时刻的温度也应该高,即等式(3-17)右边第一项系数必须不小于零,即

$$1 - \frac{\Delta t}{\rho_i C_{\text{p}i}\Delta x}a_i \geqslant 0 \quad (3\text{-}18)$$

式中

$$a_i = \sum_{j=1}^{4} \frac{1}{\frac{\Delta x}{2\lambda_i} + \frac{\Delta x}{2\lambda_j}}$$

整理得

$$\Delta t \leqslant (\rho_i C_{\text{p}i}\Delta x)/a_i \quad \text{且} \quad \Delta t > 0 \quad (3\text{-}19)$$

2. 三维场合的离散格式

在三维场合下,对傅里叶热传导微分方程(式(3-10))进行基于有限差分法的离散。如图 3-4 所示,单元 i 是一边长为 Δx 的正六面体单元,它与相邻的 6 个单元进行热量交换。在微小的时间 Δt 内,单元 i 吸收的热量 Q 为

$$Q = \rho_i C_{\text{p}i}(\Delta x)^3(T_i^{t+\Delta t} - T_i^t) \quad (3\text{-}20)$$

从相邻的单元 1、2、3、4、5、6 流入单元 i 的热量总和 Q_{sum} 为

$$Q_{\text{sum}} = \sum_{j=1}^{6} \frac{\Delta x \cdot \Delta x}{\frac{\Delta x/2}{\lambda_i} + \frac{\Delta x/2}{\lambda_j}}(T_j^t - T_i^t)\Delta t \quad (3\text{-}21)$$

根据能量守恒定律,由式(3-20)、式(3-21)得

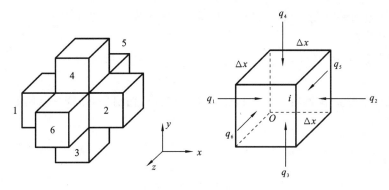

图 3-4　三维差分单元 i 的热平衡关系图

$$\rho_i C_{\mathrm{p}i}(\Delta x)^3(T_i^{t+\Delta t}-T_i^t)=\sum_{j=1}^{6}\frac{\Delta x \cdot \Delta x \cdot (T_j^t-T_i^t)\Delta t}{\dfrac{\Delta x}{2\lambda_i}+\dfrac{\Delta x}{2\lambda_j}} \tag{3-22}$$

整理得单元 i 在 $t+\Delta t$ 时刻的温度计算公式,并将其变形为

$$T_i^{t+\Delta t}=\left[1-\frac{\Delta t}{\rho_i C_{\mathrm{p}i}\Delta x}\sum_{j=1}^{6}\frac{1}{\dfrac{\Delta x}{2\lambda_i}+\dfrac{\Delta x}{2\lambda_j}}\right]+\frac{\Delta t}{\rho_i C_{\mathrm{p}i}\Delta x}\sum_{j=1}^{6}\frac{T_i^t}{\dfrac{\Delta x}{2\lambda_i}+\dfrac{\Delta x}{2\lambda_j}} \tag{3-23}$$

与二维情况一样,Δt 必须满足一定条件才能保证数值解的稳定。由式(3-23)知,单元 i 在 $t+\Delta t$ 时刻的温度等于 t 时刻自身温度以及相邻 6 个单元温度的线性组合。显而易见,相邻 6 个单元温度的高低,直接影响着单元 i 在 $t+\Delta t$ 时刻温度的高低;同样,单元 i 在 t 时刻温度高,则其在 $t+\Delta t$ 时刻的温度也应该高,即等式(3-23)右边第一项系数必须不小于零,即

$$1-\frac{\Delta t}{\rho_i C_{\mathrm{p}i}\Delta x}a_i\geqslant 0 \tag{3-24}$$

式中

$$a_i=\sum_{j=1}^{6}\frac{1}{\dfrac{\Delta x}{2\lambda_i}+\dfrac{\Delta x}{2\lambda_j}}$$

整理得

$$\Delta t\leqslant(\rho_i C_{\mathrm{p}i}\Delta x)/a_i \quad 且 \quad \Delta t>0 \tag{3-25}$$

式(3-25)即为数值解收敛性条件。在实际的程序应用中,对于立方体单元 i 来说,时间步长 Δt 满足式(3-26)即可。

$$\Delta t\leqslant\rho C_{\mathrm{p}}(\Delta x)^2/(6\lambda) \quad 且 \quad \Delta t>0 \tag{3-26}$$

第 4 节　初始条件与边界条件

1. 初始条件

从差分方程(参见式(3-17)、式(3-23))可以看出,要确定各单元在新时刻$(t+\Delta t)$的温度

值,必须首先知道前一时刻(t)的温度值。因此,初始条件就是要确定 $t=0$ 时刻(开始计算时刻)各单元的温度值。

对于三维温度场 $T^t=f(x,y,z,t)$,初始时刻($t=0$)的温度场为

$$T^0=f(x,y,z,0) \tag{3-27}$$

在进行初始温度的设置时,可以假设铸件瞬间充型、初温均布,即可以用如下方程来表示。
铸件部分:

$$T^0_{cast}=f_c(x,y,z,0) \tag{3-28}$$

铸型部分:

$$T^0_{mold}=f_m(x,y,z,0) \tag{3-29}$$

2. 边界条件

如图 3-5 所示,与边界相接的微元体的热量守恒公式为 $\Delta Q_{\Delta t}=Q_{in\Delta t}-Q_{out\Delta t}$,即

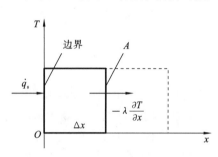

图 3-5　边界微元体热量流入与流出

$$\rho C_p V(T^{t+\Delta t}-T^t)=\dot{q}_s A\Delta t-\left(-\lambda A\Delta t\frac{\partial T}{\partial x}\bigg|_{x=\Delta x}\right) \tag{3-30}$$

式中:A 为横截面面积。如果 A 为单位横截面面积,即 $A=1$,则体积 $V=1\cdot\Delta x$,式(3-30)变形为

$$\rho C_p(T^{t+\Delta t}-T^t)\Delta x=\dot{q}_s\Delta t+\lambda\Delta t\frac{\partial T}{\partial x} \tag{3-31}$$

如果 Δx 趋于无限小($\Delta x\to 0$),则可得边界上的传热方程:

$$\dot{q}_s+\lambda\frac{\partial T}{\partial x}=0 \tag{3-32}$$

1) 热传导边界条件

在流体(液体、气体)和固体相接触的场合,即使是流体一侧,在边界面上也仍然会因热传导而引起热的流动,即

$$\dot{q}_s=-\lambda_f\frac{\partial T_f}{\partial x} \tag{3-33}$$

式中:下标 f 表示流体。如果流体一侧的温度分布 T_f 为已知的,代入式(3-32)以后就能导出边界条件式。可是在流体一侧,不仅会因热传导,而且也会由于流体的流动而引起热量的流动(对流传热),所以流体一侧的温度分布是不容易知道的,因此引入对流换热系数 h_c ($W/(m^2\cdot K)$):

$$q_u=-\lambda_f\frac{\partial T_f}{\partial x}\equiv h_c(T_a-T_s) \tag{3-34}$$

式中:T_s 为固体表面(边界)的温度;T_a 为流体的代表温度。

因此由式(3-32)、式(3-34)得出边界条件式为

$$x=x_s,\quad h_c(T_a-T_s)+\lambda\frac{\partial T}{\partial x}=0 \tag{3-35}$$

从式(3-34)就可了解,h_c 将随着流体的导热系数 λ_f 和流体一侧的温度分布(随流动状态而变

化)的变化而变化。因此如果能求解流动场和温度场,就能计算出热传导系数。

2) 热辐射边界条件

热量也可通过热辐射方式而传导,特别是在液体金属等高温物体的表面,传热的主要方式是热辐射。

如前所述,热辐射是电磁波引起的热流动现象,能量以光速传播。根据普朗克定律,温度为 $T(K)$ 的黑体(不反射电磁波的理想物质)所辐射波长从 λ_m 到 $\lambda_m + d\lambda_m$ 的比辐射能 $E_{b\lambda} d\lambda_m$ $(J \cdot S^{-1} \cdot m^{-2})$,可以用下式表示:

$$E_{b\lambda} d\lambda_m = \frac{2\pi c_1}{n^2 \lambda^5 [\exp(c_2/n\lambda T) - 1]} \tag{3-36}$$

式中:λ_m 为光速为 c 的介质中的波长;λ 为真空中的波长,$\lambda = n\lambda_m$,其中 n 为折射率,除玻璃等(石英为 1.5)以外,一般可以当作 1,即 $n = 1, \lambda_m = \lambda$;$n = \lambda/\lambda_m = c_0/c$;$c_0$ 为真空中的光速(3×10^8 m/s);$c_1 = hc_0^2$;$c_2 = hc_0/k$,其中 h 是普朗克常数,k 是玻尔兹曼常数,$k = 1.380649 \times 10^{-23}$ J/K。

对于一般的传热问题,很少讨论各种波长的辐射能量问题,而是讨论整个波长的辐射能。因此,如果对式(3-36)在全波长条件下积分,则能得到以下的斯特藩-玻尔兹曼定律:

$$E_b = \int_0^\infty E_{b\lambda} d\lambda = \Gamma T^4 \tag{3-37}$$

式中:Γ 为斯特藩-玻尔兹曼常数,取 5.67×10^{-8} W · m^{-2}。

式(3-37)中的 E_b 是温度为 $T(K)$ 的黑体的比辐射能(比热流量),而实际物体的辐射能 E 要比此值小,为

$$E = \varepsilon \Gamma T^4 \tag{3-38}$$

式中:ε 称为(全)辐射系数。

热辐射能是以光速传播的。由于物质表面的反射作用,从某个面 S_1 实际流出的热量不仅取决于 S_1,而且受周围的面的影响。例如求解浇包中的液体金属表面流出的热辐射能时,必须考虑浇包壁和盖的反射与热辐射。

如果周围的影响不大,将式(3-38)代入式(3-32)的 $\dot{q}_s$ 中($T^4 \gg T_a^4$,假定 T_a 是周围温度(K)。另外因为式(3-38)是流出的比热流量,所以加上负号),则边界条件式为

$$-\varepsilon \Gamma T^4 + \lambda \frac{\partial T}{\partial x} = 0, \quad x = x_s (\text{边界}) \tag{3-39}$$

3) 热触热阻边界条件

在固体相互接触的场合,如铸型和砂箱、砂型和冷铁,或者轧辊和铸锭等等,由于实际接触面积比名义接触面积要小,所以在接触面之间产生了温度差($T_1 - T_2$)。在这种情况下,界面比热流量在引入热阻 R 之后用式(3-40)表示:

$$\dot{q}_s = \frac{T_1 - T_2}{R} \tag{3-40}$$

此处,如果假定 $h_R = 1/R$,则式(3-40)和式(3-34)为同一形式,即与热传导边界条件相同。h_R 称为传热系数,以与热传导系数相区别。

4) 完全接触边界条件

实际上这种边界条件是很少见的。完全接触边界条件可用式(3-41)来表达:

$$\lambda_1 \frac{\partial T_1}{\partial x} = \lambda_2 \frac{\partial T_2}{\partial x} \tag{3-41}$$

5）绝热边界条件

这种情况下边界条件可用式（3-42）来表达：

$$\lambda \frac{\partial T}{\partial x} = 0 \tag{3-42}$$

6）温度为定值的边界条件

这种情况下边界条件可用式（3-43）来表达：

$$T = 定值 \tag{3-43}$$

7）比热流量为定值的边界条件

这种情况下边界条件可用式（3-44）来表达：

$$\dot{q}_s = 定值 \tag{3-44}$$

第 5 节　潜　热　处　理

1. 定义

液相的内能 E_L 大于固相的内能 E_s，因此，当合金凝固由液相变为固相时，必须产生 $\Delta E = E_L - E_s$ 的内能变化。这个内能变化 ΔE（通常用 L 表示）称为凝固潜热，或称为熔化潜热（latent heat of fusion）。

2. 考虑析出潜热的热能守恒式

假定单位体积、单位时间内固相率的增加率为 $\partial g_s / \partial t$，潜热放出的热量为 $\rho \cdot L \cdot \dfrac{\partial g_s}{\partial t}$。在一维场合下，考虑潜热后的热能守恒式为

$$\rho \cdot C_p \frac{\partial T}{\partial t} = \lambda \frac{\partial^2 T}{\partial x^2} + \rho \cdot L \cdot \frac{\partial g_s}{\partial t} \tag{3-45}$$

而 $\rho \cdot L \cdot \dfrac{\partial g_s}{\partial t} = \rho \cdot L \cdot \dfrac{\partial g_s}{\partial T} \cdot \dfrac{\partial T}{\partial t}$，则一维热能守恒式变为

$$\rho \left(C_p - L \cdot \frac{\partial g_s}{\partial T} \right) \cdot \frac{\partial T}{\partial t} = \lambda \frac{\partial^2 T}{\partial x^2} \tag{3-46}$$

同理，在二维场合下考虑潜热后的热能守恒式为

$$\rho \left(C_p - L \cdot \frac{\partial g_s}{\partial T} \right) \cdot \frac{\partial T}{\partial t} = \lambda \left(\frac{\partial^2 T}{\partial x^2} + \frac{\partial^2 T}{\partial y^2} \right) \tag{3-47}$$

在三维场合下考虑潜热后的热能守恒式为

$$\rho \left(C_p - L \cdot \frac{\partial g_s}{\partial T} \right) \cdot \frac{\partial T}{\partial t} = \lambda \left(\frac{\partial^2 T}{\partial x^2} + \frac{\partial^2 T}{\partial y^2} + \frac{\partial^2 T}{\partial z^2} \right) \tag{3-48}$$

关键是求固相率 g_s 和温度 T 的关系。严格讲，质量固相率 f_s 和体积固相率 g_s 是不同

的,但本书中近似认为 $f_s = g_s$。

3. 固相率和温度的关系

一般从状态图可知固相率 f_s 与温度 T 的关系,但对恒温下凝固的纯金属,共晶凝固和包晶凝固的固相率不能根据温度来确定。对于具有一定结晶温度范围的合金,固相结晶析出的固液共存区中,液相线温度是与液相浓度相对应的。

(1) 在给定温度下,已知平衡分配系数 k_0:

$$k_0 = \frac{C_S}{C_L} \tag{3-49}$$

式中:C_S 为固相浓度;C_L 为液相浓度。

假定液相线为直线,k_0 为常数,对于 $k_0 < 1$ 的合金,液相线温度 T_L 与浓度 C 呈线性关系,则有

$$T_L = T_f - \alpha C$$

式中:T_f 为作为熔剂的纯金属的熔点;α 为液相线温度随成分浓度 $C(\%)$ 变化的下降系数。

因此,为了求液相线温度 T_L,必须知道固液共存区的液相溶质浓度,而溶质浓度又随固相率而变化,即要知道固相率 f_s 与 T_L 的关系,就是要了解 f_s 与溶质浓度的关系。

根据杠杆定律(见图 3-6),固相分数为

$$f_s = \frac{C_L - C_0}{C_L - C_S} \tag{3-50}$$

将 $k_0 = C_S / C_L$ 代入式(3-50),得到液相溶质浓度:$C_L = \dfrac{C_0}{1 + f_s(k_0 - 1)}$。

根据液相线温度 T_L 与浓度 C 的关系式 $T_L = T_f - \alpha C$,将液相的溶质浓度 C_L 代入,则可得到液相一侧的液相线温度:

$$T_L = T_f - \alpha \frac{C_0}{1 + f_s(k_0 - 1)}$$

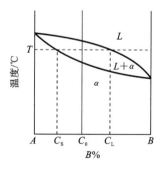
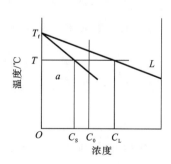

图 3-6　杠杆定律　　　　　图 3-7　二元合金相图的一角

对于二元合金(见图 3-7),将液相线温度随成分浓度 $C(\%)$ 变化的下降系数 α 的表达式 $\alpha = \dfrac{T_f - T_L}{C_0}$ 代入液相线温度计算式,则有

$$T = T_f - \frac{T_f - T_L}{C_0} \times \frac{C_0}{1 + f_s(k_0 - 1)} = T_f - \frac{T_f - T_L}{1 + f_s(k_0 - 1)}$$

进而得到固相率与温度 T 的关系式：

$$f_s = \frac{1}{1 - k_0} \cdot \frac{T_L - T}{T_f - T} \tag{3-51}$$

（2）平衡分配系数 k_0 未知。

先采用热分析法求出凝固开始温度 T_L 和结束温度 T_S，之后，假定

① T 与 f_s 呈线性分布，即 $T = T_L - (T_L - T_S)f_s$，所以

$$\frac{\partial f_s}{\partial T} = -\frac{1}{T_L - T_S} \tag{3-52}$$

② T 与 f_s 呈二次分布，即 $T = T_L - (T_L - T_S)f_s^2$，所以

$$\frac{\partial f_s}{\partial T} = -\frac{1}{2} \cdot \frac{1}{(T_L - T_S)^{1/2}(T_L - T)^{1/2}} \tag{3-53}$$

$$k_0 = \frac{C_S}{C_L} T_L = T_f - \sum_i a_i C_i f_s = \frac{C_L - C_0}{C_L - C_S} C_L = \frac{C_0}{1 + f_s(k_0 - 1)} T$$

$$= T_f - \sum_i a_i \frac{C_0^i}{1 + f_s(k_i - 1)} C_0^i k_i T = T_f - \frac{T_f - T_L}{C_0} \times \frac{C_0}{1 + f_s(k_0 - 1)}$$

$$= T_f - \frac{T_f - T_L}{1 + f_s(k_0 - 1)} f_s = \frac{1}{1 - k_0} \cdot \frac{T_L - T}{T_f - T} T = T_L - (T_L - T_S)f_s \frac{\partial f_s}{\partial T}$$

$$= -\frac{1}{T_L - T_S} T = T_L - (T_L - T_S)f_s^2 \frac{\partial f_s}{\partial T} = -\frac{1}{2} \cdot \frac{1}{(T_L - T_S)^{1/2}(T_L - T)^{1/2}}$$

4. 潜热的实际处理方法

1）等价比热法

比热是指单位质量物体降低单位温度所释放的热量，单位质量金属在凝固温度范围内降低单位温度时释放的热量也可以理解成比热。实际上这个比热包括两部分即物体的真正比热和凝固潜热引起的比热的增加，从而称此比热为等价比热或者有效比热（亦称当量比热），记为 C_e。那么考虑到潜热的三维能量守恒式可以写为

$$\frac{\partial T}{\partial t} = \frac{\lambda}{\rho C_e}\left(\frac{\partial^2 T}{\partial x^2} + \frac{\partial^2 T}{\partial y^2} + \frac{\partial^2 T}{\partial z^2}\right) \tag{3-54}$$

由式（3-54）及式（3-48）得

$$C_e = C_p - L \cdot \frac{\partial f_s}{\partial T} \tag{3-55}$$

若 f_s 与 T 呈线性关系，则式（3-55）可写为

$$C_e = C_p - \frac{L}{T_L - T_S} \tag{3-56}$$

若 f_s 与 T 呈二次分布，则式（3-55）可写为

$$C_e = C_p - \frac{L}{1 - k_0} \cdot \frac{T_L - T_f}{(T_f - T)^2} \tag{3-57}$$

等价比热法适合凝固区间比较大的合金。对凝固区间较小的合金,温度通过液相线和固相线时产生显著误差,所以采用等价比热法来处理潜热问题时要进行温度修正,这点我们在后面详细说明。

2）热焓法

热焓法是基于热焓的计算方法。对于凝固过程中的金属,其热焓 H 可定义为

$$H = \int_0^T C_p dT + (1 - f_s)L \tag{3-58}$$

将式(3-58)对温度求导,可得

$$\frac{\partial H}{\partial T} = C_p - L \cdot \frac{\partial f_s}{\partial T} \tag{3-59}$$

将式(3-59)代入式(3-48)即得

$$\rho \frac{\partial H}{\partial t} = \lambda \left(\frac{\partial^2 T}{\partial x^2} + \frac{\partial^2 T}{\partial y^2} + \frac{\partial^2 T}{\partial z^2} \right) \tag{3-60}$$

这种方法与等价比热法类似,适用于有一定结晶温度范围的合金。

3）温度回升法

对于共晶合金来说,凝固开始的一段时间内,固相不断增多,但温度基本上始终保持在熔点附近。这是由于释放的潜热补偿了传导带走的热量,亦即补偿了传热所引起的温度的下降,由于热量的多少常以单元体的温度变化来表示,因此可将这部分热量折算成所能补偿的温度降落,加入温度计算中去。这就是温度回升法或温度补偿法。

假定某个领域(体积 V)中固相率增加 Δg_s,其放出的潜热(被夺走的热量)表示为:

$$Q_s = \rho \cdot V \cdot \Delta g_s \cdot L \tag{3-61}$$

处理时,先不考虑潜热放出,求出微小时间 Δt 内以 T_L 开始的温度降低:

$$\Delta T = T_L - T \tag{3-62}$$

如果 $\Delta t > 0$,就产生凝固,由于放出潜热,温度回升到 T_L(假定无过冷),则有:

$$Q_s = \rho C_p \cdot V \cdot \Delta T \tag{3-63}$$

联立求解可得

$$\Delta g_s = C_p \cdot \frac{\Delta T}{L} \tag{3-64}$$

此法采用 g_s 的增加来代替潜热的放出。若固相率为 $1(\sum \Delta g_s = 1)$,则表明领域 V 凝固结束。

温度回升法适用于共晶合金以及结晶温度范围小的合金。

4）采用改良等价比热法的温度场的有限差分格式

(1) 假想凝固区间。

在数值模拟中,如果遇到纯金属或共晶成分合金,此时可以假设该合金存在一定范围的凝固区间 ΔT(比如说取 $\Delta T = 0.1\ ℃$),称该凝固区间为假想凝固区间。该假想凝固区间的液相线温度 T'_L 和固相线温度 T'_s 可以按式(3-65)、式(3-66)求出。其中 T_0 是熔点或者共晶点,这样就可以用等价比热法来处理了。

$$T'_L = T_0 + \frac{\Delta T}{2} \tag{3-65}$$

$$T'_s = T_0 - \frac{\Delta T}{2} \qquad\qquad (3\text{-}66)$$

另外对于凝固区间太小的合金,扩大其凝固区间,此时该假想凝固区间的液相线温度 T'_L 和固相线温度 T'_s 可以按式(3-67)、式(3-68)求出。其中 T_L、T_s 是实际的液相线温度和固相线温度,ΔT 是假想凝固区间的大小。

$$T'_L = \frac{T_L + T_s}{2} + \frac{\Delta T}{2} \qquad\qquad (3\text{-}67)$$

$$T'_s = \frac{T_L + T_s}{2} - \frac{\Delta T}{2} \qquad\qquad (3\text{-}68)$$

当然,假想凝固区间会导致模拟和实际的差异,但只要假想凝固区间足够小,这个差异就可以忽略不计。

(2) 采用改良等价比热法的温度场的差分格式。

由于提出了假想凝固区间的概念,所以我们可以采用等价比热法来处理共晶成分合金的潜热问题,我们将基于假想凝固区间的等价比热法称为改良等价比热法。现在我们来讨论采用改良等价比热法的温度场的差分格式。

图 3-8 是某一差分单元($\Delta z = \Delta y = \Delta x$)及其 6 个邻接单元,采用有限差分法将式(3-54)离散得

$$\frac{T^{t+\Delta t} - T^t}{\Delta t} = \frac{1}{\rho C_e \Delta x} \sum_{j=1}^{6} \frac{(T^t_j - T^t)}{\frac{\Delta x}{2\lambda} + \frac{\Delta x}{2\lambda_j}} \qquad (3\text{-}69)$$

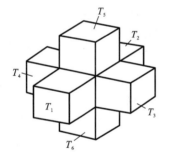

$$T_1 = T_{x+\Delta x}$$
$$T_2 = T_{x-\Delta x}$$
$$T_3 = T_{y+\Delta y}$$
$$T_4 = T_{y-\Delta y}$$
$$T_5 = T_{z+\Delta z}$$
$$T_6 = T_{z-\Delta z}$$

图 3-8　某一差分单元及其邻接单元

若认为 f_s 与 T 呈线性关系,则 $C_e = C_p + \frac{L}{T'_L - T'_s}$,则式(3-69)可整理为

$$T^{t+\Delta t} = T^t + \frac{\Delta t}{\rho C_e \Delta x} \sum_{j=1}^{6} \frac{(T^t_j - T^t)}{\frac{\Delta x}{2\lambda} + \frac{\Delta x}{2\lambda_j}} \qquad (3\text{-}70)$$

所以,采用改良等价比热法的温度场迭代公式总结为如下两种情况:

① 当 $T > T'_L$ 或 $T < T'_s$ 时,迭代公式为

$$T^{t+\Delta t} = T^t + \frac{\Delta t}{\rho C_p \Delta x} \sum_{j=1}^{6} \frac{(T^t_j - T^t)}{\frac{\Delta x}{2\lambda} + \frac{\Delta x}{2\lambda_j}} \qquad (3\text{-}71)$$

式中:$\Delta t < \frac{\rho C_p}{6\lambda} \Delta x \Delta x$;

② 当 $T'_L > T > T'_s$ 时,迭代公式为

$$T^{t+\Delta t} = T^t + \frac{\Delta t}{\rho C_e \Delta x} \sum_{j=1}^{6} \frac{(T^t_j - T^t)}{\frac{\Delta x}{2\lambda} + \frac{\Delta x}{2\lambda_j}} \qquad (3\text{-}72)$$

式中:$C_e = C_p + \frac{L}{T'_L - T'_s}$;$\Delta t < \frac{\rho C_e}{6\lambda} \Delta x \Delta x$。

(3) 跨越凝固区间或假想凝固区间时的温度校正。

图 3-9 是改良等价比热法的示意图,从图中可以看出在应用改良等价比热法时,当温

度跨越 T'_L、T'_S 时计算所得的温度会有一定偏差,所以必须对温度进行适当的校正。这包括两个方面的内容:一方面是降温过程的校正;另一方面是重熔过程的校正。下面分不同情况进行讨论。

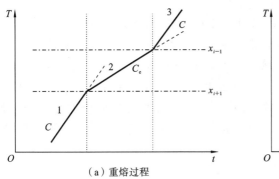
（a）重熔过程
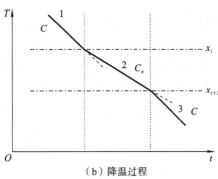
（b）降温过程

图 3-9　改良等价比热法的示意图

① 当温度从液相线以上降至液固线之间时,应将按式(3-71)得到的 $T^{t+\Delta t}$ 作如下校正:

$$T' = T'_L + (T^{t+\Delta t} - T'_L)\frac{C_p}{C_e} \tag{3-73}$$

② 当温度从凝固区间降至固相线以下时,应将按式(3-72)得到的 $T^{t+\Delta t}$ 作如下校正:

$$T' = T'_S + (T^{t+\Delta t} - T'_S)\frac{C_e}{C_p} \tag{3-74}$$

③ 当温度从 T'_L 以上降至固相线以下时,应将按式(3-71)得到的 $T^{t+\Delta t}$ 先作如下校正:

$$T' = T'_L + (T^{t+\Delta t} - T'_L)\frac{C_p}{C_e} \tag{3-75}$$

如果 $T' < T'_S$,还要在此基础上作二次校正:

$$T'' = T'_S + (T' - T'_S)\frac{C_e}{C_p} \tag{3-76}$$

④ 当温度上升到液固线之间时,应将按式(3-71)得到的 $T^{t+\Delta t}$ 作如下校正:

$$T' = T'_S + (T^{t+\Delta t} - T'_S)\frac{C_p}{C_e} \tag{3-77}$$

⑤ 当温度从凝固区间上升到液相线以上时,应将按式(3-72)得到的 $T^{t+\Delta t}$ 作如下校正:

$$T' = T'_L + (T^{t+\Delta t} - T'_L)\frac{C_e}{C_p} \tag{3-78}$$

⑥ 当温度从固相线以下上升到液相线以上时,应将按式(3-71)得到的 $T^{t+\Delta t}$ 先作如下校正:

$$T' = T'_S + (T^{t+\Delta t} - T'_S)\frac{C_p}{C_e} \tag{3-79}$$

如果 $T' > T'_L$,还要在此基础上作二次校正:

$$T = T'_L + (T' - T'_L)\frac{C_e}{C_p} \tag{3-80}$$

特别要注意的是,如果凝固区间或假想凝固区间 ΔT 比较小或者接近 0,上述第③⑥种情况将比较普遍,若处理不当则会导致很大的误差。

第6节   温度场数值模拟流程图

温度场数值模拟系统包括三大模块：前处理、计算分析、后处理。前处理模块包括三维实体建模及网格划分两大部分。三维实体建模主要是将要进行分析的对象即三维实体输入计算机；网格划分则是将已输入的三维实体划分成计算所需的网格单元。计算分析模块首先要进行初始条件和边界条件的设置，然后在此基础上对前处理所得差分网格系统进行温度场分析。后处理模块的主要任务是数据的可视化，将计算分析所得的温度场结果，真实、生动、形象地显示出来。此部分需要采用计算机图形学、多媒体技术、图形处理技术等科学的理论与方法。

图 3-10 是温度场数值模拟流程示意图。

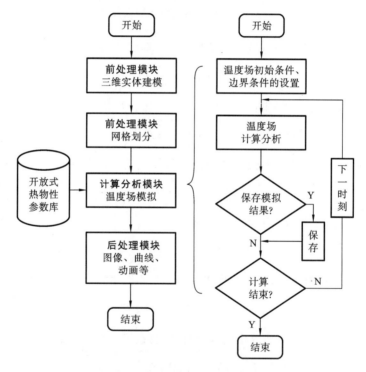

图 3-10   温度场数值模拟流程示意图

本 章 小 结

本章介绍了传热的基本方式与传热分析常用的数值分析方法，在此基础上采用传热分析中最常用的有限差分法对温度场数学模型进行离散，重点介绍了如下内容：凝固过程的数学模型，基于有限差分的离散格式，温度场的初始条件、边界条件，潜热处理方法，以及温度场数值模拟流程图等。

本 章 习 题

1. 传热有哪几种方式？请简要说明。
2. 请写出温度场数学模型。
3. 请推导温度场数学模型基于立方体单元的差分格式，并求解稳定性条件。
4. 简述潜热处理的方法。
5. 简述温度场数值模拟流程。

第4章 温度场模拟实例

学 习 指 导

学习目标

(1) 进一步通过实例来掌握液态成形温度场模拟的特点与难点；
(2) 进一步通过实例来掌握液态成形温度场模拟软件及其作用。

学习重点

(1) 温度场应用实例与实际应用场合；
(2) 温度场模拟软件主要作用。

学习难点

(1) 温度场应用实例的应用场合；
(2) 如何正确理解温度场模拟软件的作用。

第1节 概 述

华铸 CAE 凝固过程温度场模拟分析在生产中取得了广泛的应用,下面介绍它在铸钢、球铁、灰铁、铸铝等各类铸件上的应用实例。通过凝固过程温度场的模拟分析,可以有效地预测缩孔、缩松,从而优化工艺,消除缺陷,提高工艺出品率。

第2节 砂型铸钢件应用实例

1. 壳体铸件凝固过程模拟

图 4-1 是壳体铸钢件的原始工艺方案,该工艺方案采用了冷铁、铬矿砂。图 4-2 是铸件在浇注后 1320 s 的液相分布图,其临界固相温度取 1493 ℃(取临界固相率为 0.65)。模拟结果

表明:浇注后 1320 s 在 4 个圆形冒口下方的内侧存在着明显的液相孤立区,这些部位可能有缩孔、缩松。厂方对模拟结果给予了很高的评价,因为实际生产情况确实是在 4 个圆形冒口下方的内侧存在缩孔、缩松缺陷。

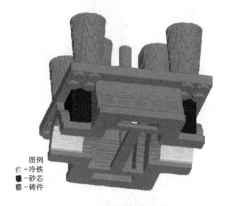

图 4-1　壳体铸造工艺

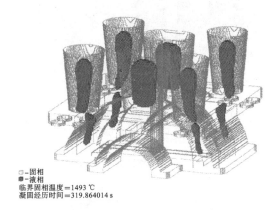

图 4-2　壳体液相分布图

2. 索箍铸件的工艺优化

图 4-3 是某厂索箍铸件的原始工艺方案,在优化过程中该厂的工艺人员提出了 4 种工艺方案(单位:mm)。

方案一(原始方案):该工艺方案在图 4-3 所示位置各放 5 块 140×120×80 的暗冷铁(共 4 处)。

方案二:因方案一模拟时发现两侧暗冷铁处有"卡颈"现象(见图 4-4),特别是第 5 块暗冷铁已放置在补缩斜筋上,故将暗冷铁减少至 4 块。

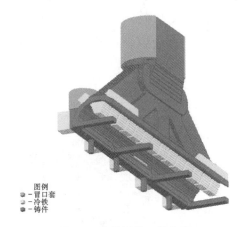

图 4-3　索箍原始工艺方案

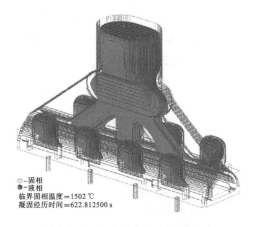

图 4-4　索箍液相分布图(方案一)

方案三:模拟方案一、二除暗冷铁数量外,其余的条件完全相同,结果发现方案二两侧暗冷铁处仍有"卡颈"现象,且补缩斜筋下端也有"卡颈"的情况(见图 4-5),故对工艺作出如下改动:① 将两侧的暗冷铁减少到 2 块;② 将两侧的补缩斜筋宽度改成上 250、下 180;③ 将所有补缩斜筋的厚度改为上 210、下 180。模拟结果未发现任何液相孤立区(见图 4-6),还算理想。

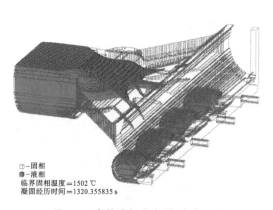

□-固相
■-液相
临界固相温度=1502℃
凝固经历时间=1320.355835 s

图 4-5　索箍液相分布图(方案二)

□-固相
■-液相
临界固相温度=1502℃
凝固经历时间=990.774231 s

图 4-6　索箍液相分布图(方案三)

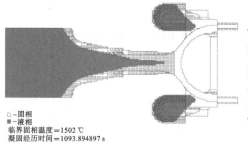

□-固相
■-液相
临界固相温度=1502℃
凝固经历时间=1093.894897 s

图 4-7　索箍液相分布图(方案四)

方案四:由于厂里的木模已按图 4-7 所示工艺做出,补缩斜筋改成上端距侧边 350,下端距侧边 180,宽度仍为 250,并结合方案三的结果将补缩筋的厚度改成上 250、下 180,在筋与筋之间放置 2 块 140×120×80 的暗冷铁。从模拟结果来看,没有发现液相孤立区(见图 4-7)。

在实际生产中,该厂采用了工艺方案四,浇注后的结果表明,工艺方案四是成功的。

3. 大型下机架铸钢件工艺优化

图 4-8 是某单位大型下机架铸钢件原始设计工艺的模拟结果,可以看出如果采用该工艺,铸件内部将产生很大的缩孔;实际生产时采用了优化后的工艺,从图 4-9 优化后的工艺模拟结果看,该工艺基本上是顺序凝固,最后凝固的地方都是冒口。图 4-10 所示是采用优化后的工艺一次浇注成功的该铸件。

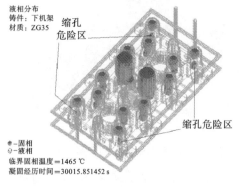

液相分布
铸件:下机架
材质:ZG35
缩孔危险区

■-固相
□-液相
临界固相温度=1465℃
凝固经历时间=30015.851452 s

缩孔危险区

图 4-8　下机架原始设计工艺模拟结果

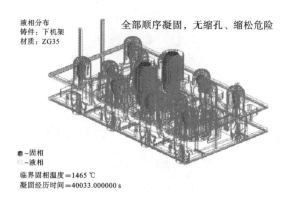

液相分布
铸件:下机架
材质:ZG35
全部顺序凝固,无缩孔、缩松危险

■-固相
□-液相
临界固相温度=1465℃
凝固经历时间=40033.000000 s

图 4-9　下机架优化工艺模拟结果

图 4-10　采用优化后的工艺一次浇注成功的下机架

4. 半齿圈工艺改进

图 4-11 是某单位生产的半齿圈原始工艺的模拟结果,可以看出如果采用该工艺,铸件内部将产生缩孔,实际生产也表明了这点。图 4-12 是改进后的工艺模拟结果,该工艺基本实现了顺序凝固,最后凝固的地方都是冒口。该单位采用改进后的工艺成功浇注了该铸件。

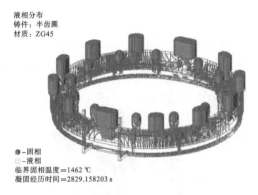

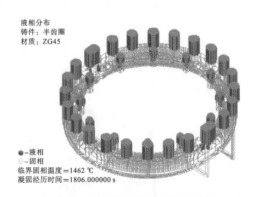

图 4-11　半齿圈原始工艺模拟结果　　　　图 4-12　半齿圈改进工艺模拟结果

5. 大型牌坊铸钢件凝固过程模拟

图 4-13、图 4-14 是某单位生产的牌坊铸件生产工艺的模拟结果,其中图 4-13 是铸件在凝

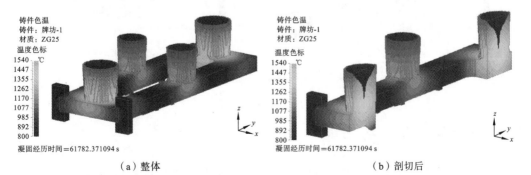

（a）整体　　　　　　　　　　（b）剖切后

图 4-13　牌坊凝固过程模拟色温分布

固过程中某一时刻的温度场(色温分布),图 4-14 是铸件在凝固后浇冒口的缺陷分布。从模拟结果看,采用该工艺方案,只要在实际生产中将冒口浇满,铸件中就没有缺陷,实际生产也表明了这点。

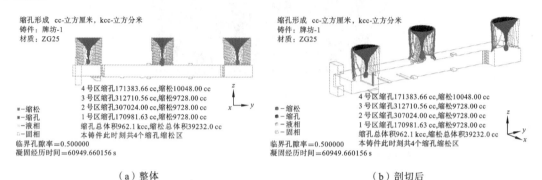

（a）整体　　　　　　　　　　　（b）剖切后

图 4-14　牌坊凝固过程模拟缺陷分布

6. 普通碳钢阀体凝固过程模拟

图 4-15、图 4-16 是某单位生产的阀体铸件生产工艺模拟结果,其中图 4-15 是铸件在凝固过程中某一时刻的温度场,图 4-16 是铸件在凝固后的缩孔、缩松缺陷分布。从模拟结果看,铸件内部没有缩孔缺陷,这与实际生产情况相一致。

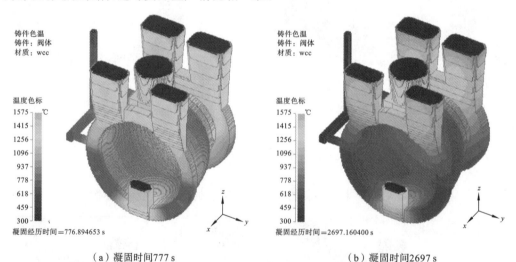

（a）凝固时间777 s　　　　　　　　（b）凝固时间2697 s

图 4-15　阀体凝固过程模拟色温分布

7. 不锈钢阀体工艺改进

图 4-17 是某厂不锈钢阀体原始工艺模拟所得的缩松、缩孔缺陷分布,按此工艺浇注出来的铸件在中部厚实的地方存在脸盆大的缩孔(见图 4-18),这与模拟的结果非常吻合。改进后

缩孔形成　cc-立方厘米，kcc-立方分米
铸件：阀体
材质：wcc
更多号区缩松0.54 cc,孔率1.76%
15号区缩松0.54 cc,孔率1.81%
14号区缩松0.54 cc,孔率1.82%
13号区缩松0.54 cc,孔率1.82%
12号区缩松1.09 cc,孔率1.76%
11号区缩松0.54 cc,孔率1.77%
10号区缩松0.54 cc,孔率1.76%
9号区缩松17.92 cc,孔率1.87%
8号区缩松0.54 cc,孔率1.78%
7号区缩松11.95 cc,孔率1.85%
6号区缩松96.68 cc,孔率1.98%
5号区缩松0.54 cc,孔率1.76%
4号区缩松0.54 cc,孔率1.76%
3号区缩孔0.69 cc,缩松13.58 cc
2号区缩孔2281.32 cc,缩松238.44 cc
1号区缩孔2281.66 cc,缩松236.26 cc
缩孔总体积4.6 kcc,缩松总体积620.8 cc
本铸件此时刻共1257个缩孔缩松区
■ -缩松
■ -缩孔
■ -液相
■ -固相
临界孔隙率=0.500000
凝固经历时间=2694.495361 s

（a）截面1

缩孔形成　cc-立方厘米，kcc-立方分米
铸件：阀体
材质：wcc
更多号区缩松0.54 cc,孔率1.76%
15号区缩松0.54 cc,孔率1.81%
14号区缩松0.54 cc,孔率1.82%
13号区缩松0.54 cc,孔率1.82%
12号区缩松1.09 cc,孔率1.76%
11号区缩松0.54 cc,孔率1.77%
10号区缩松0.54 cc,孔率1.76%
9号区缩松17.92 cc,孔率1.87%
8号区缩松0.54 cc,孔率1.78%
7号区缩松11.95 cc,孔率1.85%
6号区缩松96.68 cc,孔率1.98%
5号区缩松0.54 cc,孔率1.76%
4号区缩松0.54 cc,孔率1.76%
3号区缩孔0.69 cc,缩松13.58 cc
2号区缩孔2281.32 cc,缩松238.44 cc
1号区缩孔2281.66 cc,缩松236.26 cc
缩孔总体积4.6 kcc,缩松总体积620.8 cc
本铸件此时刻共1257个缩孔缩松区
■ -缩松
■ -缩孔
■ -液相
■ -固相
临界孔隙率=0.500000
凝固经历时间=2694.495361 s

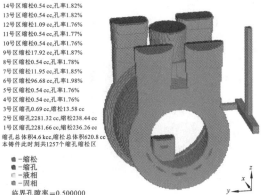

（b）截面2

图 4-16　阀体凝固过程模拟缺陷分布

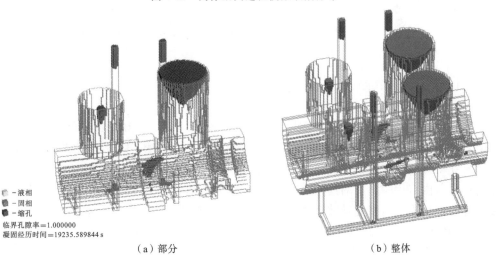

■ -液相
■ -固相
■ -缩孔
临界孔隙率=1.000000
凝固经历时间=19235.589844 s

（a）部分　　　　　　　　　　　　　　（b）整体

图 4-17　不锈钢阀体原始工艺模拟缺陷分布

缩孔位置

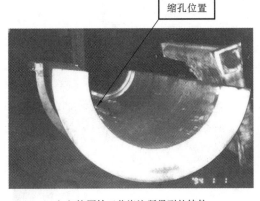

（a）按原始工艺浇注所得到的铸件　　　　　　　　（b）缺陷部位

图 4-18　不锈钢阀体原始工艺的缩松、缩孔分布

的工艺消除了原来的缺陷,模拟结果图 4-19 也表明了这一点。从模拟的结果看该工艺在端部会产生比较小的缩松、缩孔,实际生产中在端部采取了一些措施,按改进后的工艺浇注得到了优质的铸件。

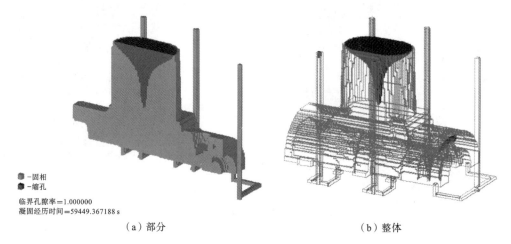

　－固相
　－缩孔

临界孔隙率=1.000000
凝固经历时间=59449.367188 s

（a）部分　　　　　　　　　　（b）整体

图 4-19　不锈钢阀体改进工艺模拟缺陷分布

8. Ⅱ型体铸钢件工艺改进

图 4-20 与图 4-21 分别是某厂生产的Ⅱ型体铸钢件原始工艺和改进工艺,原始工艺是在铸件上对称放置两个冒口,改进工艺在原始工艺基础上加了冷铁,一边是在吊耳侧面加冷铁,另一边是在吊耳下面加冷铁。图 4-22 与图 4-23 是原始工艺和改进工艺模拟所得的结果。原始工艺在吊耳内有比较严重的缩松,改进工艺的两种加冷铁的方式都消除了吊耳内的缺陷,但是在吊耳侧面加冷铁的方案导致铸件其他地方产生缺陷,而在吊耳下面加冷铁的方案既消除了吊耳内的缺陷又没有导致别的缺陷,实际生产的情况也证明了在吊耳下面加冷铁的方案是成功的。

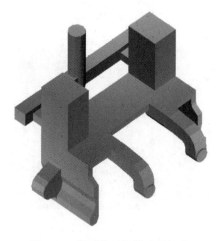

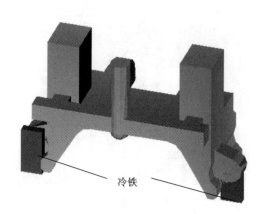

冷铁

图 4-20　Ⅱ型体铸钢件原始工艺　　　　**图 4-21　Ⅱ型体铸钢件改进工艺**

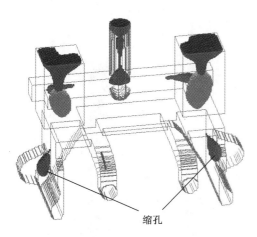

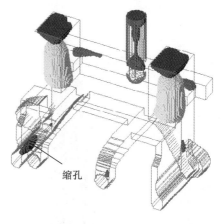

图 4-22　Ⅱ型体铸钢件原始工艺模拟缺陷分布　　　图 4-23　Ⅱ型体铸钢件改进工艺模拟缺陷分布

9. 某铸钢件工艺优化

图 4-24 是某单位生产的一铸钢件两个工艺方案的缩松、缩孔模拟结果,通过改变冒口的相关参数基本上解决了铸钢件上部的缩松、缩孔缺陷问题。

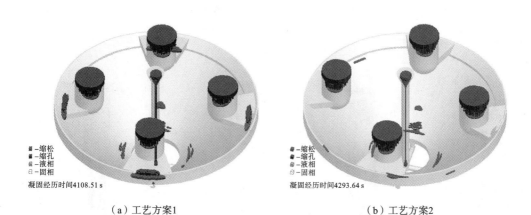

（a）工艺方案1　　　　　　　　　　　（b）工艺方案2

图 4-24　某铸钢件两个工艺方案的缩松、缩孔模拟结果

10. 轧辊凝固过程模拟

图 4-25、图 4-26 是某单位铸钢轧辊生产工艺的模拟结果,其中图 4-25 是轧辊凝固过程模拟温度场,图 4-26 是轧辊凝固后模拟缩松、缩孔形成过程。从模拟结果看,轧辊内部有缩孔缺陷,这与实际探伤结果一致。

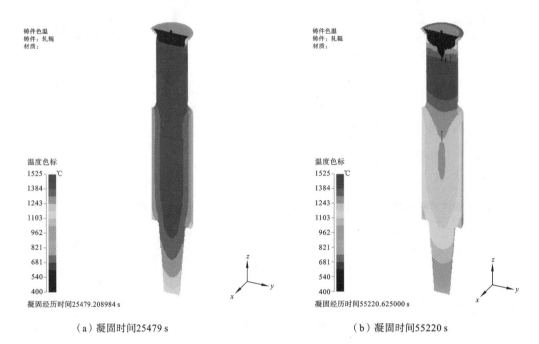

（a）凝固时间25479 s　　　　　　　　　（b）凝固时间55220 s

图 4-25　轧辊凝固过程模拟色温分布

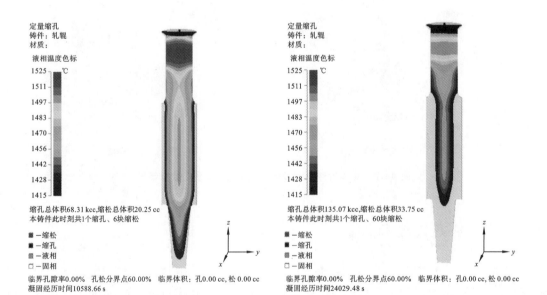

（a）凝固时间10589 s　　　　　　　　　（b）凝固时间24029 s

图 4-26　轧辊凝固过程模拟缩松、缩孔形成过程

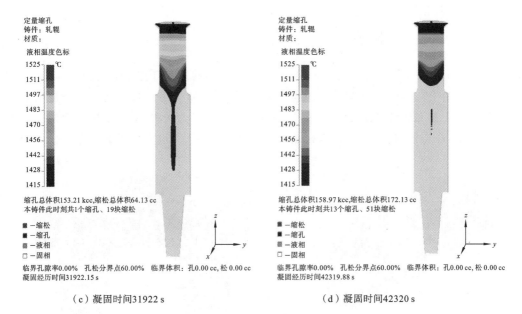

定量缩孔　　　　　　　　　　　　　　　　　　　　定量缩孔
铸件：轧辊　　　　　　　　　　　　　　　　　　　铸件：轧辊
材质：　　　　　　　　　　　　　　　　　　　　　材质：
液相温度色标　　　　　　　　　　　　　　　　　液相温度色标

缩孔总体积153.21 kcc,缩松总体积64.13 cc　　　缩孔总体积158.97 kcc,缩松总体积172.13 cc
本铸件此时刻共1个缩孔、19块缩松　　　　　　本铸件此时刻共13个缩孔、51块缩松

临界孔隙率0.00%　孔松分界点60.00%　临界体积：孔0.00 cc,松 0.00 cc
凝固经历时间31922.15 s

临界孔隙率0.00%　孔松分界点60.00%　临界体积：孔0.00 cc,松 0.00 cc
凝固经历时间42319.88 s

（c）凝固时间31922 s　　　　　　　　　　　　（d）凝固时间42320 s

续图 4-26

第 3 节　熔模铸钢件应用实例

1. 熔模铸件 A 凝固过程模拟

图 4-27 是某厂生产的熔模铸件 A 凝固后模拟缩松、缩孔缺陷分布,模拟分析所得的缺陷分布跟实际试生产结果非常吻合。

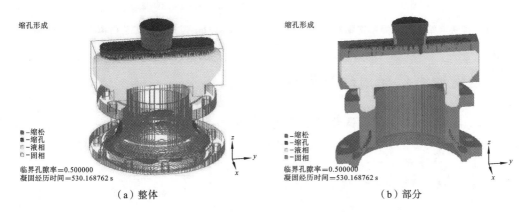

缩孔形成　　　　　　　　　　　　　　　　　缩孔形成

临界孔隙率=0.500000　　　　　　　　　　　临界孔隙率=0.500000
凝固经历时间=530.168762 s　　　　　　　　凝固经历时间=530.168762 s

（a）整体　　　　　　　　　　　　　　　　　（b）部分

图 4-27　熔模铸件 A 凝固后模拟缺陷分布

2. 熔模铸件 B(锤头)的工艺优化

图 4-28、图 4-29 分别是某厂生产的熔模锤头铸钢件的原始工艺和改进工艺,图 4-30、图 4-31 分别是原始工艺和改进工艺模拟所得的缩松、缩孔分布。工厂按原始工艺浇注出来的铸件在内浇口的下部和铸件的上部存在缩松、缩孔,与图 4-30 所示的模拟结果非常吻合。采用改进后的工艺,在铸件内没有缩松、缩孔缺陷,模拟结果图 4-31 也表明了这一点。

图 4-28　锤头原始工艺

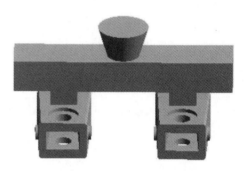

图 4-29　锤头改进工艺

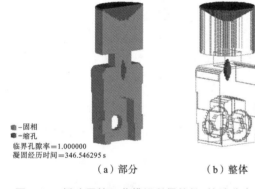

■ —固相
■ —缩孔
临界孔隙率=1.000000
凝固经历时间=346.546295 s

（a）部分　　　　（b）整体

图 4-30　锤头原始工艺模拟所得缩松、缩孔分布

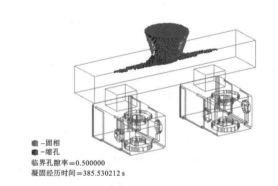

■ —固相
■ —缩孔
临界孔隙率=0.500000
凝固经历时间=385.530212 s

图 4-31　锤头改进工艺模拟所得缩松、缩孔分布

3. 熔模铸件 C 凝固过程模拟

图 4-32 是某厂生产的熔模铸件 C 的工艺三维模型,图 4-33 是该熔模铸件凝固过程的模拟结果,模拟所得的缺陷分布与实际情况非常吻合。

4. 熔模铸件 D 的工艺优化

图 4-34、图 4-36、图 4-38 分别是某厂生产的熔模铸件 D 三个工艺方案的三维模型,图 4-35、图 4-37、图 4-39 分别是三个工艺方案凝固过程的模拟结果。从模拟结果分析,采用工艺方案 3 能够获得质量较好的铸件。

图 4-32 熔模铸件 C 的工艺三维模型

缩孔形成 cc-立方厘米, kcc-立方分米
铸件：五金
材质：SUS316

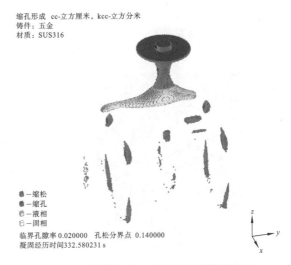

■—缩松
■—缩孔
□—液相
□—固相

临界孔隙率 0.020000 孔松分界点 0.140000
凝固经历时间332.580231 s

图 4-33 熔模铸件 C 凝固过程的模拟结果

图 4-34 熔模铸件 D 工艺方案 1 三维模型

缩孔形成 cc-立方厘米, kcc-立方分米
铸件：A029
材质：AISI1020

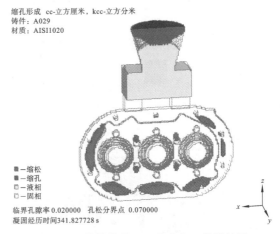

■—缩松
■—缩孔
□—液相
□—固相

临界孔隙率 0.020000 孔松分界点 0.070000
凝固经历时间341.827728 s

图 4-35 熔模铸件 D 工艺方案 1 模拟结果

图 4-36 熔模铸件 D 工艺方案 2 三维模型

缩孔形成 cc-立方厘米, kcc-立方分米
铸件：A029
材质：AISI1020

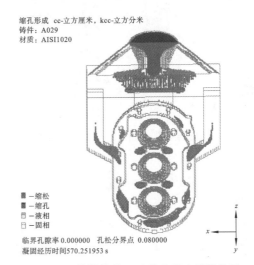

■—缩松
■—缩孔
□—液相
□—固相

临界孔隙率 0.000000 孔松分界点 0.080000
凝固经历时间570.251953 s

图 4-37 熔模铸件 D 工艺方案 2 模拟结果

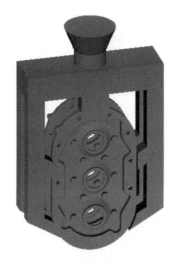

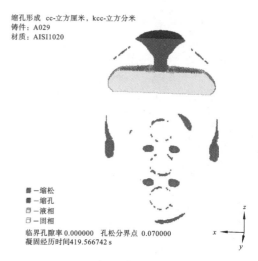

缩孔形成 cc-立方厘米，kcc-立方分米
铸件：A029
材质：AISI1020

■ —缩松
■ —缩孔
□ —液相
□ —固相
临界孔隙率 0.000000　孔松分界点 0.070000
凝固经历时间419.566742 s

图 4-38　熔模铸件 D 工艺方案 3 三维模型　　**图 4-39　熔模铸件 D 工艺方案 3 模拟结果**

5. 熔模铸件 E 凝固过程模拟

图 4-40、图 4-41 分别是某单位生产的熔模铸件 E(阀体)凝固过程模拟中某一时刻的液相分布以及缺陷分布，图示位置的缺陷与实际试制情况吻合。

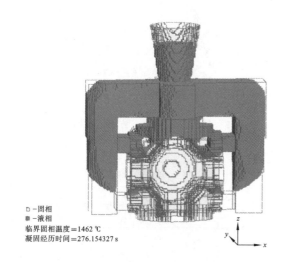

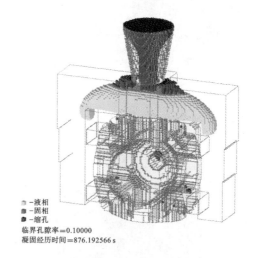

□ —固相
■ —液相
临界固相温度=1462 ℃
凝固经历时间=276.154327 s

■ —液相
■ —固相
■ —缩孔
临界孔隙率=0.10000
凝固经历时间=876.192566 s

图 4-40　熔模铸件 E 凝固过程模拟液相分布　　**图 4-41　熔模铸件 E 凝固过程模拟缺陷分布**

6. 熔模铸件 F 凝固过程模拟

图 4-42、图 4-43 分别是某单位生产的熔模铸件 F 凝固过程模拟中的温度分布与液相分布，图示液相孤立区的位置与实际生产中的缺陷位置相吻合。

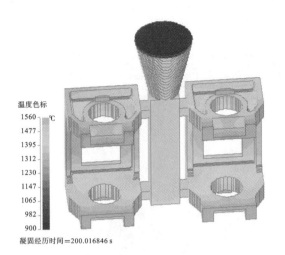

温度色标
1560 ℃
1477
1395
1312
1230
1147
1065
982
900

凝固经历时间＝200.016846 s

图 4-42　熔模铸件 F 凝固过程模拟温度分布

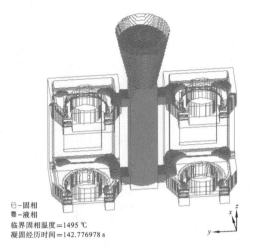

□─固相
■─液相
临界固相温度＝1495 ℃
凝固经历时间＝142.776978 s

图 4-43　熔模铸件 F 凝固过程模拟液相分布

7. 熔模铸件 G 凝固过程模拟

图 4-44、图 4-45 分别是某单位生产的硅溶胶熔模铸件 G 凝固过程模拟中某一时刻的温度分布以及缩松、缩孔分布。图 4-45 所示位置的缺陷与实际试制情况非常吻合。在华铸 CAE 软件中可以方便地获得铸件内部缩孔总体积，该铸件内缩孔的总体积如图 4-45(a)所示，为 1.43 cm³；另外如图 4-45(b)所示，可以方便统计铸件某一截面上缩松、缩孔的面积，图示缩孔面积为 200.9 mm²。

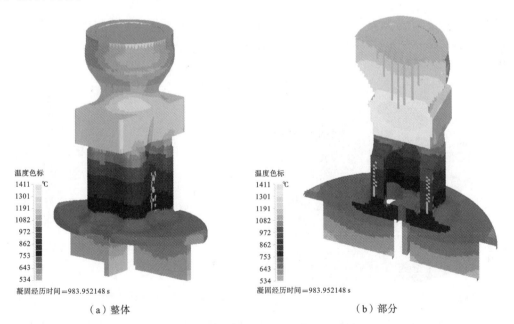

温度色标
1411 ℃
1301
1191
1082
972
862
753
643
534

凝固经历时间＝983.952148 s

（a）整体

温度色标
1411 ℃
1301
1191
1082
972
862
753
643
534

凝固经历时间＝983.952148 s

（b）部分

图 4-44　熔模铸件 G 凝固过程模拟温度分布

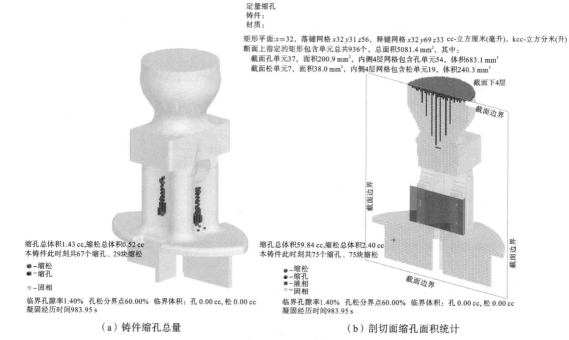

定量缩孔
铸件：
材质：

矩形平面:x=32，落键网格 x32 y31 z56，释键网格 x32 y69 z33 cc-立方厘米(毫升)，kcc-立方分米(升)
断面上指定的矩形包含单元总共936个，总面积5081.4 mm²，其中：
　　截面孔单元37，面积200.9 mm²，内侧4层网格包含孔单元54，体积683.1 mm³
　　截面松单元7，面积38.0 mm²，内侧4层网格包含松单元19，体积240.3 mm³

缩孔总体积1.43 cc，缩松总体积0.52 cc
本铸件此时刻共67个缩孔、29块缩松

- ●－缩松
- ■－缩孔

- ⊡－固相

临界孔隙率1.40%　孔松分界点60.00%　临界体积：孔 0.00 cc，松 0.00 cc
凝固经历时间983.95 s

（a）铸件缩孔总量

缩孔总体积59.84 cc，缩松总体积2.40 cc
本铸件此时刻共75个缩孔、75块缩松

- ●－缩松
- ■－缩孔
- ▨－液相
- ▨－固相

临界孔隙率1.40%　孔松分界点60.00%　临界体积：孔 0.00 cc，松 0.00 cc
凝固经历时间983.95 s

（b）剖切面缩孔面积统计

图 4-45　熔模铸件 G 凝固过程模拟缩松、缩孔分布

8. 熔模铸件 H 凝固过程模拟

图 4-46、图 4-47 分别是某单位生产的熔模铸件 H（球阀）凝固过程模拟中某一时刻的温度分布以及缩松、缩孔分布，图示位置的缺陷与实际试制情况一致。

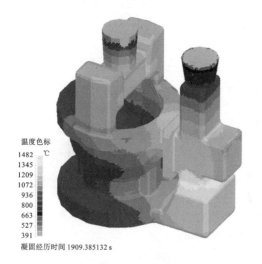

温度色标
1482　℃
1345
1209
1072
936
800
663
527
391

凝固经历时间 1909.385132 s

图 4-46　熔模铸件 H 凝固过程模拟温度分布

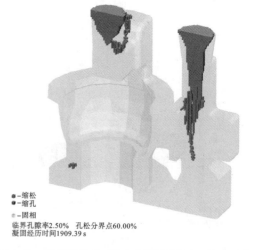

- ●－缩松
- ■－缩孔
- ▨－固相

临界孔隙率2.50%　孔松分界点60.00%
凝固经历时间1909.39 s

图 4-47　熔模铸件 H 凝固过程模拟缩松、缩孔分布

9. 熔模铸件 I 凝固过程模拟

图 4-48、图 4-49 分别是国外某单位生产的熔模铸件 I 凝固过程模拟中某一时刻的温度分布以及缩松、缩孔分布,图示位置的缺陷与实际试制情况非常吻合。

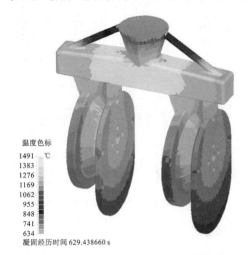

温度色标
1491 ℃
1383
1276
1169
1062
955
848
741
634
凝固经历时间 629.438660 s

图 4-48　熔模铸件 I 凝固过程模拟温度分布

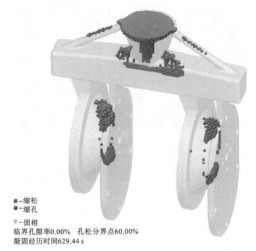

■-缩松
■-缩孔
-固相
临界孔隙率0.00%　孔松分界点60.00%
凝固经历时间629.44 s

图 4-49　熔模铸件 I 凝固过程模拟缩松、缩孔分布

第 4 节　球铁件应用实例

1. 汽车后桥壳工艺改进

图 4-50 是国内某厂球铁汽车后桥壳原生产工艺剖视图。经华铸 CAE 软件模拟分析,发现有两处在凝固过程中出现较大断面的孤立液相,无法得到充分的收缩补充,因此会存在严重的缩孔、缩松倾向,如图 4-51 所示。经解剖验证,实物确有较大孔洞。

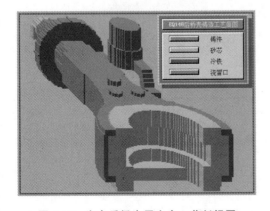

图 4-50　汽车后桥壳原生产工艺剖视图

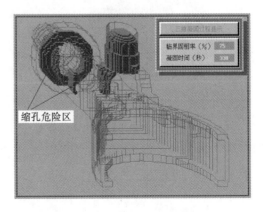

缩孔危险区

图 4-51　模拟显示的缩孔危险区

改进工艺：首先在后桥壳端部凸缘处加一环形冷铁，通过软件进行模拟，确认该冷铁可以消除端部凸缘内的缩孔，但颈部侧面的缩松倾向仍较明显；再进行二次改进，在侧面再加一冷铁，如图 4-52。经模拟，此方案较好地解决了两处出现孤立液相的问题，见图 4-53。将此方案交付生产，并解剖所生产的铸件，证明缺陷确已消除，解决了长期隐藏的质量隐患。

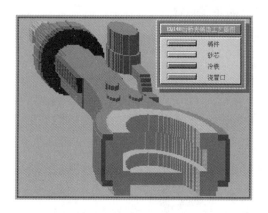
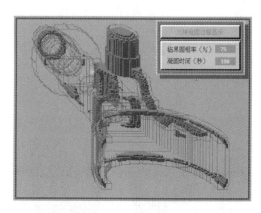

图 4-52　后桥壳二次改进方案　　　　　　　　图 4-53　后桥壳改进方案模拟结果

附带说明一点，由于球铁在凝固过程中有一个石墨化膨胀过程，在铸型刚度较好时，一些小断面的孤立液相会因此而得到"自补缩"，因此工艺上就不必为这些分布很广的小断面孤立液相做许多琐碎的工作。实际上，相对于铸钢件，球铁件必然形状更复杂，更容易存在这种小断面的孤立液相。而有限的自补缩能力恰好能够自我消化掉这些毛病。另外，始终与冒口连通的液相显然也不会引起缩孔、缩松危险，见图 4-53。

2. 排气管凝固过程模拟

图 4-54、图 4-55 分别是排气管凝固过程模拟所得的液相分布和缩松、缩孔缺陷分布。图 4-54 所示的部位有很大的孤立液相区，它在后续的凝固中得不到有效的补缩，会产生严重的缩松、缩孔缺陷，如图 4-55 所示。模拟分析所得的缺陷分布跟实际的试生产结果非常吻合。

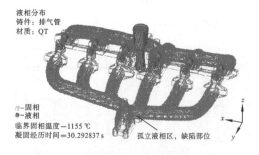
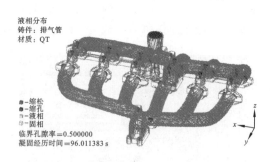

图 4-54　排气管凝固过程模拟液相分布　　　　图 4-55　排气管凝固后模拟缺陷分布

3. 主轴箱工艺优化

图 4-56 至图 4-65 是某单位生产的主轴箱球铁件优化过程的 5 种不同工艺方案以及对应

的模拟结果,从模拟结果可以获得表 4-1 所示的缩孔定量结果。可以看出最先设计的工艺方案 1 问题很大,该单位工艺设计人员利用 CAD 软件设计改进工艺,再采用华铸 CAE 软件系统进行模拟分析,分析优化后再进行实际浇注生产。实际生产采用了工艺方案 5,一次浇注成功。

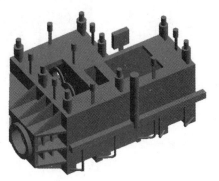

（a）STL模型　　　　　　（b）差分模型

图 4-56　主轴箱工艺方案 1

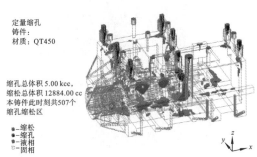

（a）全部　　　　　　　　（b）仅限铸件

图 4-57　主轴箱工艺方案 1 模拟结果

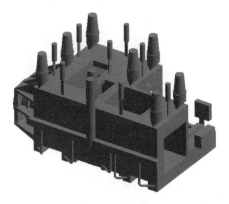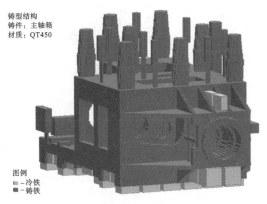

（a）STL模型　　　　　　（b）差分模型

图 4-58　主轴箱工艺方案 2

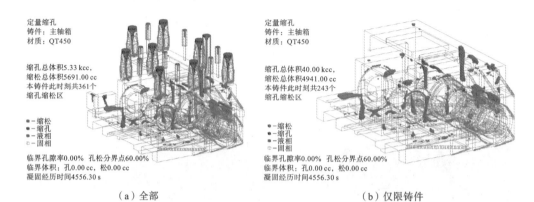

定量缩孔
铸件：主轴箱
材质：QT450

缩孔总体积5.33 kcc,
缩松总体积5691.00 cc
本铸件此时刻共361个
缩孔缩松区

■ —缩松
■ —缩孔
■ —液相
□ —固相

临界孔隙率0.00% 孔松分界点60.00%
临界体积：孔0.00 cc, 松0.00 cc
凝固经历时间4556.30 s

（a）全部

定量缩孔
铸件：主轴箱
材质：QT450

缩孔总体积40.00 kcc,
缩松总体积4941.00 cc
本铸件此时刻共243个
缩孔缩松区

■ —缩松
■ —缩孔
■ —液相
□ —固相

临界孔隙率0.00% 孔松分界点60.00%
临界体积：孔0.00 cc, 松0.00 cc
凝固经历时间4556.30 s

（b）仅限铸件

图 4-59　主轴箱工艺方案 2 模拟结果

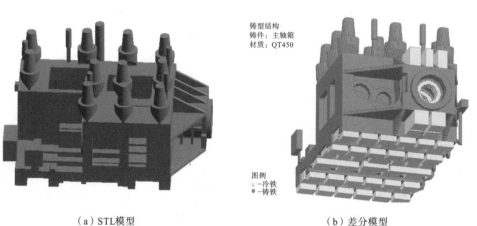

铸型结构
铸件：主轴箱
材质：QT450

图例
□ —冷铁
■ —铸铁

（a）STL模型

（b）差分模型

图 4-60　主轴箱工艺方案 3

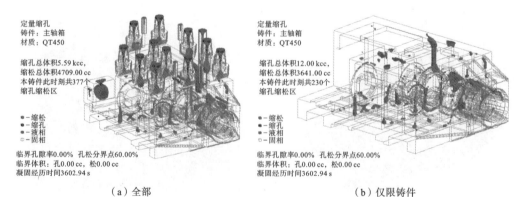

定量缩孔
铸件：主轴箱
材质：QT450

缩孔总体积5.59 kcc,
缩松总体积4709.00 cc
本铸件此时刻共377个
缩孔缩松区

■ —缩松
■ —缩孔
■ —液相
□ —固相

临界孔隙率0.00% 孔松分界点60.00%
临界体积：孔0.00 cc, 松0.00 cc
凝固经历时间3602.94 s

（a）全部

定量缩孔
铸件：主轴箱
材质：QT450

缩孔总体积12.00 kcc,
缩松总体积3641.00 cc
本铸件此时刻共230个
缩孔缩松区

■ —缩松
■ —缩孔
■ —液相
□ —固相

临界孔隙率0.00% 孔松分界点60.00%
临界体积：孔0.00 cc, 松0.00 cc
凝固经历时间3602.94 s

（b）仅限铸件

图 4-61　主轴箱工艺方案 3 模拟结果

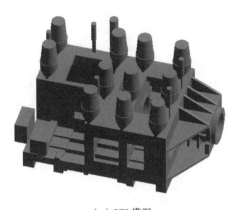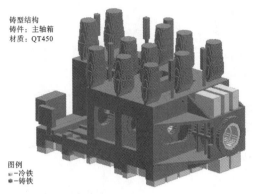

（a）STL模型　　　　　　　（b）差分模型

图 4-62　主轴箱工艺方案 4

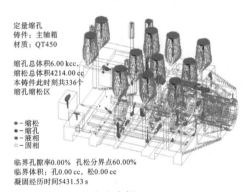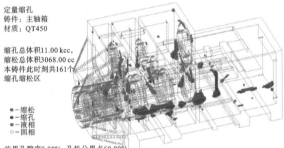

（a）全部　　　　　　　　（b）仅限铸件

图 4-63　主轴箱工艺方案 4 模拟结果

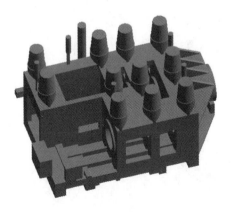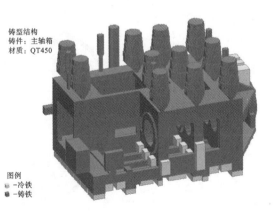

（a）STL模型　　　　　　　（b）差分模型

图 4-64　主轴箱工艺方案 5

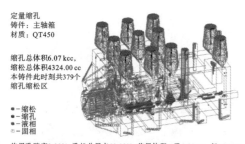

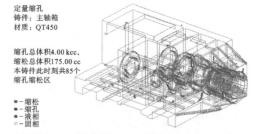

（a）全部　　　　　　　　　　　　　　　（b）仅限铸件

图 4-65　主轴箱工艺方案 5 模拟结果

表 4-1　主轴箱不同工艺方案与模拟结果对比

工艺方案序号	工 艺 情 况	铸件内缩孔体积/cm³
1	冷铁（石墨），冷铁小，冒口小，见图 4-56	1200
2	冷铁（铁），冷铁增大，冒口变大，见图 4-58	40
3	冷铁增加，冒口增大、增多，见图 4-60	12
4	浇冒口不变，冷铁增加，见图 4-62	11
5	浇冒口不变，冷铁增加，见图 4-64	4

4. 某大型球铁件凝固过程模拟

图 4-66 是某单位大型球铁件工艺方案的 STL 模型，图 4-67 至图 4-69 是未考虑和考虑到球铁铸件石墨化膨胀以及铸型刚度不同情况下的模拟结果。从模拟结果看，华铸 CAE 软件球铁模块能够定量地模拟石墨化膨胀，从而使球铁件模拟结果的可信度大大提高。

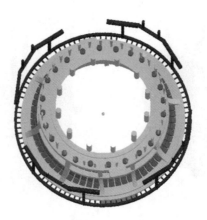

图 4-66　某大型球铁件工艺方案的 STL 模型

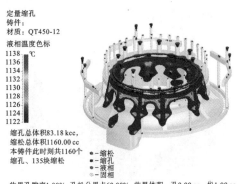

图 4-67　某大型球铁件模拟结果（没有启动石墨化膨胀定量模拟）

（a）凝固中某一时刻　　　　　　（b）完全凝固后

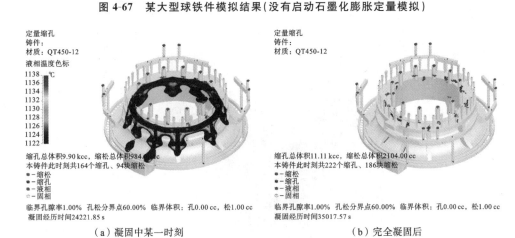

图 4-68　某大型球铁件模拟结果（启动石墨化膨胀定量模拟且铸型刚度一般）

（a）凝固中某一时刻　　　　　　（b）完全凝固后

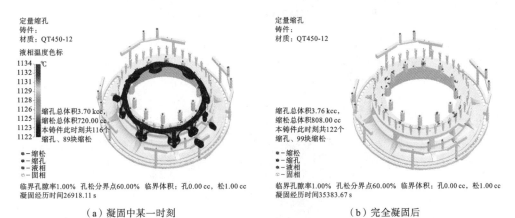

图 4-69　某大型球铁件模拟结果（启动石墨化膨胀定量模拟且铸型刚度好）

（a）凝固中某一时刻　　　　　　（b）完全凝固后

5. 某汽车球铁件工艺优化

图 4-70 是国外某单位生产汽车球铁件的 3 个工艺方案的三维模型，图 4-71 至图 4-73 是 3

个不同位置处缩孔的定量对比。通过华铸 CAE 软件的数值鼠标功能可以获得铸件不同部位的缩孔定量结果,如表 4-2 所示。

（a）工艺方案1　　　　　　　　　　　　　　（b）工艺方案2

（c）工艺方案3

图 4-70　某汽车球铁件 3 个工艺方案的三维模型

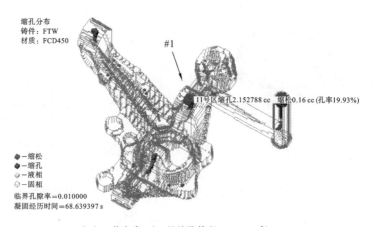

（a）工艺方案1（#1处缩孔体积＝2.15 cm³）

图 4-71　某汽车球铁件模拟结果 #1 处缩孔体积对比

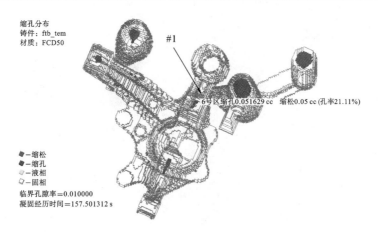

缩孔分布
铸件：ftb_tem
材质：FCD50

#1

6号区缩孔0.051629 cc　　缩松0.05 cc（孔率21.11%）

■—缩松
■—缩孔
◇—液相
▱—固相

临界孔隙率＝0.010000
凝固经历时间＝157.501312 s

（b）工艺方案2（#1处缩孔体积＝0.052 cm³）

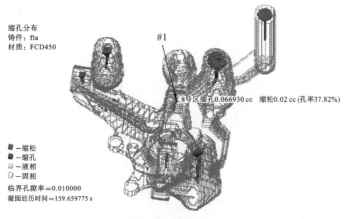

缩孔分布
铸件：fta
材质：FCD450

#1

8号区缩孔0.066930 cc　　缩松0.02 cc（孔率37.82%）

■—缩松
■—缩孔
◇—液相
▱—固相

临界孔隙率＝0.010000
凝固经历时间＝159.659775 s

（c）工艺方案3（#1处缩孔体积＝0.067 cm³）

续图 4-71

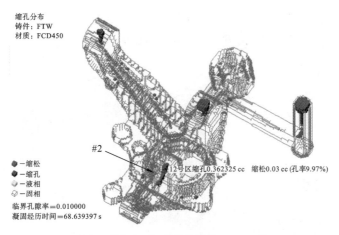

缩孔分布
铸件：FTW
材质：FCD450

#2

12号区缩孔0.362325 cc　　缩松0.03 cc（孔率9.97%）

■—缩松
■—缩孔
◇—液相
▱—固相

临界孔隙率＝0.010000
凝固经历时间＝68.639397 s

（a）工艺方案1（#2处缩孔体积＝0.36 cm³）

图 4-72　某汽车球铁件模拟结果 #2 处缩孔体积对比

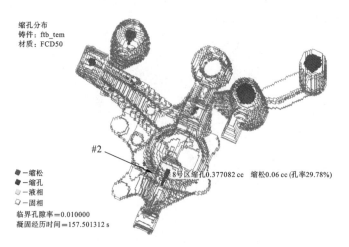

（b）工艺方案2（#2处缩孔体积＝0.38 cm³）

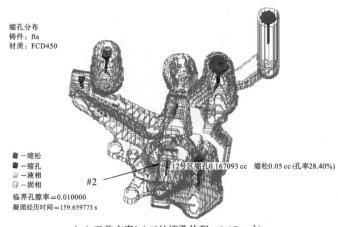

（c）工艺方案3（#2处缩孔体积＝0.17 cm³）

续图 4-72

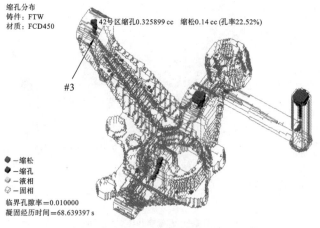

（a）工艺方案1（#3处缩孔体积＝0.33 cm³）

图 4-73　某汽车球铁件模拟结果＃3 处缩孔体积对比

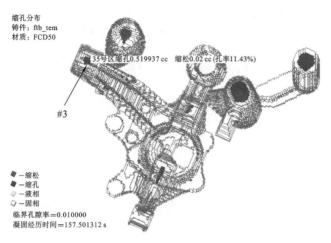

（b）工艺方案2（#3处缩孔体积=0.52 cm³）

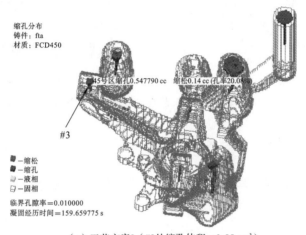

（c）工艺方案3（#3处缩孔体积=0.55 cm³）

续图 4-73

表 4-2　某汽车球铁件不同工艺方案与模拟结果对比

工艺方案序号	#1 处缩孔体积/cm³	#2 处缩孔体积/cm³	#3 处缩孔体积/cm³
1	2.15（无冒口）	0.36（无冒口）	0.33（无冒口）
2	0.052（有冒口）	0.38（无冒口）	0.52（有冒口）
3	0.067（有冒口）	0.17（有冒口）	0.55（有冒口）

　　从模拟结果图 4-71 至图 4-73，以及表 4-2 可以看出，♯1、♯2 所示位置加冒口的方案比没加冒口的方案缩孔大大缩小；而♯3 所示位置加冒口的方案比没加冒口的方案缩孔反而增大了一倍（原因是冒口高度比铸件的低）。如果没有数值鼠标功能，仅仅从图像上来看，无法对比其大小，而华铸 CAE 软件可以方便地做到定量识别。

6. 某微型球铁件工艺优化

图 4-74 是某单位生产用于微电子设备的微型球铁件的原始工艺方案与改进工艺方案的模拟结果。从模拟结果看,采用原始工艺方案,铸件内产生缩松、缩孔缺陷,而改进工艺方案增加了 2 个冒口,基本上消除了铸件内部的缩松、缩孔缺陷。模拟结果与实际生产情况一致。

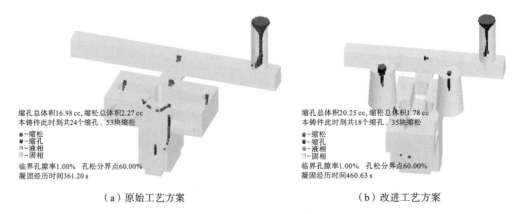

缩孔总体积16.98 cc,缩松总体积2.27 cc
本铸件此时刻共24个缩孔、53块缩松

- ▩ —缩松
- ▦ —缩孔
- ▨ —液相
- ▨ —固相

临界孔隙率1.00%　孔松分界点60.00%
凝固经历时间361.20 s

缩孔总体积20.25 cc,缩松总体积1.78 cc
本铸件此时刻共18个缩孔、35块缩松

- ▩ —缩松
- ▦ —缩孔
- ▨ —液相
- ▨ —固相

临界孔隙率1.00%　孔松分界点60.00%
凝固经历时间460.63 s

（a）原始工艺方案　　　　　　　　　　　（b）改进工艺方案

图 4-74　某微型球铁件原始工艺方案与改进工艺方案的模拟结果

7. 联轴器工艺优化

图 4-75 是某单位生产联轴器球铁件的原始工艺方案与改进工艺方案的模拟结果。从模拟结果看,原始工艺方案会导致铸件内部产生很严重的缩松、缩孔,而改进工艺方案基本上消除了铸件内部的缩松、缩孔。

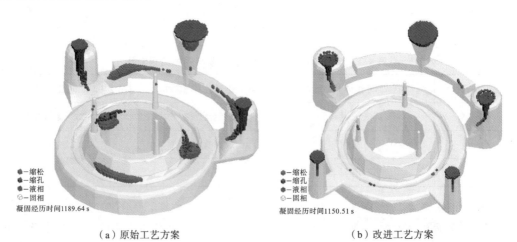

- ▩ —缩松
- ▦ —缩孔
- ▨ —液相
- ▨ —固相

凝固经历时间1189.64 s

- ▩ —缩松
- ▦ —缩孔
- ▨ —液相
- ▨ —固相

凝固经历时间1150.51 s

（a）原始工艺方案　　　　　　　　　　　（b）改进工艺方案

图 4-75　联轴器球铁件原始工艺方案与改进工艺方案的模拟结果

第 5 节　灰铁件应用实例

1. 制动盘工艺优化

图 4-76、图 4-77 所示分别是某单位灰铁件制动盘两种工艺凝固过程的模拟结果,从中可以看出,前一种立浇工艺导致铸件内部出现了较大的孤立液相区,铸件凝固后会产生比较严重的缩松,而后一种横浇工艺方案补缩通道一直畅通,铸件内部不会产生缩松。

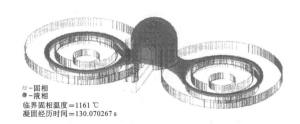

图 4-76　制动盘立浇工艺凝固过程模拟结果　　　　图 4-77　制动盘横浇工艺凝固过程模拟结果

2. DISA 灰铁件凝固过程模拟

图 4-78 是某单位生产的 DISA 灰铁件的凝固过程模拟结果,从中可以看出,在浇注后 32 s 铸件浇冒口系统还能有效补缩,到 47 s 的时候铸件内部出现了较大的孤立液相区,这些部位

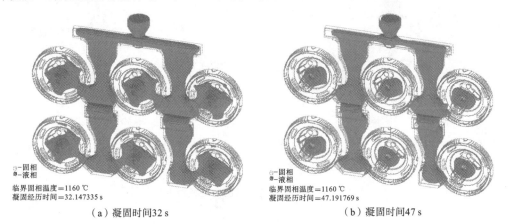

（a）凝固时间 32 s　　　　　　　　　　　　　（b）凝固时间 47 s

图 4-78　DISA 灰铁件凝固过程模拟结果

在后续凝固中会产生缩松、缩孔缺陷。

3. 保温冒凝固过程模拟

图 4-79、图 4-80 所示是某单位生产的保温冒灰铁件的凝固过程模拟结果,其中图 4-79 是凝固过程中某一时刻的温度分布,图 4-80 是凝固后的缺陷分布。从模拟结果看,该工艺方案会导致铸件有缩陷缺陷。

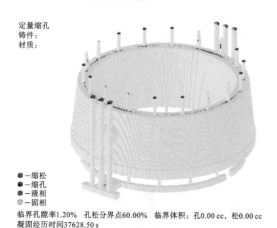

临界孔隙率1.20% 孔松分界点60.00% 临界体积:孔0.00 cc,松0.00 cc
凝固经历时间37628.50 s

图 4-79 保温冒凝固过程模拟温度分布

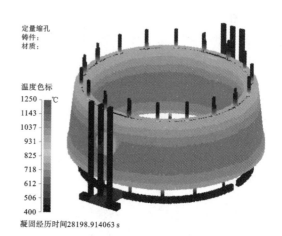

凝固经历时间28198.914063 s

图 4-80 保温冒凝固后模拟缺陷分布

4. 汽车灰铸铁凝固过程模拟

图 4-81 是某单位生产的汽车灰铸铁的凝固过程模拟结果,从中可以看出,铸件在浇注 8 分多钟后就已凝固,铸件内部出现了一定的缩松、缩孔缺陷。

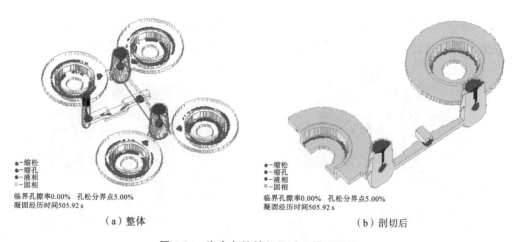

临界孔隙率0.00% 孔松分界点5.00%
凝固经历时间505.92 s

（a）整体

临界孔隙率0.00% 孔松分界点5.00%
凝固经历时间505.92 s

（b）剖切后

图 4-81 汽车灰铸铁凝固过程模拟结果

5. 滑阀凝固过程模拟

图 4-82、图 4-83 所示是某单位生产的滑阀灰铁件的凝固过程模拟结果。图 4-82 是凝固过程中某一时刻的温度分布,图 4-83 是凝固后的缺陷分布。从模拟结果看,该工艺方案导致铸件内部有缩松、缩孔缺陷。

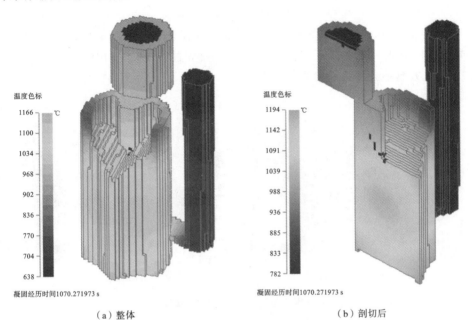

（a）整体　　　　　　　　　　　　　（b）剖切后

图 4-82　滑阀凝固过程模拟温度分布

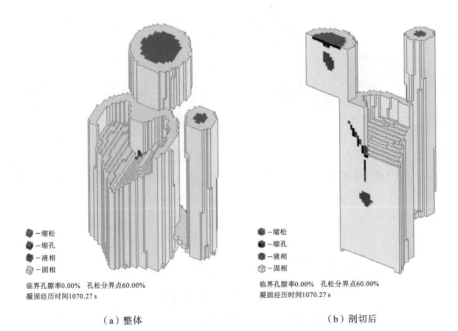

（a）整体　　　　　　　　　　　　　（b）剖切后

图 4-83　滑阀凝固后模拟缺陷分布

第6节　铜合金铸件应用实例

1. 螺旋桨叶片凝固过程模拟

图 4-84、图 4-85 所示是某单位生产的螺旋桨叶片铜合金铸件的凝固过程模拟结果。图 4-84 是凝固过程中某一时刻的温度分布,图 4-85 是凝固过程中某一时刻的液相分布。从模拟结果看,该工艺方案不会使铸件内部产生缺陷。

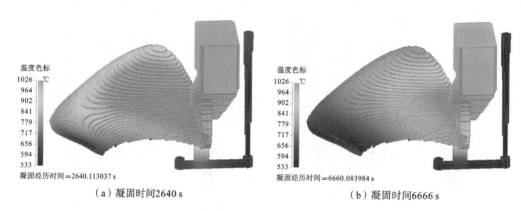

（a）凝固时间2640 s　　　　　　　　（b）凝固时间6666 s

图 4-84　螺旋桨叶片凝固过程模拟温度分布

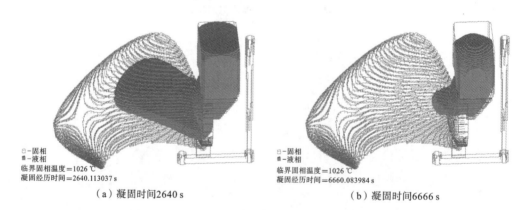

（a）凝固时间2640 s　　　　　　　　（b）凝固时间6666 s

图 4-85　螺旋桨叶片凝固过程模拟液相分布

2. 内壳体凝固过程模拟

图 4-86、图 4-87 所示是某单位生产的内壳体铜合金铸件的凝固过程模拟结果。图 4-86 是凝固过程中某一时刻的温度分布,图 4-87 是凝固后的缩松、缩孔缺陷分布。从模拟结果看,该工艺方案导致铸件内部有少量缺陷。

（a）整体　　　　　　　　　　　　　　　（b）部分

图 4-86　内壳体凝固过程模拟温度分布

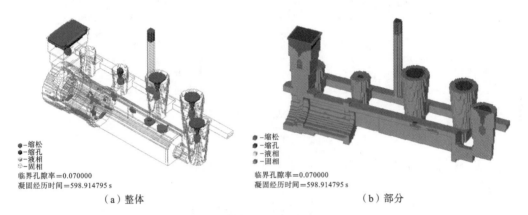

（a）整体　　　　　　　　　　　　　　　（b）部分

图 4-87　内壳体凝固后模拟缺陷分布

3. 叶轮凝固过程模拟

图 4-88、图 4-89 所示是某单位生产的叶轮铜合金铸件的凝固过程模拟结果。图 4-88 是

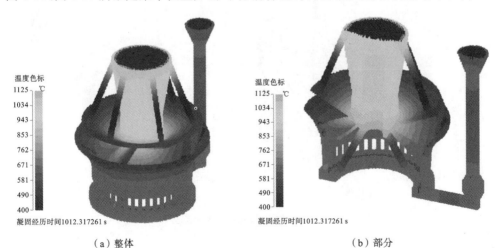

（a）整体　　　　　　　　　　　　　　　（b）部分

图 4-88　叶轮凝固过程模拟温度分布

凝固过程中某一时刻的温度分布,图 4-89 是凝固后的缩松、缩孔缺陷分布。从模拟结果看,该工艺方案导致铸件内部有较多的缩松、缩孔缺陷。

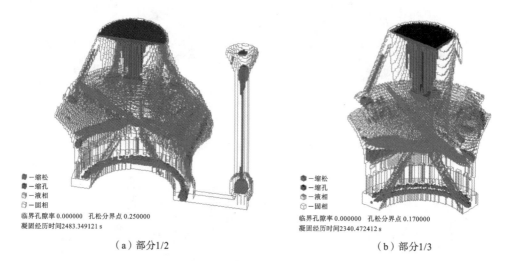

（a）部分1/2　　　　　　　　　　　（b）部分1/3

图 4-89　叶轮凝固后模拟缺陷分布

4. 泵体凝固过程模拟

图 4-90、图 4-91 所示是某单位生产的泵体铜合金铸件的凝固过程模拟结果。图 4-90 是凝固过程中某一时刻的温度分布,图 4-91 是凝固后的缩松、缩孔缺陷分布。从模拟结果看,该工艺方案导致铸件内部厚大部位有很大的缩松、缩孔缺陷。

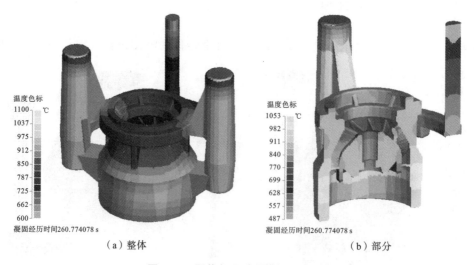

（a）整体　　　　　　　　　　　　（b）部分

图 4-90　泵体凝固过程模拟温度分布

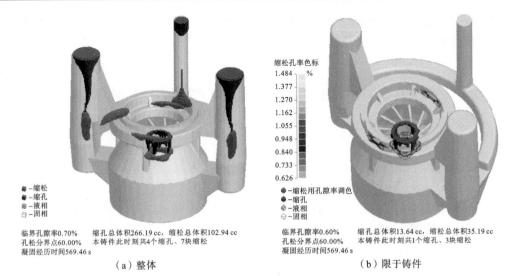

臨界孔率0.70%　　縮孔总体积266.19 cc，縮松总体积102.94 cc
孔松分界点60.00%　本铸件此时刻共4个缩孔、7块缩松
凝固经历时间569.46 s

（a）整体

臨界孔隙率0.60%　　縮孔总体积13.64 cc，縮松总体积35.19 cc
孔松分界点60.00%　本铸件此时刻共1个缩孔、3块缩松
凝固经历时间569.46 s

（b）限于铸件

图 4-91　泵体凝固后模拟缺陷分布

5. 精密铸铜件凝固过程模拟

图 4-92、图 4-93 所示是某单位生产的精密铸铜件的凝固过程模拟结果。图 4-92 是凝固

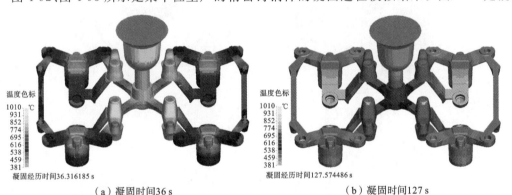

（a）凝固时间36 s

（b）凝固时间127 s

图 4-92　精密铸铜件凝固过程模拟温度分布

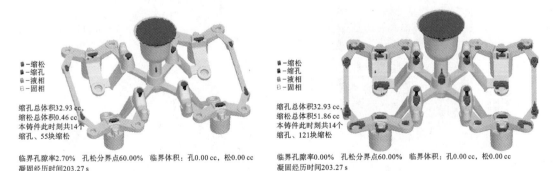

縮孔总体积32.93 cc，
縮松总体积0.46 cc
本铸件此时刻共14个
缩孔、55块缩松

临界孔隙率2.70%　孔松分界点60.00%　临界体积：孔0.00 cc，松0.00 cc
凝固经历时间203.27 s

（a）临界孔隙率为2.7%时的缩松缩孔分布

縮孔总体积32.93 cc，
縮松总体积51.86 cc
本铸件此时刻共14个
缩孔、121块缩松

临界孔隙率0.00%　孔松分界点60.00%　临界体积：孔0.00 cc，松0.00 cc
凝固经历时间203.27 s

（b）临界孔隙率为0%时的缩松缩孔分布

图 4-93　精密铸铜件凝固后模拟缺陷分布

过程中某一时刻的温度分布,图 4-93 是凝固后的缩松、缩孔缺陷分布。从模拟结果看,该工艺方案导致铸件内部有一定的缩松、缩孔缺陷。

第 7 节　铝合金重力铸件应用实例

1. 铝合金轮毂铸件 A 凝固过程工艺分析

图 4-94 所示是某单位铝合金轮毂铸件 A 浇冒口以及冷却通道等的工艺图。图 4-95 是凝固过程模拟所得的缩松、缩孔分布,从模拟结果看,该工艺导致铸件的轮辐部位有缩松缺陷,冷却措施需要进一步改进。

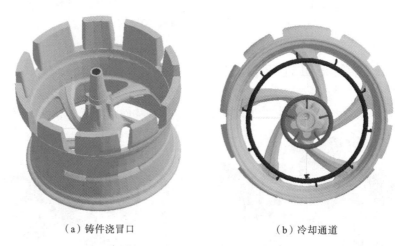

（a）铸件浇冒口　　　　　　　　　　（b）冷却通道

图 4-94　铝合金轮毂铸件 A 工艺图

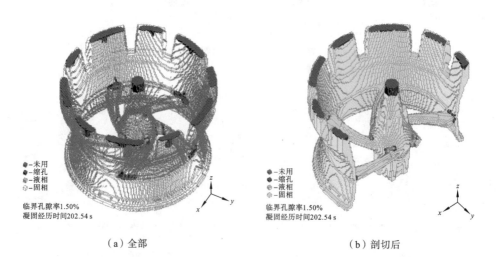

（a）全部　　　　　　　　　　　　　（b）剖切后

图 4-95　铝合金轮毂铸件 A 凝固过程模拟结果

2. 铝合金轮毂铸件 B 凝固过程工艺分析

图 4-96 所示是某单位铝合金轮毂铸件 B 的工艺图,图 4-97 是凝固过程模拟所得的缩松、缩孔分布。从模拟结果看,没有吹冷却气体的方案导致铸件在轮辐部位有较大的缩松、缩孔缺陷;在这些部位采取吹冷却气体的措施后,缺陷消除。

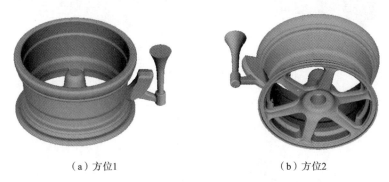

（a）方位1　　　　　　　　　　　　　　　（b）方位2

图 4-96　铝合金轮毂铸件 B 的工艺图

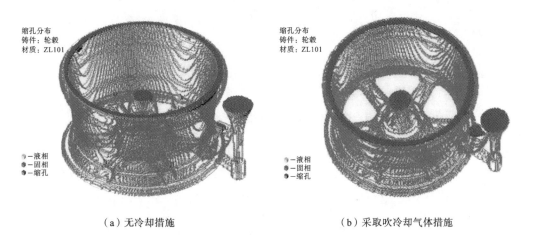

（a）无冷却措施　　　　　　　　　　　　（b）采取吹冷却气体措施

图 4-97　铝合金轮毂铸件 B 凝固过程模拟结果

3. 铝合金铸件 C 凝固过程工艺优化

图 4-98 所示是某单位生产的铝合金铸件 C 的原始工艺方案与改进工艺方案,图 4-99 是凝固过程模拟所得的缩松、缩孔分布。从模拟结果看,原始工艺方案导致铸件内有较大的缩孔,而改进工艺方案基本消除了缩孔缺陷。

4. 铝合金铸件 D 凝固过程工艺优化

图 4-100 所示是某单位铝合金铸件 D 的原始工艺方案与改进工艺方案,图 4-101 是凝

（a）原始工艺方案　　　　　　　　　　（b）改进工艺方案

图 4-98　铝合金铸件 C 的两个工艺方案

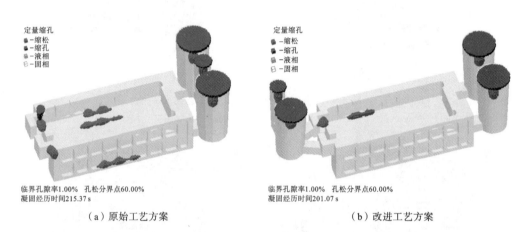

（a）原始工艺方案　　　　　　　　　　（b）改进工艺方案

图 4-99　铝合金铸件 C 凝固过程模拟所得缩松、缩孔缺陷分布

固过程模拟所得的缩松、缩孔分布。从模拟结果看，原始工艺方案导致铸件内有较大的缩孔，而改进工艺方案在缺陷所在部位增加了冒口，将缩孔大大减小。该工艺仍有待进一步改进。

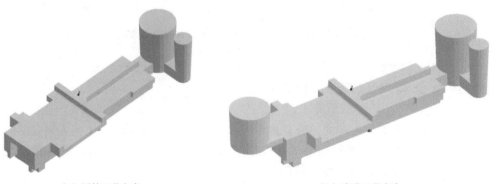

（a）原始工艺方案　　　　　　　　　　（b）改进工艺方案

图 4-100　铝合金铸件 D 的两个工艺方案

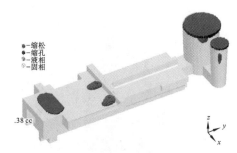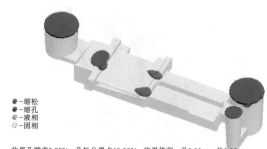

临界孔隙率0.00%　孔松分界点60.00%　临界体积：孔0.00 cc，松0.00 cc
凝固经历时间172.31 s

（a）原始工艺方案

临界孔隙率0.00%　孔松分界点60.00%　临界体积：孔0.00 cc，松0.00 cc
凝固经历时间175.85 s

（b）改进工艺方案

图 4-101　铝合金铸件 D 凝固过程模拟所得缩松、缩孔缺陷分布

5. 铝合金铸件 E 凝固过程工艺分析

图 4-102 所示是某单位铝合金铸件 E 浇冒口以及砂芯工艺图，图 4-103 是凝固过程模拟所得的缩松、缩孔缺陷分布。从模拟结果看，该工艺基本可行，铸件内部有少量缩松缺陷。

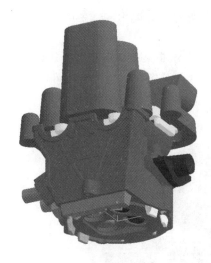

（a）铸件浇冒口　　　　　　　　（b）铸件浇冒口及砂芯

图 4-102　铝合金铸件 E 工艺图

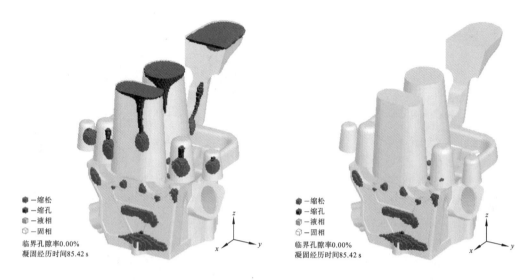

（a）全部显示	（b）仅显示铸件内部缺陷

图 4-103　铝合金铸件 E 凝固过程模拟缺陷分布

第 8 节　铝合金低压铸件应用实例

1. 铝合金低压轮毂铸件 A 凝固过程工艺分析

图 4-104 所示是某单位铝合金低压轮毂铸件 A 的工艺图,图 4-105 是凝固过程模拟所得的缩松、缩孔缺陷分布。从模拟结果可以看出,该工艺导致铸件上轮辐与轮缘交接处有缩松缺陷,可采取冷却措施消除该缺陷。

图 4-104　低压轮毂 A 的工艺图

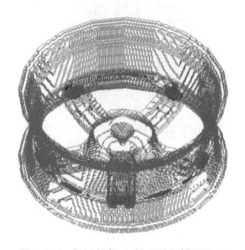

图 4-105　低压轮毂 A 凝固过程模拟结果

2. 铝合金低压连接器铸件 B 凝固过程工艺分析

图 4-106 是某单位生产的铝合金低压连接器铸件 B 凝固过程模拟结果。采用该工艺进行实际生产，铸件有缩松缺陷，缺陷所在位置与模拟结果图 4-106 所示的孤立液相区一致。后改进工艺，消除了缩松缺陷。

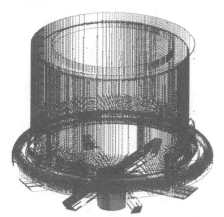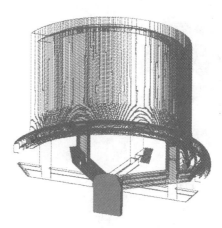

（a）显示全部　　　　　　　　　　（b）剖切全部

图 4-106 低压连接器铸件 B 凝固过程模拟结果

3. 铝合金低压铸件 C 凝固过程工艺分析

图 4-107 是某单位生产的铝合金低压铸件 C 的凝固过程模拟结果，从模拟结果看，铸件内部没有缩松缺陷。实际生产也表明了该工艺可行。

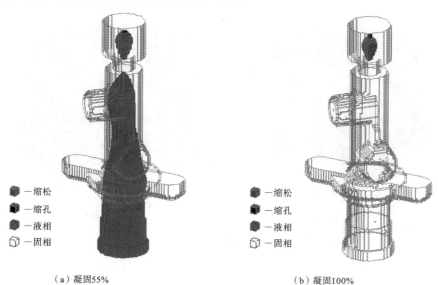

（a）凝固55%　　　　　　　　　　（b）凝固100%

图 4-107 铝合金低压铸件 C 凝固过程模拟结果

4. 铝合金低压箱体铸件 D 凝固过程工艺分析

图 4-108 所示是某单位铝合金低压箱体铸件 D 的工艺图,图 4-109 是凝固过程模拟所得的缩松缺陷分布。从模拟结果可以看出,该工艺导致铸件内部有一定的缩松倾向。

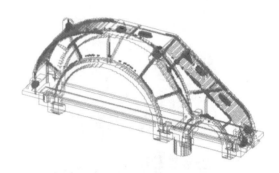

图 4-108　低压箱体 D 的工艺图　　　　图 4-109　低压箱体 D 凝固过程模拟所得缩松缺陷分布

5. 铝合金低压轮毂铸件 E 凝固过程工艺分析

图 4-110 所示是某单位铝合金低压轮毂铸件 E 的工艺图,图 4-111 是凝固过程模拟结果。从模拟结果可以看出,该工艺导致铸件在两个比较近的轮辐之间有缩松、缩孔缺陷,共计 5 处,在这些部位应采取冷却措施以消除缺陷。

（a）视图1　　　　　　　　　　　（b）视图2

图 4-110　低压轮毂 E 的工艺图

（a）孤立液相区形成　　　　　　　　　　　（b）缩松、缩孔形成

图 4-111　低压轮毂 E 凝固过程模拟结果

第 9 节　压铸件应用实例

1. 铝合金压铸件 A 凝固过程模拟

图 4-112、图 4-113 所示是某单位铝合金压铸件 A 凝固过程模拟结果,其中图 4-112 是凝固过程中某时刻铸件以及模具的温度分布,图 4-113 是凝固过程中某时刻铸件的孤立液相分布。从液相分布图可以看出,此时铸件内部出现了孤立液相区,冲头处的压力不能传递过去,这些孤立液相部位会有缩松倾向。

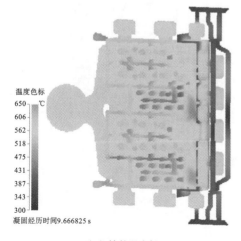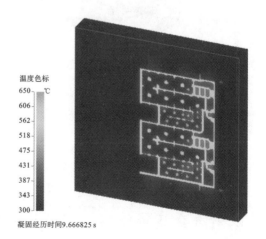

温度色标
650 ℃
606
562
518
475
431
387
343
300
凝固经历时间9.666825 s

温度色标
650 ℃
606
562
518
475
431
387
343
300
凝固经历时间9.666825 s

（a）铸件温度场　　　　　　　　　　　　　（b）模具温度场

图 4-112　铝合金压铸件 A 凝固过程模拟温度分布

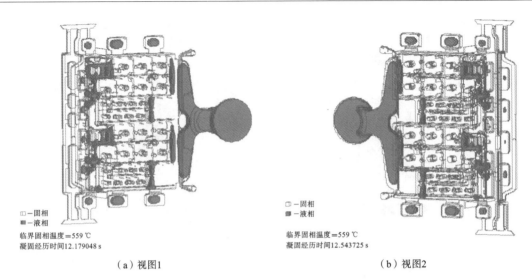

（a）视图1　　　　　　　　　　　　　（b）视图2

图 4-113　铝合金压铸件 A 凝固过程模拟液相分布

2. 铝合金压铸件 B 凝固过程模拟

图 4-114 所示是某单位铝合金压铸件 B 凝固过程缩松、缩孔的模拟结果。该模拟考虑到了冲头的保压压力、保压时间以及重力作用。从模拟结果看，该工艺导致铸件内部有较大的缩松、缩孔倾向，相应部位应该采取冷却措施。

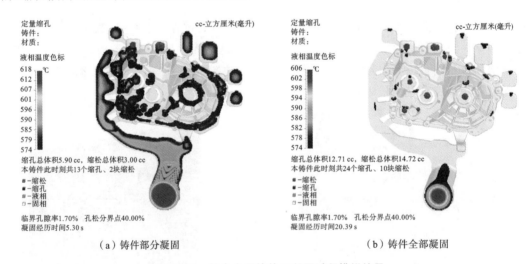

（a）铸件部分凝固　　　　　　　　　　（b）铸件全部凝固

图 4-114　铝合金压铸件 B 凝固过程模拟结果

3. 锌合金压铸件 C 凝固过程模拟

图 4-115 所示是某单位锌合金压铸件 C 凝固过程模拟结果，其中图 4-115(a)是凝固过程中某时刻铸件温度分布，图 4-115(b)是此时铸件液相分布。从液相分布图可以看出，此时铸

件内部出现了孤立液相,冲头处的压力不能传递到这些部位,这些孤立液相部位会有一定的缩松倾向。

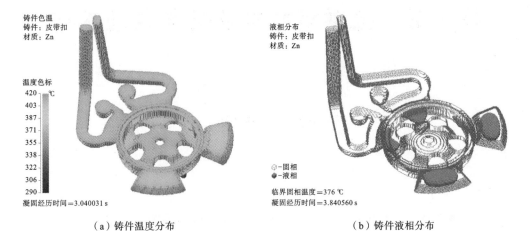

（a）铸件温度分布　　　　　　　　　　　　　（b）铸件液相分布

图 4-115　锌合金压铸件 C 凝固过程模拟结果

本 章 小 结

　　本章介绍了华铸 CAE 模拟软件温度场及铸造凝固过程缺陷数值模拟不同的应用实例,有助于读者从中进一步理解温度场模拟软件功能所在。

本 章 习 题

　　结合实例,论述现阶段 CAE 模拟软件温度场模块的主要作用。

第5章 流动场数学模型与数值求解

学 习 指 导

学习目标

（1）掌握液态成形流动场数学模型以及基于有限差分法的离散格式；

（2）掌握液态成形流动场模拟边界条件与初始条件设定以及 SOLA-VOF 方法；

（3）掌握液态成形流动场模拟的基本流程。

学习重点

（1）流体的基本概念与流动分析的主要方法；

（2）流动场数学模型及差分格式；

（3）SOLA-VOF 方法；

（4）流动场模拟的流程图。

学习难点

（1）流动场数学模型；

（2）SOLA-VOF 方法。

第1节 流体的基本概念

一般情况下，流体为一种在微小剪应力作用下会发生连续变形的物质，一切流体都有如下基础属性：在不受外力作用的情况下，流体没有它自己的形状。铸造生产过程中遇到的所有流体都是满足上述条件的牛顿流体。此外应该注意，存在一种特殊流体，即非牛顿流体，上述定义对它是不适用的。

1. 恒定流动和非恒定流动

随时间而变化的流动称为非恒定流动，不随时间变化的流动称为恒定流动。某种流动是当作恒定流动考虑还是当作非恒定流动考虑要根据具体场合而定，如紊流问题，从微观讲是非恒定流动,但如果考虑某段时间内的平均值,则可以当作恒定流动。

2. 层流和紊流

层流是指流体的流线不相互掺混、井然有序的一种流动方式。紊流是指流体的流线相互掺混的一种流动方式。流动是层流还是紊流,可以根据由经验得出的某个临界雷诺数来确定。雷诺数是惯性力和黏性力之比,是一个无量纲数。一般认为流动的雷诺数大于某一临界值时即为紊流。

3. 黏性流与牛顿流体

具有黏性的液体的流动称为黏性流,所谓黏性是指流体变形时产生的阻力或能量损失的特性。如果阻力与变形速度成正比,这样的黏性流体称为牛顿流体,这个比例系数就是黏度。一般情况下,液体黏度随温度上升而减小,气体黏度随温度上升而增大。

第 2 节　流动分析的主要方法

流场计算方法有 SIMPLE 方法、MAC 及 SMAC 方法、SOLA-VOF 方法、SOLAMAC 方法、FAN 方法、Finite Volume 方法、格子气模型等。下面分别作简要介绍。

1. SIMPLE 方法

SIMPLE(semi-implicit method for pressure linked equations)方法是由美国明尼苏达州大学 S. V. Patankar 教授总结出来的,又称压力连接方程的半隐式方法。可以用来计算非定域、不稳定速度场,计算结果能够满足连续性方程、动量方程的要求。但是该方法采用压力场和速度场双场同时迭代,计算处理速度较慢,另外对带有自由表面的流动则不太方便处理。

2. MAC 及 SMAC 方法

MAC(maker and cell)方法即标记网格方法,是由美国 Los Alamos 国家实验室于 1965 年提出来的。MAC 方法的诞生使求解类似于铸件充型过程这种黏性、不可压缩、非稳态、带有自由表面的流动的问题成为可能。

MAC 方法的主要求解思路是:基于有限差分网格将动量守恒方程(N-S 方程)和连续性方程(质量守恒方程)进行离散,并将动量守恒方程与作为约束条件的连续性方程合并成一个与压力相关的泊松方程,通过动量守恒方程和泊松方程的迭代,求解出流动的速度场和压力场。MAC 方法的另一个主要特征,就是设置随流体流动的标识粒子(marker particles),它并不参与计算,只是作为一种描述手段,以跟踪、描述任意时刻流体自由边界的移动。

可见,MAC 方法在求解动量守恒方程和连续性方程时采用的是速度场和压力场双场迭代的方法,另一方面由于采用粒子跟踪法,在处理自由表面时需要大量的内存和时间,因此,MAC方法求解流动问题速度太慢以致影响其广泛应用。于是就产生了简化的MAC方法,即SMAC(simplified MAC)方法。该方法处理速度场时,在离散后的差分方程的迭代中没有压力项计算,通常校正压力项由校正势函数取代,并用来校正速度场,校正后的速度场如不能满足质量守恒方程,则反复迭代势函数,修改速度场,直至其满足质量守恒方程。该方法的特点在于仅采用势函数一场迭代,计算速度得到很大程度的提高。

3. SOLA-VOF方法

为了克服MAC及SMAC方法中因采用粒子跟踪法来描述自由表面而既费时又费内存的缺点,美国Los Alamos国家实验室在MAC方法的基础上发展了新的计算技术,即SOLA-VOF方法。SOLA-VOF是英文solution algorithm-volume of fluid的简称。

SOLA-VOF方法求解速度场和压力场时,每个计算单元的校正压力直接由连续性方程算出的速度求出,然后校正速度场。整个计算过程中由速度初值及猜测压力值校正速度场与压力场的过程,是一场迭代,计算速度快。

与MAC方法不同的是,SOLA-VOF方法采用体积函数 F 代替标识粒子来描述自由表面的位置,使自由表面处理速度大大加快,对计算机内存的需求显著降低,因此目前处理铸件流动问题大多采用此方法。

4. SOLAMAC方法

SOLAMAC方法吸取了MAC方法和SOLA-VOF方法的优点,即在求解流动问题时,利用SOLA-VOF方法计算速度场和压力场,用MAC方法中的标识粒子显示流动范围的变化,跟踪自由表面的位置。

该方法可以处理形态较为复杂的流动问题,并且速度较快。SOLAMAC方法的另一个特点是后置处理,即流动过程模拟结果的表达比较丰富、生动,可以得到速度分布图、流线图、环流的位置和剧烈流动的范围等结果。

5. FAN方法

FAN方法(flow analysis network method)是由Z. Tadmoret研究提出的流动过程分析方法。FAN方法忽略惯性和重力作用对流动过程的影响,认为流动过程仅由速度控制。该方法求解动量方程时,不计其中的非稳态项、对流项及外力项,使动量偏微分方程得以简化。根据流动过程的条件,将结点分为四种类型:入口结点、全充满结点、边界结点以及未充型结点。假定边界结点和未充型结点压力为零,如果给出入口结点流速,通过解联立方程即可得到每个单元的压力和流速,以及边界结点的流速和变化情况。经过进一步研究和改进流场模拟FAN方法,可以处理比较复杂的流动情况,如考虑了流动过程中的凝固和腔内的气体变化的情况,这在高速流动中有具体应用。

6. Finite Volume 方法

有限体积方法(finite volume method)的控制方程为非稳态动量方程,它能够处理高速黏性流体流动的数值计算。有限体积方法采用迎风差分格式解动量方程,相比之下,这种方法由于添加了隐式速度项使单步计算时间延长,迭代次数增加,因而计算效率不高。为此,目前已研究出针对有限体积方法的改进松弛解法,它可以保证在提高计算效率的同时获得稳定的数值解。这种松弛解法简单分为两个基本步骤,即首先在椭圆子域内直接求解,然后将计算结果在全部计算域内沿流体运动方向进行线性高斯-赛德尔超松弛迭代。新算法计算效率可以比原来提高百分之二十。

7. 格子气模型

格子气模型(lattice-gas model)是法国和美国的科学家在 20 世纪 80 年代提出的一种全新的计算流体力学方法,这种方法的提出基于以下理论:许多行为简单的微观个体组成的宏观物理系统具有很复杂的物理性质,大量个体的集行为可以表现出高度的有序性。格子气模型把流体看成是由大量的微观粒子组成的,这些微观粒子在规则或不规则的空间内按一定法则左右移动,在宏观上展现的就是流体的流动。这些微观粒子的运动在热力学极限下,用粗略平均的方法可以逼近动量守恒方程,故而被认为可以代替动量守恒方程来解决流动问题。目前,这种方法正在研究之中,初期的研究结果表明,格子气模型比传统的解动量守恒方程的方法快1000 倍,这也是这种方法最吸引人的地方。目前已有用格子气模型来模拟带有自由表面流体流动的研究报告。这是一种需要完善但很有前途的流动过程数值模拟方法。

第 3 节　流动场数学模型

1. 从 Eular 方程到 Navier-Stokes 方程

流体力学最基本的依据是牛顿第二定律 $F=ma$。在理想流体中,流体受力包括引力场的重力 G 和液体单元间的压力 P。重力 $G=mg$ 作用在质量体上,而压力 P 作用在相关质量体的外围表面上。由于理想流体无黏滞力,因此一个立方体微元的全部受力由该微元所受的重力与其 6 个表面所受的压力(每个方向两个面压力作用方向相反,其效果应该相减)组成。流体的加速度等于流体速度的变化率,即 $a=\dfrac{\mathrm{d}\boldsymbol{v}}{\mathrm{d}t}$。按牛顿第二定律,微元体在 x,y,z 三个方向上的速度 u,v,w 应分别满足关系

$$重力分量+表面力分量=质量×加速度分量$$

即

$$\mathrm{d}x\mathrm{d}y\mathrm{d}z\rho g_x-\mathrm{d}P\mathrm{d}y\mathrm{d}z=\mathrm{d}x\mathrm{d}y\mathrm{d}z\rho a_x$$

$$\mathrm{d}x\mathrm{d}y\mathrm{d}z\rho g_y - \mathrm{d}P\mathrm{d}z\mathrm{d}x = \mathrm{d}x\mathrm{d}y\mathrm{d}z\rho a_y$$

$$\mathrm{d}x\mathrm{d}y\mathrm{d}z\rho g_z - \mathrm{d}P\mathrm{d}x\mathrm{d}y = \mathrm{d}x\mathrm{d}y\mathrm{d}z\rho a_z$$

其中:$\mathrm{d}x\mathrm{d}y\mathrm{d}z$ 为微元体积,ρ 为流体密度,二者之积为微元质量;a_x,a_y,a_z 为微元流体加速度三分量,分别等于相应的速度分量对时间求导。代入求导式,并将上述各等式两边同除以 $\mathrm{d}x\mathrm{d}y\mathrm{d}z$,得

$$\rho g_x - \frac{\partial P}{\partial x} = \rho \frac{\mathrm{d}u}{\mathrm{d}t} \tag{5-1}$$

$$\rho g_y - \frac{\partial P}{\partial y} = \rho \frac{\mathrm{d}v}{\mathrm{d}t} \tag{5-2}$$

$$\rho g_z - \frac{\partial P}{\partial z} = \rho \frac{\mathrm{d}w}{\mathrm{d}t} \tag{5-3}$$

三式右边各加速度项用速度分量的全导数而不是偏导数来表示,其含义是,这个加速度是同一流体微元在位置移动中速度的变化,而不是流场中同一位置流过的不同流体间的速度变化。在数学形式上,后者用流场中该点速度对时间的偏导数表示,它只是全导数四项中的一项,它们的关系如下:

$$\frac{\mathrm{d}u}{\mathrm{d}t} = \frac{\partial u}{\partial t} + \frac{\partial u}{\partial x}\frac{\partial x}{\partial t} + \frac{\partial u}{\partial y}\frac{\partial y}{\partial t} + \frac{\partial u}{\partial z}\frac{\partial z}{\partial t} \tag{5-4}$$

$$\frac{\mathrm{d}v}{\mathrm{d}t} = \frac{\partial v}{\partial t} + \frac{\partial v}{\partial x}\frac{\partial x}{\partial t} + \frac{\partial v}{\partial y}\frac{\partial y}{\partial t} + \frac{\partial v}{\partial z}\frac{\partial z}{\partial t} \tag{5-5}$$

$$\frac{\mathrm{d}w}{\mathrm{d}t} = \frac{\partial w}{\partial t} + \frac{\partial w}{\partial x}\frac{\partial x}{\partial t} + \frac{\partial w}{\partial y}\frac{\partial y}{\partial t} + \frac{\partial w}{\partial z}\frac{\partial z}{\partial t} \tag{5-6}$$

将式(5-4)至式(5-6)代入式(5-1)至式(5-3),动力学方程可写为

$$g_x - \frac{1}{\rho}\frac{\partial P}{\partial x} = \frac{\partial u}{\partial t} + u\frac{\partial u}{\partial x} + v\frac{\partial u}{\partial y} + w\frac{\partial u}{\partial z} \tag{5-7}$$

$$g_y - \frac{1}{\rho}\frac{\partial P}{\partial y} = \frac{\partial v}{\partial t} + u\frac{\partial v}{\partial x} + v\frac{\partial v}{\partial y} + w\frac{\partial v}{\partial z} \tag{5-8}$$

$$g_z - \frac{1}{\rho}\frac{\partial P}{\partial z} = \frac{\partial w}{\partial t} + u\frac{\partial w}{\partial x} + v\frac{\partial w}{\partial y} + w\frac{\partial w}{\partial z} \tag{5-9}$$

这就是不可压缩理想流体的欧拉(Eular)方程,它是理想流体的动力学方程,是通常用到的积分形式的伯努利(Bernoulli)方程的微分形式。

对于实际流体,动力黏度 $\mu \neq 0$,存在黏性力。黏性力既存在于流体侧面运动的切向,也存在于流动的正面微元的法向。切向力是内摩擦性质的力,与侧向速度梯度成正比:

$$\tau_{yx} = \mu \frac{\partial u}{\partial y}$$

$$\tau_{zx} = \mu \frac{\partial u}{\partial z}$$

其中:τ 表示流体侧面的切向力,其第一下标表示该力所在侧面的法向,第二下标表示该力的方向。如第一式的含义是流体朝向 y 轴的侧面所受 x 方向的切向力正比于流体 x 方向流速 u 沿 y 轴方向的速度梯度。如此类推。

法向黏性力是牵连性质的力,对于不可压缩流体,它与速度方向上的速度梯度成正比:

$$n_{xx} = \mu \frac{\partial u}{\partial x}$$

其中:n 表示流动方向正面法向黏性力,下标含义同上。以上三个力都发生在流体的一个表面上,而一个受力的微元体在每个方向都有两个面,作用于微元的力是这两个面同方向力之差。因此,各面同一个方向的黏性力之合力应为

$$s_x = \mu\left(\frac{\partial^2 u}{\partial x^2}+\frac{\partial^2 u}{\partial y^2}+\frac{\partial^2 u}{\partial z^2}\right)$$

注意到运动黏度 $\nu = \frac{\mu}{\rho}$,微元体各面黏性力的向量和叠加在重力和压力上,三个方向上的动力学方程式(5-7)至式(5-9)变成

$$g_x - \frac{1}{\rho}\frac{\partial P}{\partial x}+\nu\left(\frac{\partial^2 u}{\partial x^2}+\frac{\partial^2 u}{\partial y^2}+\frac{\partial^2 u}{\partial z^2}\right)=\frac{\partial u}{\partial t}+u\frac{\partial u}{\partial x}+v\frac{\partial u}{\partial y}+w\frac{\partial u}{\partial z} \tag{5-10}$$

$$g_y - \frac{1}{\rho}\frac{\partial P}{\partial y}+\nu\left(\frac{\partial^2 v}{\partial x^2}+\frac{\partial^2 v}{\partial y^2}+\frac{\partial^2 v}{\partial z^2}\right)=\frac{\partial v}{\partial t}+u\frac{\partial v}{\partial x}+v\frac{\partial v}{\partial y}+w\frac{\partial v}{\partial z} \tag{5-11}$$

$$g_z - \frac{1}{\rho}\frac{\partial P}{\partial z}+\nu\left(\frac{\partial^2 w}{\partial x^2}+\frac{\partial^2 w}{\partial y^2}+\frac{\partial^2 w}{\partial z^2}\right)=\frac{\partial w}{\partial t}+u\frac{\partial w}{\partial x}+v\frac{\partial w}{\partial y}+w\frac{\partial w}{\partial z} \tag{5-12}$$

这就是实际流体的纳维-斯托克斯(Navier-Stokes)方程。

2. 分离时间变量

求解数理方程,特别是用数值方法求解数理方程,常常需要分离出时间变量,以降低求解难度。对于式(5-10)～ 式(5-12),将它们移项,得到

$$\frac{\partial u}{\partial t}=g_x - \frac{1}{\rho}\frac{\partial P}{\partial x}-\left(u\frac{\partial u}{\partial x}+v\frac{\partial u}{\partial y}+w\frac{\partial u}{\partial z}\right)+\nu\left(\frac{\partial^2 u}{\partial x^2}+\frac{\partial^2 u}{\partial y^2}+\frac{\partial^2 u}{\partial z^2}\right) \tag{5-13}$$

$$\frac{\partial v}{\partial t}=g_y - \frac{1}{\rho}\frac{\partial P}{\partial y}-\left(u\frac{\partial v}{\partial x}+v\frac{\partial v}{\partial y}+w\frac{\partial v}{\partial z}\right)+\nu\left(\frac{\partial^2 v}{\partial x^2}+\frac{\partial^2 v}{\partial y^2}+\frac{\partial^2 v}{\partial z^2}\right) \tag{5-14}$$

$$\frac{\partial w}{\partial t}=g_z - \frac{1}{\rho}\frac{\partial P}{\partial z}-\left(u\frac{\partial w}{\partial x}+v\frac{\partial w}{\partial y}+w\frac{\partial w}{\partial z}\right)+\nu\left(\frac{\partial^2 w}{\partial x^2}+\frac{\partial^2 w}{\partial y^2}+\frac{\partial^2 w}{\partial z^2}\right) \tag{5-15}$$

类似温度场方程的离散处理,将式(5-13)～式(5-15)差分化,就可根据当前时刻的速度值 u,v,w 分别求出下一时刻的速度值 u',v',w'。这是流动场速度计算的基本迭代公式。

3. 方程的矢量形式

在一些文字叙述中,为求表达的简练,常常借用有关的算符,将式(5-10)～式(5-12)三式合成为矢量形式(分别记速度向量为 $\boldsymbol{v}=u\boldsymbol{i}+v\boldsymbol{j}+w\boldsymbol{k}$,重力向量为 $\boldsymbol{G}=g_x\boldsymbol{i}+g_y\boldsymbol{j}+g_z\boldsymbol{k}$):

$$\boldsymbol{G}-\frac{1}{\rho}\nabla\boldsymbol{P}+\nu\nabla^2\boldsymbol{v}=\frac{\partial}{\partial t}\boldsymbol{v}+\boldsymbol{v}\nabla\boldsymbol{v} \tag{5-16}$$

式中:∇为一阶微分算子(或算符),且

$$\nabla=\frac{\partial}{\partial x}+\frac{\partial}{\partial y}+\frac{\partial}{\partial z} \tag{5-17}$$

注意它和 △ 算符的区别:

$$\Delta=\nabla^2=\frac{\partial^2}{\partial x^2}+\frac{\partial^2}{\partial y^2}+\frac{\partial^2}{\partial z^2} \tag{5-18}$$

△ 为二阶微分算子,也称为拉普拉斯(Laplace)微分算子。这两种算符作用于一个场函数

变量(既可作用于矢量也可作用于标量)时,都可按四则运算分配法则将其中的三项分别作用于该场函数变量,但注意一阶微分算子本身具有矢量属性,经其作用后变量性质发生变化。作用于标量,其结果变成矢量,如温度梯度 $\nabla T = \left(\frac{\partial}{\partial x} + \frac{\partial}{\partial y} + \frac{\partial}{\partial z}\right)T = \frac{\partial T}{\partial x} + \frac{\partial T}{\partial y} + \frac{\partial T}{\partial z}$ 是一有方向量;作用于矢量,其结果变成标量,如速度散度 $\nabla v = \left(\frac{\partial}{\partial x} + \frac{\partial}{\partial y} + \frac{\partial}{\partial z}\right)v = \frac{\partial u}{\partial x} + \frac{\partial v}{\partial y} + \frac{\partial w}{\partial z}$ 是一无方向纯数量,其中 u, v, w 是速度矢量 v 的三个分量。

4. 连续性方程

在式(5-13)～式(5-15)中,压力 P 是方程组的第四个求解变量,也是时空四维空间的函数。为能求得确定解,必须在三个方程之外补入一个约束方程,这就是连续性方程。对于不可压缩流体无源流动场而言,在充满流体的流动域中的任意一点,流体速度的散度应该等于 0,也就是无源无漏,质量守恒。其数学形式为

$$\mathrm{div}v = \frac{\partial u}{\partial x} + \frac{\partial v}{\partial y} + \frac{\partial w}{\partial z} = 0 \tag{5-19}$$

矢量的散度可写为 $\mathrm{div}v$,也可写为 ∇v。在下文的叙述中,也用 D 来表示散度,即 $D = \mathrm{div}v$。

第 4 节　流动场数学模型的离散

欲准确求出 Navier-Stokes 方程和连续性方程的数学解析解是非常困难的,因此需要采用数值求解方法。数值求解的实质就是将连续的求解空间离散成有限个相对独立的微元体,然后基于这些微元体进行求解计算,最后将所有微元体求解结果在时间上联系起来,作为整个求解目标的结果。所以,数值求解的前提就是要对上述偏微分方程组在空间上和时间上进行离散。

1. 离散格式的选择

离散格式是指将连续的场变量(速度、压力)进行离散所采用的方式。目前数值模拟一般采用帕坦卡教授提出的交错网格进行离散,各变量在三维交错网格中的位置如图 5-1 所示。这种网格形式与非交错网格相比,有两点好处:① 避免了不合乎实际的速度场却能满足连续性方程的问题;② 两个相邻网格点之间的压力差成了位于这两个网格点之间速度分量的自然驱动力,更具有明确的物理意义。

2. 动量守恒方程(Navier-Stokes 方程)的离散

利用上述交错网格离散格式,对动量守恒方程(Navier-Stokes 方程)进行离散,可以得到如下形式的离散化方程。

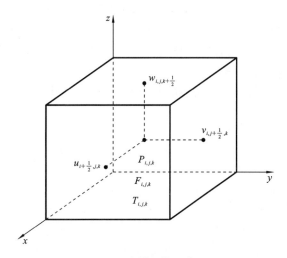

图 5-1　交错网格示意图

$$\begin{cases} u_{i+\frac{1}{2},j,k}^{n+1} = u_{i+\frac{1}{2},j,k}^{n} + \delta t \cdot \left[\dfrac{P_{i,j,k}^{n+1} - P_{i+1,j,k}^{n+1}}{\rho \cdot \delta x_{i+\frac{1}{2}}} + g_x - \text{FUX} - \text{FUY} - \text{FUZ} + \text{VISX} \right] \\[3mm] v_{i,j+\frac{1}{2},k}^{n+1} = v_{i,j+\frac{1}{2},k}^{n} + \delta t \cdot \left[\dfrac{P_{i,j,k}^{n+1} - P_{i,j+1,k}^{n+1}}{\rho \cdot \delta y_{j+\frac{1}{2}}} + g_y - \text{FVX} - \text{FVY} - \text{FVZ} + \text{VISY} \right] \\[3mm] w_{i,j,k+\frac{1}{2}}^{n+1} = w_{i,j,k+\frac{1}{2}}^{n} + \delta t \cdot \left[\dfrac{P_{i,j,k}^{n+1} - P_{i,j,k+1}^{n+1}}{\rho \cdot \delta z_{k+\frac{1}{2}}} + g_z - \text{FWX} - \text{FWY} - \text{FWZ} + \text{VISZ} \right] \end{cases} \tag{5-20}$$

式中:FUX、FVX、FWX、FUY、FVY、FWY、FUZ、FVZ、FWZ、VISX、VISY、VISZ 都是离散格式中的一些具体表达,因篇幅所限,这里不再详细列出。

3. 连续性方程的离散

连续性方程的离散形式为

$$D_{i,j,k}^{n+1} = \frac{u_{i+\frac{1}{2},j,k}^{n+1} - u_{i-\frac{1}{2},j,k}^{n+1}}{\delta x_i} + \frac{v_{i,j+\frac{1}{2},k}^{n+1} - v_{i,j-\frac{1}{2},k}^{n+1}}{\delta y_j} + \frac{w_{i,j,k+\frac{1}{2}}^{n+1} - w_{i,j,k-\frac{1}{2}}^{n+1}}{\delta z_k} = 0 \tag{5-21}$$

第 5 节　SOLA-VOF 方法

在 SOLA-VOF 方法中,为了确定自由表面的移动,需要求解体积函数方程:

$$\frac{\partial F}{\partial t} + u \frac{\partial F}{\partial x} + v \frac{\partial F}{\partial y} + w \frac{\partial F}{\partial z} = 0 \tag{5-22}$$

1. 体积函数的求值

SOLA-VOF 方法利用体积函数 F 来描述整个流场的流动域,F 的定义为

$$F = 单元内流体的体积/单元总体积 \tag{5-23}$$

因此体积函数的取值范围为 $0 \leqslant F \leqslant 1$。当 $F=0$ 时,该单元为空单元,没有流体;当 $F=1$ 时,该单元为满单元,说明该单元为内部单元;当 $0 < F < 1$ 时则表示该单元内有流体流入,但又没有充满,即该单元为表面单元。

单元 (i,j,k) 在 δt 时间段内体积函数的变化值 $\delta F_{i,j,k}$ 可以由式(5-22)离散得

$$\delta F_{i,j,k} = \frac{\Delta Q_{i,j,k}}{\rho_{i,j,k}\delta x_i \cdot \delta y_j \cdot \delta z_k}$$

$$= -\delta t \left(\frac{u_{i+\frac{1}{2},j,k} - u_{i-\frac{1}{2},j,k}}{\delta x_i} + \frac{v_{i,j+\frac{1}{2},k} - v_{i,j-\frac{1}{2},k}}{\delta y_j} + \frac{w_{i,j,k+\frac{1}{2}} - w_{i,j,k-\frac{1}{2}}}{\delta z_k} \right) \tag{5-24}$$

式中:$\Delta Q_{i,j,k}$ 为单元 (i,j,k) 在 δt 时间段内流体质量的变化。

当 $\delta F_{i,j,k} > 0$ 时,表示该单元内流体流入量大于流出量,单元内流体量在增加;

当 $\delta F_{i,j,k} = 0$ 时,表示该单元内流体流入量等于流出量,单元内流体量不变;

当 $\delta F_{i,j,k} < 0$ 时,表示该单元内流体流出量大于流入量,单元内流体量在减少。

计算流动场时,当求解每一时刻的速度场与压力场后,都要利用式(5-24)求出当前时刻每个网格单元的 δF 值,并根据 $F+\delta F$ 值的不同情况做不同处理。

2. SOLA-VOF 计算方法

目前流行的 SOLA-VOF 有限差分流体力学计算方法,用 SOLA 求解压力场和速度场,用 VOF 确定流动域和自由表面。整个计算过程中,由速度初值及猜测压力值试算速度场的过程并不参与迭代,因而是一场迭代,其计算步骤如下:

(1) 由 Navier-Stokes 方程的离散式(5-20),以初始条件或前一时刻值为基础,计算当前时刻的试算速度。

(2) 根据连续性方程离散式(5-21)对每一个单元定义散度 $D_{i,j,k}$:

$$D_{i,j,k} = \frac{u_{i+\frac{1}{2},j,k} - u_{i-\frac{1}{2},j,k}}{\delta x_i} + \frac{v_{i,j+\frac{1}{2},k} - v_{i,j-\frac{1}{2},k}}{\delta y_j} + \frac{w_{i,j,k+\frac{1}{2}} - w_{i,j,k-\frac{1}{2}}}{\delta z_k} \tag{5-25}$$

将第(1)步的试算速度值代入式(5-25),求出 $D_{i,j,k}$。

(3) 若 $D_{i,j,k}=0$(一般当 $D_{i,j,k}<10^{-3}$ 时,即认为 $D_{i,j,k}=0$),则说明第(1)步试算速度值能够满足连续性方程离散式(5-21),即此时的速度场与压力场既满足动量守恒方程又满足质量守恒方程,至此,当前时间步长计算结束。如整个流场中有任意一个单元不能满足式(5-21),则需要下一步的修正。

(4) 当 $D_{i,j,k} \neq 0$ 时,说明第(1)步试算的速度值不能满足连续性方程,需要修正。而欲修正速度,必须先修正压力:

$$P^{n+1} = P^n + \delta P^n \tag{5-26}$$

式中:δP^n 为压力修正量,其值可以通过式(5-27)和式(5-28)求得。

$$\delta P^n = -D_{i,j,k} \left/ \frac{\partial D_{i,j,k}}{\partial P} \right. \tag{5-27}$$

$$\frac{\partial D_{i,j,k}}{\partial P} = \frac{\delta t}{\delta x_i} \left(\frac{1}{\rho \delta x_{i+\frac{1}{2}}} + \frac{1}{\rho \delta x_{i-\frac{1}{2}}} \right) + \frac{\delta t}{\delta y_j} \left(\frac{1}{\rho \delta y_{j+\frac{1}{2}}} + \frac{1}{\rho \delta y_{j-\frac{1}{2}}} \right) + \frac{\delta t}{\delta z_k} \left(\frac{1}{\rho \delta z_{k+\frac{1}{2}}} + \frac{1}{\rho \delta z_{k-\frac{1}{2}}} \right)$$

$$\tag{5-28}$$

根据校正压力利用式(5-29)可以求出校正后的试算速度：

$$u_{i+\frac{1}{2},j,k}^{m+1}=u_{i+\frac{1}{2},j,k}^{m}+\frac{\delta t \cdot \delta p^{n}\omega}{\rho \cdot \delta x_{i+\frac{1}{2}}}$$

$$u_{i-\frac{1}{2},j,k}^{m+1}=u_{i-\frac{1}{2},j,k}^{m}-\frac{\delta t \cdot \delta p^{n}\omega}{\rho \cdot \delta x_{i-\frac{1}{2}}}$$

$$v_{i,j+\frac{1}{2},k}^{m+1}=v_{i,j+\frac{1}{2},k}^{m}+\frac{\delta t \cdot \delta p^{n}\omega}{\rho \cdot \delta y_{j+\frac{1}{2}}} \qquad (5\text{-}29)$$

$$v_{i,j-\frac{1}{2},k}^{m+1}=v_{i,j-\frac{1}{2},k}^{m}-\frac{\delta t \cdot \delta p^{n}\omega}{\rho \cdot \delta y_{j-\frac{1}{2}}}$$

$$w_{i,j,k+\frac{1}{2}}^{m+1}=w_{i,j,k+\frac{1}{2}}^{m}+\frac{\delta t \cdot \delta p^{n}\omega}{\rho \cdot \delta z_{k+\frac{1}{2}}}$$

$$w_{i,j,k-\frac{1}{2}}^{m+1}=w_{i,j,k-\frac{1}{2}}^{m}-\frac{\delta t \cdot \delta p^{n}\omega}{\rho \cdot \delta z_{k-\frac{1}{2}}}$$

式中：ω 为松驰因子($0<\omega<2$)；n 与 $n+1$ 表示校正循环次数。

（5）将校正后的试算速度值代入第(2)步，反复迭代直至所有单元均满足连续性方程。

（6）由体积函数方程确定新的流动域，对表面单元做合理设置。

（7）返回第(1)步，进入下一时刻计算，直到流动结束或达到要求。

可以看见，虽然 SOLA-VOF 是一场迭代，但每次收敛计算过程仍需要很多次迭代，特别是计算分析带有自由表面的复杂三维流动时，可能需要几千万甚至上亿次的迭代。由于计算量大，流动场计算一般比较耗时，很多科研工作者正在加快流动场计算收敛速度、缩短流动场计算时间等方面进行相应的研究。

第 6 节　流动与传热耦合计算

流动与传热耦合计算的数学模型必须能够完整、准确地描述液态金属的充型过程以及与之同时发生的换热过程。一般说来，数学模型由下述三个方程组成：

动量守恒方程（N-S 方程）

$$\rho\frac{D\boldsymbol{v}}{Dt}=\mu \nabla^2\boldsymbol{v}-\nabla P+\rho \cdot \boldsymbol{G} \qquad (5\text{-}30)$$

质量守恒方程（连续性方程）

$$\nabla \boldsymbol{v}=0 \qquad (5\text{-}31)$$

能量守恒方程

$$C_{p}\rho\frac{\partial T}{\partial t}=-C_{p}\rho\boldsymbol{v} \cdot \nabla T-\nabla \cdot \boldsymbol{q} \qquad (5\text{-}32)$$

上述各式中：T 为温度(K)；t 为时间(s)；ρ 为密度(kg/m^3)；C_p 为热容($J/(kg \cdot K)$)；$\boldsymbol{v}$ 为速度(m/s)。

同样可以采用 SOLA-VOF 方法求解式(5-30)、式(5-31)，得到求解对象的速度、压力分布，再根据速度分布求解能量守恒方程。

在求解能量守恒方程时，采用帕坦卡教授提出的幂函数方法，在与充型流动计算一致的交错网格(见图 5-1)上进行离散,温度变量(T)与压力变量(P)以及体积函数(F)放在网格中心,温度的离散形式如下:

$$T_{i,j,k}^{t+\delta t}=(\alpha_{i+1,j,k}\cdot T_{i+1,j,k}^{t}+\alpha_{i-1,j,k}\cdot T_{i-1,j,k}^{t}+\alpha_{i,j+1,k}\cdot T_{i,j+1,k}^{t}+\alpha_{i,j-1,k}\cdot T_{i,j-1,k}^{t}$$
$$+\alpha_{i,j,k+1}\cdot T_{i,j,k+1}^{t}+\alpha_{i,j,k-1}\cdot T_{i,j,k-1}^{t}+T_{i,j,k}^{t}\cdot B)/\alpha_{i,j,k} \tag{5-33}$$

式中:

$$\alpha_{i+1,j,k}=D_{i+\frac{1}{2},j,k}\cdot A(|P_{i+\frac{1}{2},j,k}|)+\max(-Q_{i+\frac{1}{2},j,k},0)$$

$$\alpha_{i-1,j,k}=D_{i-\frac{1}{2},j,k}\cdot A(|P_{i-\frac{1}{2},j,k}|)+\max(Q_{i-\frac{1}{2},j,k},0)$$

$$\alpha_{i,j+1,k}=D_{i,j+\frac{1}{2},k}\cdot A(|P_{i,j+\frac{1}{2},k}|)+\max(-Q_{i,j+\frac{1}{2},k},0)$$

$$\alpha_{i,j-1,k}=D_{i,j-\frac{1}{2},k}\cdot A(|P_{i,j-\frac{1}{2},k}|)+\max(Q_{i,j-\frac{1}{2},k},0) \tag{5-34}$$

$$\alpha_{i,j,k+1}=D_{i,j,k+\frac{1}{2}}\cdot A(|P_{i,j,k+\frac{1}{2}}|)+\max(-Q_{i,j,k+\frac{1}{2}},0)$$

$$\alpha_{i,j,k-1}=D_{i,j,k-\frac{1}{2}}\cdot A(|P_{i,j,k-\frac{1}{2}}|)+\max(Q_{i,j,k-\frac{1}{2}},0)$$

$$\alpha_{i,j,k}=\rho_{i,j,k}\cdot C_{pi,j,k}\cdot \delta x\cdot \delta y\cdot \delta z/\delta t$$

$$B=\alpha_{i,j,k}-\alpha_{i+1,j,k}-\alpha_{i-1,j,k}-\alpha_{i,j+1,k}-\alpha_{i,j-1,k}-\alpha_{i,j,k+1}-\alpha_{i,j,k-1}$$

上述各式中:t 为计算时间(s);δt 为计算时间步长(s);D 为传导项;$A(|P|)$ 为幂函数;Q 为对流项。

其中传导项 D 的表达式如下:

$$D_{i+\frac{1}{2},j,k}=\lambda_{i+\frac{1}{2},j,k}\cdot \delta y\cdot \delta z/\delta x$$

$$D_{i-\frac{1}{2},j,k}=\lambda_{i-\frac{1}{2},j,k}\cdot \delta y\cdot \delta z/\delta x$$

$$D_{i,j+\frac{1}{2},k}=\lambda_{i,j+\frac{1}{2},k}\cdot \delta x\cdot \delta z/\delta y$$

$$D_{i,j-\frac{1}{2},k}=\lambda_{i,j-\frac{1}{2},k}\cdot \delta x\cdot \delta z/\delta y \tag{5-35}$$

$$D_{i,j,k+\frac{1}{2}}=\lambda_{i,j,k+\frac{1}{2}}\cdot \delta x\cdot \delta y/\delta z$$

$$D_{i,j,k-\frac{1}{2}}=\lambda_{i,j,k-\frac{1}{2}}\cdot \delta x\cdot \delta y/\delta z$$

Q 的表达式如下:

$$Q_{i+\frac{1}{2},j,k}=(\rho u)_{i+\frac{1}{2},j,k}\cdot C_{pi,j,k}\cdot \delta y\cdot \delta z$$

$$Q_{i-\frac{1}{2},j,k}=(\rho u)_{i-\frac{1}{2},j,k}\cdot C_{pi,j,k}\cdot \delta y\cdot \delta z$$

$$Q_{i,j+\frac{1}{2},k}=(\rho v)_{i,j+\frac{1}{2},k}\cdot C_{pi,j,k}\cdot \delta x\cdot \delta z$$

$$Q_{i,j-\frac{1}{2},k}=(\rho v)_{i,j-\frac{1}{2},k}\cdot C_{pi,j,k}\cdot \delta x\cdot \delta z \tag{5-36}$$

$$Q_{i,j,k+\frac{1}{2}}=(\rho w)_{i,j,k+\frac{1}{2}}\cdot C_{pi,j,k}\cdot \delta x\cdot \delta y$$

$$Q_{i,j,k-\frac{1}{2}}=(\rho w)_{i,j,k-\frac{1}{2}}\cdot C_{pi,j,k}\cdot \delta x\cdot \delta y$$

幂函数 $A(|P|)$ 由式(5-37)定义:

$$A(|P|)=\max[0,(1-0.1|P|)^{5}] \tag{5-37}$$

其中 P 为佩克莱数(Peclet number):

$$P=U\cdot L/a \tag{5-38}$$

式中:U 为流体流动速度(m/s);L 为距离(m);a 为导温系数(m²/s)。

佩克莱数 P 用来衡量流动传热作用与热传导传热作用的强度比。

上述离散公式具有很明确的物理意义:D 代表热传导作用,Q 代表流动传热的作用,幂函

数 $A(|P|)$ 用来调节二者的比例。当流体流动的速度很大时,由式(5-38)可以看出,此时 P 值很大,幂函数 $A(|P|)$ 趋于零,也就是说,此时热传导传热的作用很小,而流动传热的作用占主导地位。符号 max 体现了上风差分格式的思想,可以确保离散系数不会出现负值而导致物理上不真实的解。当流体流动的速度很小时,P 值也很小,此时的幂函数 $A(|P|)$ 趋于 1,也就是说,此时热传导传热的作用很大,占主导地位,而流动传热则很少。如果出现极端情况,流体流动速度(U)为 0,则 P 值为 0,而幂函数 $A(|P|)=1$。此时流动传热根本不存在,只有热传导传热,即为纯导热问题。

当然,流动与传热耦合计算还须处理边界条件、初始条件、潜热问题、稳定性问题等等,因篇幅所限,这里不再详述。

第 7 节　流动场计算分析的流程

与温度场模拟软件类似,流动场模拟软件亦分为三大部分,即前处理模块、计算分析模块及后处理模块。其中前、后处理模块与温度场模拟软件的大致类似,而计算分析分模块有很大差异。

图 5-2 为三维流动场计算分析的流程示意图。

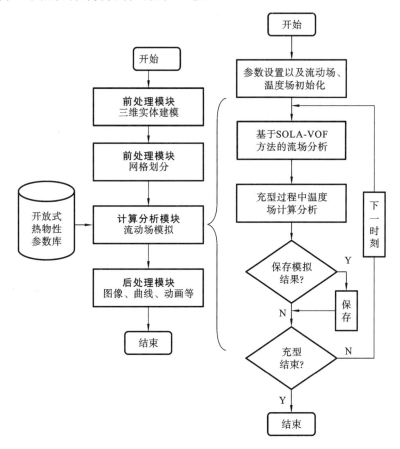

图 5-2　三维流动场计算分析的流程示意图

本 章 小 结

　　本章介绍了流体的基本概念与流动分析的主要方法,在此基础上采用有限差分法对流动场数学模型进行离散,重点介绍了如下内容:流动场数学模型、基于有限差分的离散格式、SOLA-VOF 方法、流动与传热耦合计算,以及流动场数值模拟流程等。

本 章 习 题

　　1. 流动分析方法有哪几种? 请简要说明。
　　2. 请写出流动场数学模型。
　　3. 请写出流动场数学模型的差分格式。
　　4. 简述 SOLA-VOF 方法。
　　5. 简述流动场数值模拟流程。

第6章 流动场模拟实例

学 习 指 导

学习目标

(1) 进一步通过实例来掌握液态成形流动场模拟的特点与难点；
(2) 进一步通过实例来掌握液态成形流动场模拟软件及其作用。

学习重点

(1) 流动场在不同应用场合的应用实例；
(2) 流动场模拟软件的主要作用。

学习难点

(1) 流动场在不同应用场合的应用实例；
(2) 如何正确理解流动场模拟分析软件的作用。

第 1 节 概 述

华铸 CAE 充型过程模拟分析在生产中获得了广泛的应用，下面介绍其在铸钢、球铁、灰铸铁、铜合金、铝合金各类铸件上的应用实例。通过铸件充型过程的流动场、温度场的模拟，可以有效地预测充型过程中可能产生的浇不足、冷隔、卷气、夹渣等缺陷，从而优化工艺，消除缺陷，提高铸件质量。

第 2 节 铸钢件应用实例

1. 前压圈铸钢件充型过程模拟

图 6-1 是某厂生产的前压圈铸钢件在充型过程中几个不同时刻的充型色温，从中可以看

出该充型过程的充型次序以及温度的分布。充型过程模拟可以辅助工艺人员预测充型过程中可能产生的缺陷,如冷隔、浇不足、夹渣等。经此次模拟分析发现,前压圈在充型过程中的温降比较大,应适当提高浇注温度。

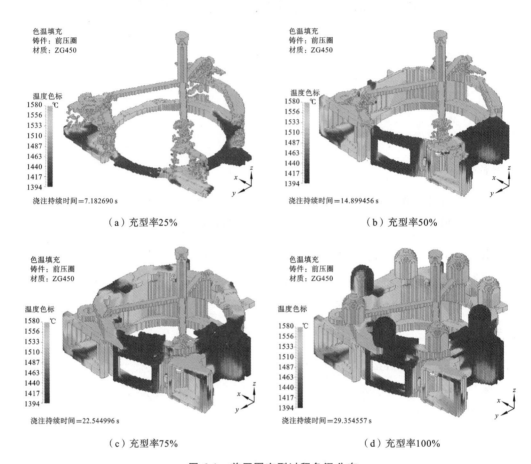

图 6-1　前压圈充型过程色温分布

2. 熔模阀体铸件充型过程模拟

图 6-2 是某厂生产的熔模阀体铸件在充型过程中几个不同时刻的充型色温,从中可以看出该充型过程的充型次序以及温度分布,从而预测充型过程中可能产生的缺陷,如冷隔、浇不足等。

3. 砂型阀体铸件充型过程模拟

图 6-3 是某厂生产的砂型阀体铸件在充型过程中几个不同时刻的充型色温。由于该工艺放了冷铁,因此充型过程相应部位的温降明显,模拟结果也很好地体现了这点。

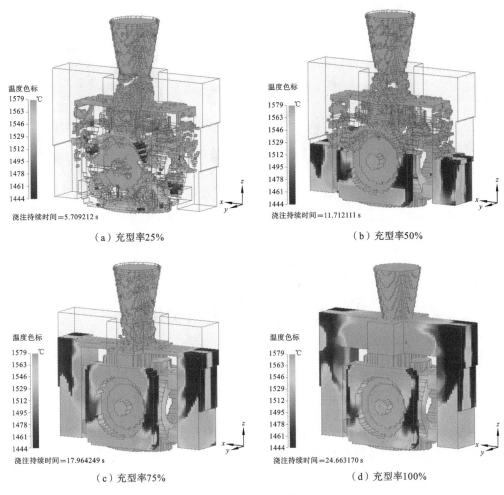

图 6-2　熔模阀体铸件充型过程色温分布

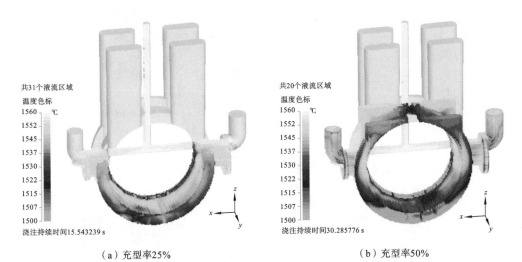

图 6-3　砂型阀体铸件充型过程色温分布

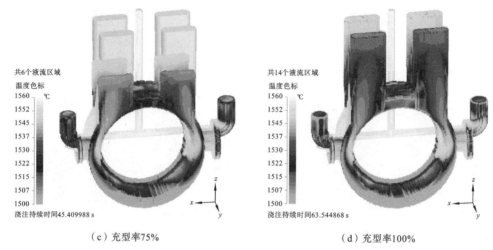

（c）充型率75%　　　　　　　　　（d）充型率100%

续图 6-3

第3节　球铁件应用实例

1. 球铁排气管铸件充型过程模拟

图 6-4 是某厂生产的球铁排气管铸件在充型过程中几个不同时刻的充型色温,从中可以看出该充型次序以及温度的分布都比较合理。

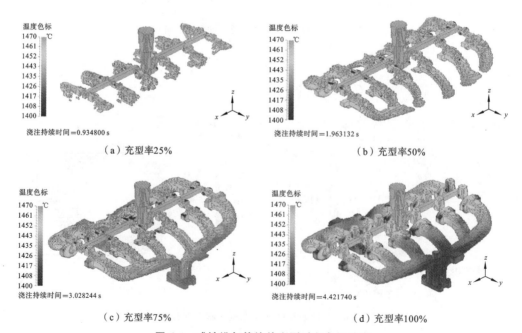

（a）充型率25%　　　　　　　　　（b）充型率50%

（c）充型率75%　　　　　　　　　（d）充型率100%

图 6-4　球铁排气管铸件充型过程色温分布

2. 球铁透平缸体充型过程模拟

图 6-5 是某厂生产的球铁透平缸体铸件在充型过程中几个不同时刻的充型色温,从中可以看出由于该工艺放置了许多冷铁,因此充型过程中温降很大,在图示位置可能产生冷隔、融合纹等缺陷。

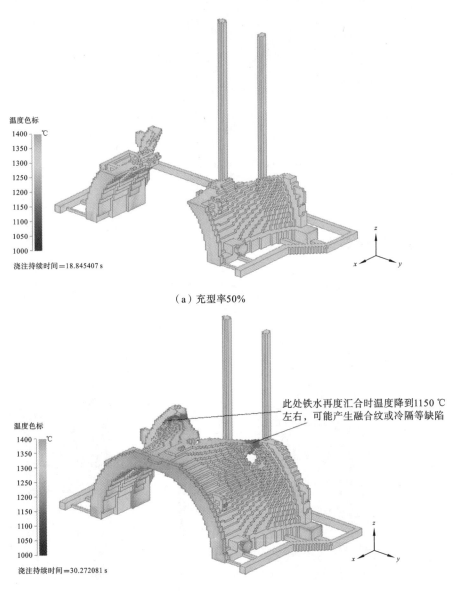

（a）充型率50%

（b）充型率75%

图 6-5　球铁透平缸体充型过程色温分布

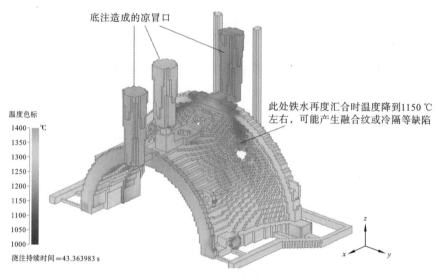

（c）充型率100%

续图 6-5

3. 球铁钢锭模铸件充型过程模拟

图 6-6 是某厂生产的球铁钢锭模铸件在充型过程中几个不同时刻的充型色温,该雨淋式的浇注会导致杂质上浮困难,在铸件内会有夹渣倾向。

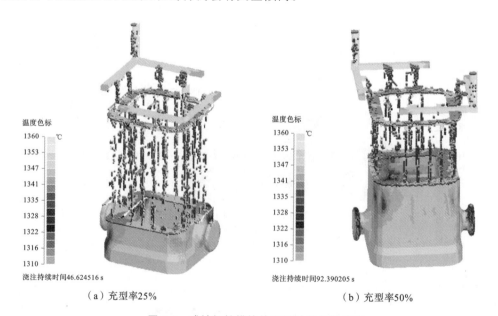

（a）充型率25%　　　　　　　　　　　　　　　　（b）充型率50%

图 6-6　球铁钢锭模铸件充型过程色温分布

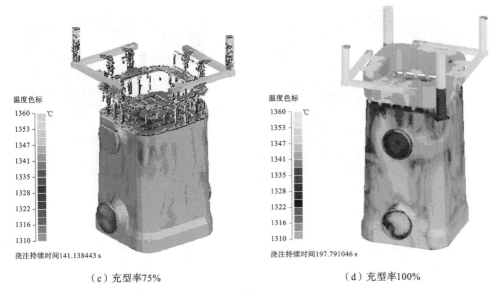

（c）充型率75%　　　　　　　　　　　　（d）充型率100%

续图 6-6

4. 球铁 DISA 铸件充型过程模拟

图 6-7 是某厂生产的球铁 DISA 铸件在原始工艺充型过程中几个不同时刻的充型色温。实际铸件的情况是在下面的 2 个铸件有夹渣缺陷,上面的没有,模拟结果很好地解释了这点。该工艺 4 层浇注入口设计的初衷是希望铁水平稳充填,从图 6-7(a)(b)可以看出下面的铸件上层浇注入口进水太早,导致渣不能及时上浮至冒口;而上面的 2 个铸件的充填次序合理,铁水进入冒口之后上层浇口才进水,如图 6-7(c)所示,这样渣有足够的时间上浮至冒口,铸件内部不会有夹渣问题。

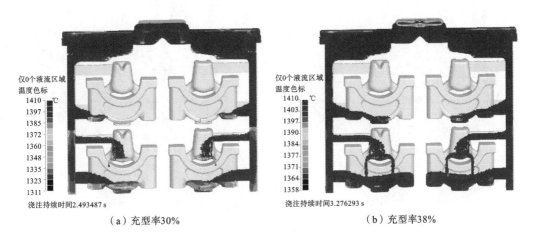

（a）充型率30%　　　　　　　　　　　　（b）充型率38%

图 6-7　球铁 DISA 铸件充型过程色温分布

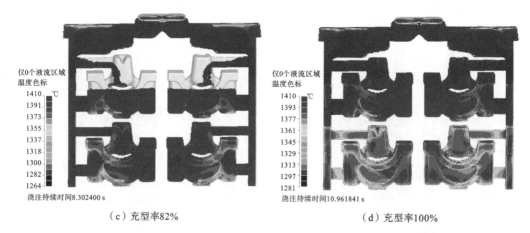

仅0个液流区域
温度色标

	℃
1410	
1391	
1373	
1355	
1337	
1318	
1300	
1282	
1264	

浇注持续时间8.302400 s

（c）充型率82%

仅0个液流区域
温度色标

	℃
1410	
1393	
1377	
1361	
1345	
1329	
1313	
1297	
1281	

浇注持续时间10.961841 s

（d）充型率100%

续图 6-7

第 4 节　灰铸铁件应用实例

1. 柴油机机体充型过程模拟

图 6-8（a）是某厂生产康明斯柴油机灰铸铁机体的原始工艺,利用华铸 CAE 系统对上述缸体的工厂试制工艺方案进行了充型模拟分析,并对缺陷进行了预测。计算分析发现,该原始工艺充型的前期及后期都比较顺畅、平稳,但在中间某阶段充型顺序不好,出现明显的紊流,如图 6-9（a）、图 6-10（a）所示。从图 6-10（a）所示的速度分布可以看出,金属液是从高处（A 点）向低

原工艺底部情况

（a）原始工艺

改进工艺底部新增两个通道

（b）改进工艺

图 6-8　柴油机机体原始工艺与改进工艺示意图

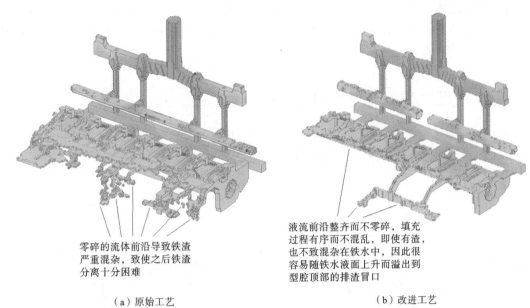

（a）原始工艺　　　　　　　　　　　　　　　　（b）改进工艺

图 6-9　柴油机机体充型模拟色温分布

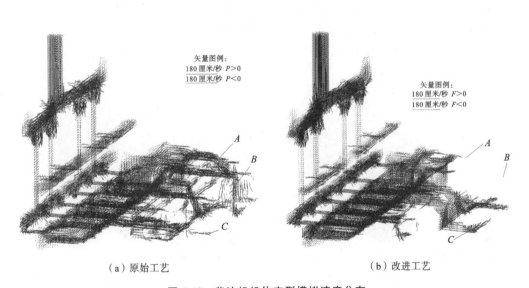

（a）原始工艺　　　　　　　　　　　　　　　　（b）改进工艺

图 6-10　柴油机机体充型模拟速度分布

处（B、C 点）流动的，类似瀑布，在 B 点出现了明显的负压带。也就是说原始工艺在充型过程中 B、C 两处会有较多的气体和渣搅入。而通过流动与传热的耦合模拟计算得知，此时 B、C 两处的温度较低（流动前沿），搅入的气和渣难以及时上浮，易造成卷气、夹渣缺陷。为此，对上述原始工艺进行了改进，在相关部位增加导流槽，试图改善中间阶段的充型状况，改进工艺如图 6-8（b）所示。图 6-9（b）、图 6-10（b）是改进工艺的模拟结果。从改进工艺的模拟结果可以看出，液态金属是从底部向上充填的，即先充到 C 点，再到 B 点、A 点，上述各点没有明显出现负压带，充型顺序得到显著改善，工艺得到优化。在上述模拟工作之前，该厂采用原始工艺方案生产了几十件铸件，经解剖发现几乎每一个铸件在 B、C 两个位置都有卷气、夹渣缺陷，废品率甚高。采用改进工艺方案后,B、C两处的卷气、夹渣缺陷得以解决,废品率下降了50%。这说明改进工艺方案是切中要害的,也说明CAE软件的流动分析功能对于改进流动方式、克服夹渣缺陷是非常有效、实用的。

2. 灰铁箱体盖充型过程模拟

图6-11是某厂生产的灰铁箱体盖在充型过程中几个不同时刻的充型色温,从中可以看出由于该工艺在远离浇口的一侧温降较大,因此要注意浇注温度不能太低。

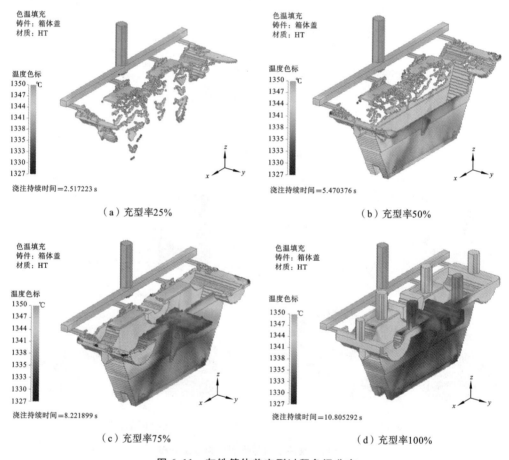

图 6-11 灰铁箱体盖充型过程色温分布

3. 柴油机缸体充型过程模拟

图6-12是某厂生产的柴油机缸体在改进后工艺充型过程中不同时刻的色温分布,从模拟结果可以看出该工艺采用两层浇注系统,充型平稳,次序合理,工艺方案可行。

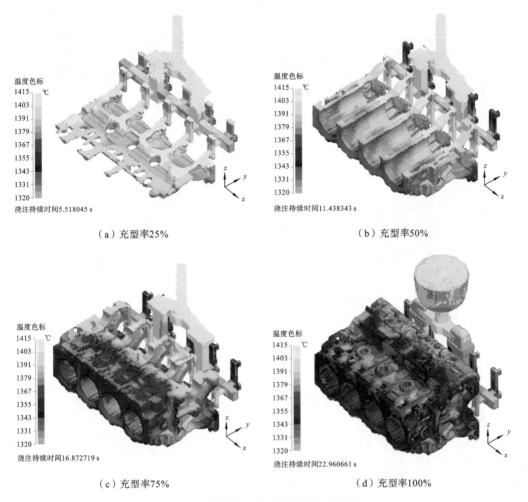

（a）充型率25%　　　　　　　　　　（b）充型率50%

（c）充型率75%　　　　　　　　　　（d）充型率100%

图 6-12　柴油机缸体充型过程色温分布

第5节　铜合金铸件应用实例

1. 内壳体铜合金铸件充型过程模拟

图 6-13 是某厂生产的内壳体铜合金铸件在充型过程中几个不同时刻的色温分布,从模拟结果可以看出该工艺增加了冷铁,导致部分区域充型过程中温降较大,需要进一步改善。

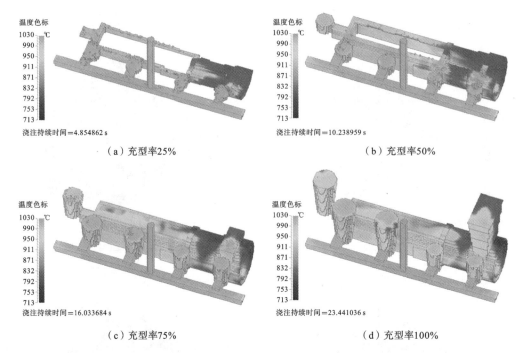

（a）充型率25%　　　　　　　　　　（b）充型率50%

（c）充型率75%　　　　　　　　　　（d）充型率100%

图6-13　内壳体铸件充型过程色温分布

2. 铜合金泵体充型过程模拟

图6-14是某厂生产的铜合金泵体在充型过程中几个不同时刻的色温分布,从模拟结果可以看出该工艺充型平稳,次序合理,浇注系统设计可行。

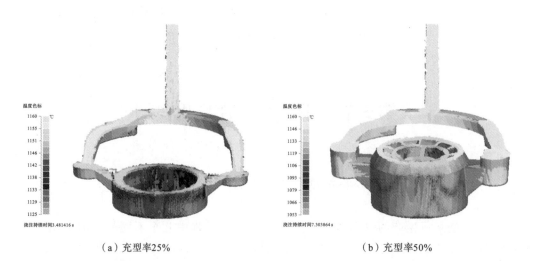

（a）充型率25%　　　　　　　　　　（b）充型率50%

图6-14　铜合金泵体充型过程色温分布

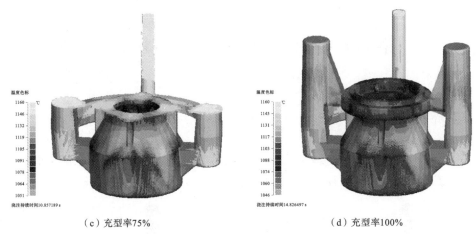

（c）充型率75% （d）充型率100%

续图 6-14

3. 铜合金倾转铸件充型过程模拟

图 6-15 是某厂生产的某铜合金倾转铸件在工艺充型过程中几个不同时刻的色温分布,从模拟结果可以看出该工艺采用倾转铸造,充型平稳,次序合理。但由于该工艺是金属型铸造,因此充型过程中温降比较大。

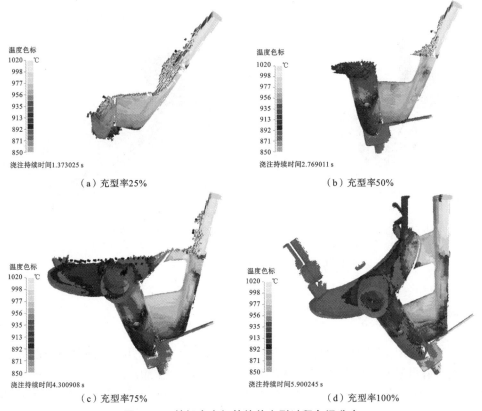

（a）充型率25% （b）充型率50%

（c）充型率75% （d）充型率100%

图 6-15 某铜合金倾转铸件充型过程色温分布

第6节　铝合金重力铸件应用实例

1. 某铝合金砂型铸件充型过程模拟

　　图 6-16 是某厂生产的铝合金砂型铸件在充型过程中几个不同时刻的色温分布,从模拟结果可以看出该工艺浇注系统设计合理,充型平稳。

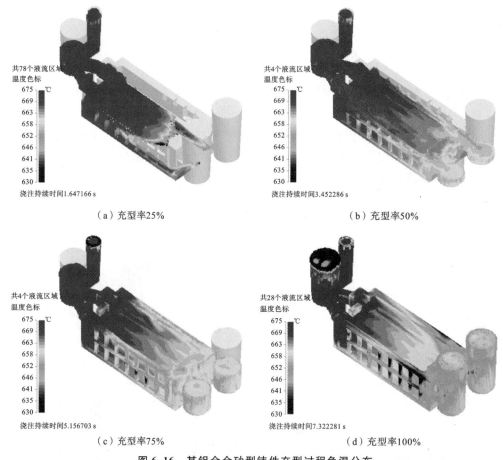

（a）充型率25%　　　　　　　（b）充型率50%

（c）充型率75%　　　　　　　（d）充型率100%

图 6-16　某铝合金砂型铸件充型过程色温分布

2. 铝合金定子铸件充型过程模拟

　　图 6-17 是某厂生产的铝合金定子铸件在原始工艺充型过程中几个不同时刻的色温分布,从模拟结果可以看出该工艺最开始充型平稳,待铸件浇注 60% 之后铝水从上至下填充铸件内圈,这种充填方式容易使铸件相应部位产生卷气、夹渣等缺陷。实际生产也证明了这些部位有夹渣缺陷。改进工艺在铸件内圈底部导入了一些进水口,从而很好地解决了卷气、夹渣的问题。

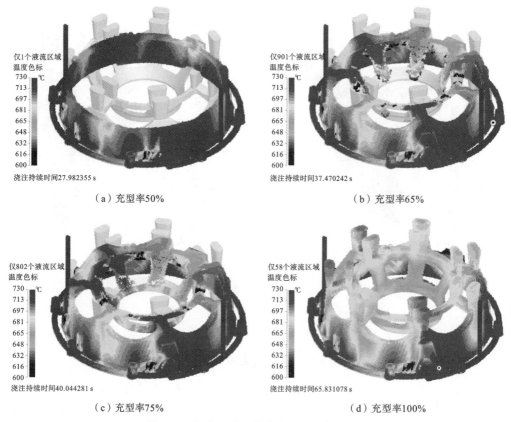

图 6-17　铝合金定子铸件充型过程色温分布

3. 铝合金倾转铸件充型过程模拟

图 6-18 是某厂生产的铝合金倾转铸件在充型过程中几个不同时刻的色温分布，从模拟结果可以看出该工艺充型比较平稳，充型次序及排气比较合理。但由于该铸件壁薄且形状复杂，因此充型过程中温降较大。

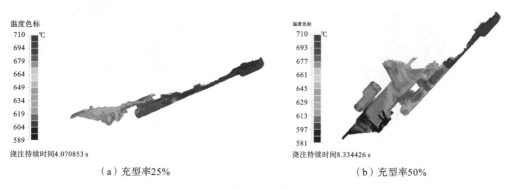

图 6-18　某铝合金倾转铸件充型过程色温分布

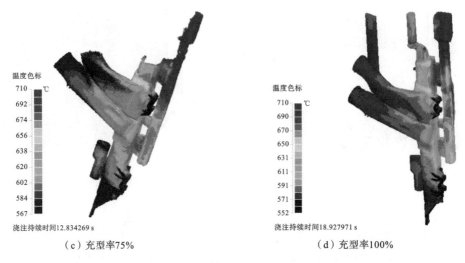

（c）充型率75%　　　　　　　　　　　　（d）充型率100%

续图 6-18

第 7 节　低压铸件应用实例

1. 上箱体低压铸件充型过程模拟

图 6-19 是某厂生产的上箱体低压铸件在原始工艺充型过程中几个不同时刻的色温分布，从模拟结果可以看出该工艺部分地方在充型过程中温降很大，很可能导致浇不足、冷隔等铸造缺陷。实际生产也证明了在模拟温降最大的地方，即左侧圆环处有浇不足的缺陷。

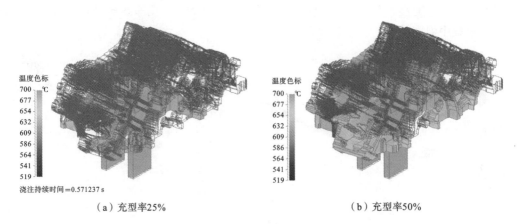

（a）充型率25%　　　　　　　　　　　　（b）充型率50%

图 6-19　上箱体低压铸件充型过程色温分布

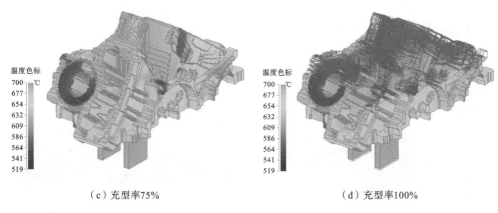

（c）充型率75%　　　　　　　　　　　（d）充型率100%

续图 6-19

2. 前罩低压铸件充型过程模拟

图 6-20 是某厂生产的前罩低压铸件在充型过程中几个不同时刻的色温分布,从模拟结果可以看出该铸件充型温降较大,要适当提高浇注温度以避免冷隔等铸造缺陷。

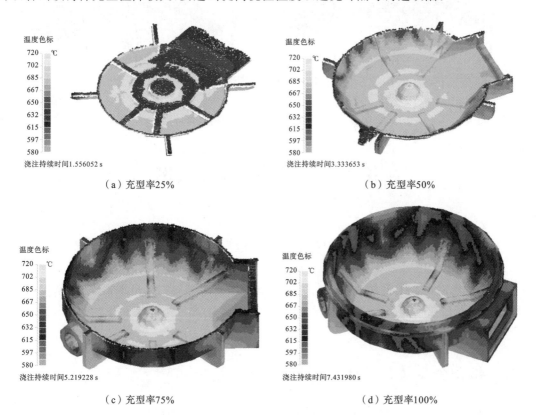

图 6-20　前罩低压铸件充型过程色温分布

3. 箱体低压铸件充型过程模拟

图 6-21 是某厂生产的箱体低压铸件在充型过程中几个不同时刻的色温分布,从模拟结果可以看出部分地方充型过程温降较大,要注意可能导致冷隔、流痕等缺陷。

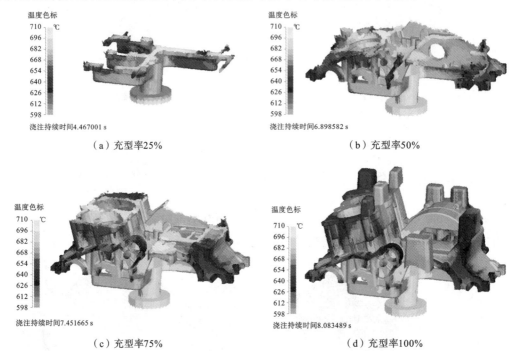

（a）充型率25%　　　　　　　　　　　（b）充型率50%

（c）充型率75%　　　　　　　　　　　（d）充型率100%

图 6-21　箱体低压铸件充型过程色温分布

第 8 节　压铸件应用实例

1. 铝合金压铸件后盖充型过程模拟

图 6-22 是铝合金压铸件后盖在充型过程中两个不同时刻的充型压力分布,从中可以看出该充型过程存在不少问题,铸件会产生流痕等缺陷。这与实际试制生产结果非常吻合,图 6-23 是该工艺的试制结果。

2. 铝合金压铸件舱体充型过程模拟

图 6-24 是某厂生产的铝合金压铸件舱体原始工艺方案充型过程模拟结果,从模拟结果看在图 6-24(a)所示位置容易产生裹气。实际生产也表明了这点。之后改进了工艺方案,消除了裹气缺陷。

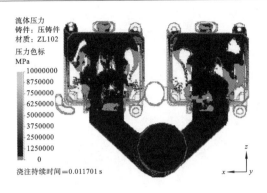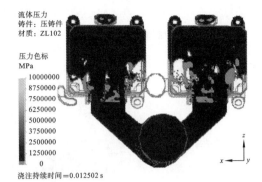

（a）充型率70%　　　　　　　　　（b）充型率85%

图 6-22　铝合金压铸件后盖充型过程压力分布

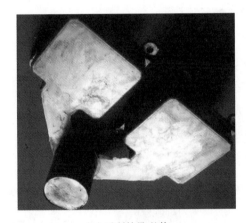

（a）试制结果(整体)　　　　　　　（b）试制结果(局部)

图 6-23　铝合金压铸件后盖试制结果

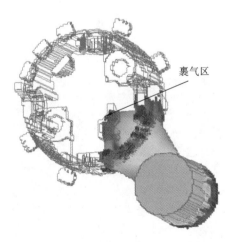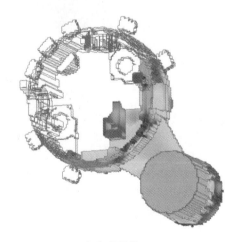

（a）充型率65%　　　　　　　　　（b）充型率75%

图 6-24　铝合金压铸件舱体充型过程模拟结果

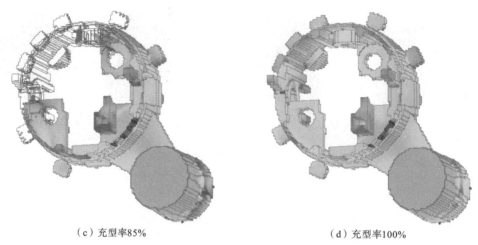

（c）充型率85%　　　　　　　　　　　　（d）充型率100%

续图 6-24

3. 铝合金压铸件硬盘壳充型过程模拟

图 6-25 是某厂生产的铝合金压铸件硬盘壳的工艺方案、模拟结果以及试制结果，可以看出该工艺充型过程基本合理，但部分地方的溢流槽需要调整。

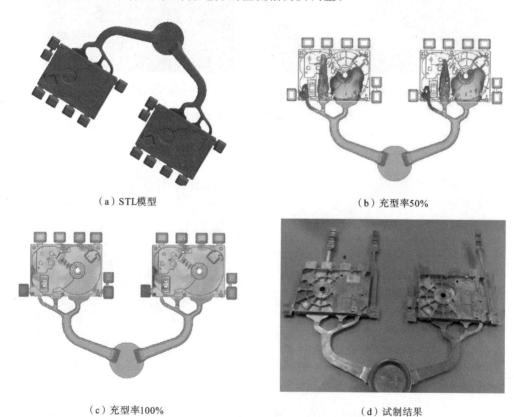

（a）STL模型　　　　　　　　　　　　　（b）充型率50%

（c）充型率100%　　　　　　　　　　　　（d）试制结果

图 6-25　铝合金压铸件硬盘壳的工艺方案、模拟结果及试制结果

4. 某锌合金压铸件充型过程模拟

图 6-26 是某厂生产的锌合金压铸件工艺方案及模拟结果,从模拟结果看该工艺方案溢流槽设计有问题,铸件内存在较大的裹气倾向,需要进一步改进。

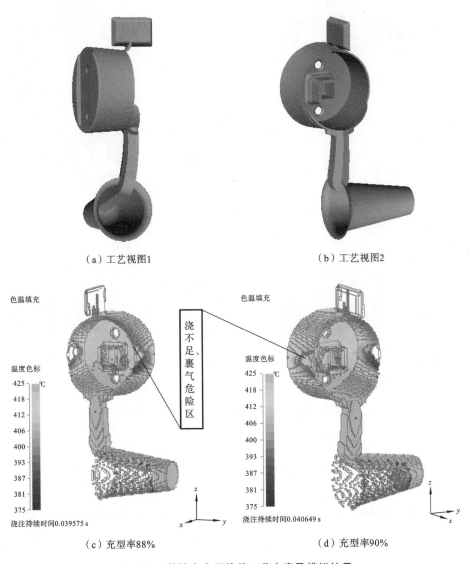

（a）工艺视图1　　　　　　　　　　　　（b）工艺视图2

（c）充型率88%　　　　　　　　　　　　（d）充型率90%

图 6-26　某锌合金压铸件工艺方案及模拟结果

5. 锌合金压铸件烘手罩充型过程模拟

图 6-27 是某厂生产的锌合金压铸件烘手罩原始工艺与改进工艺的模拟结果。由于该铸件有气密性要求,原始工艺 90% 达不到要求,改进后的工艺大幅提高了产品质量,解决了困扰

该单位两年的老大难模具问题。

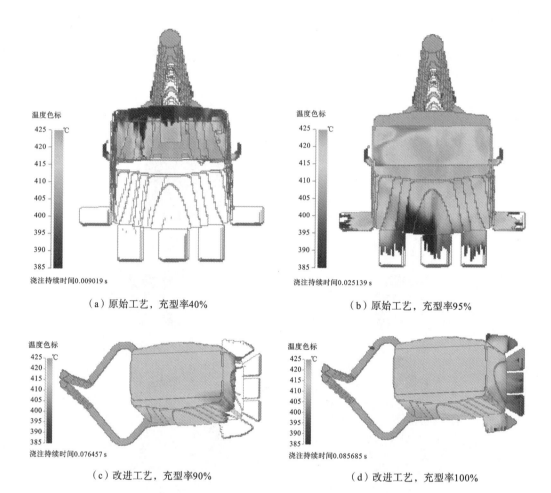

（a）原始工艺，充型率40%　　　　　（b）原始工艺，充型率95%

（c）改进工艺，充型率90%　　　　　（d）改进工艺，充型率100%

图 6-27　锌合金压铸件烘手罩充型过程模拟结果

6. 铝合金压铸件盖体充型过程模拟

图 6-28 是某厂生产的铝合金压铸件盖体原始工艺方案充型过程模拟结果。从模拟结果可以看出，该工艺充型卷气严重，铸件内有很严重的裹气。实际生产也表明了这点，该工艺方案需要改进。

7. 某铝合金压铸件充型过程模拟

图 6-29 是某厂生产的某铝合金压铸件原始工艺方案充型过程模拟结果。从模拟结果看在图6-29(d)所示位置产生了明显的裹气。实际生产也证明就是这个部位有裹气缺陷，该工艺方案需要进一步修改。

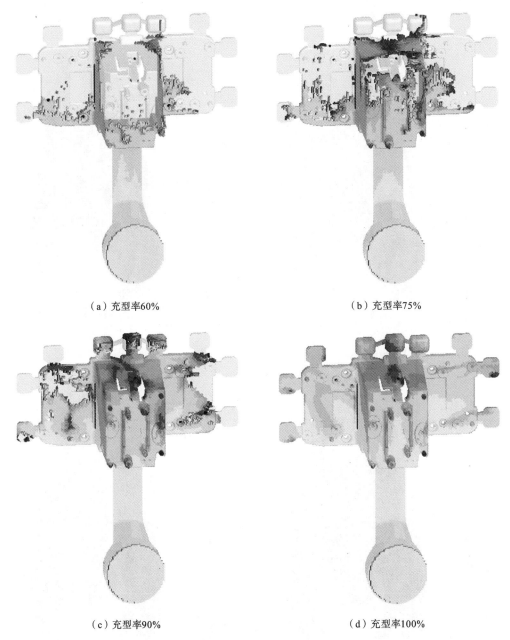

（a）充型率60%　　　　　　　　　　　（b）充型率75%

（c）充型率90%　　　　　　　　　　　（d）充型率100%

图 6-28　铝合金压铸件盖体充型过程模拟结果

8. 铝合金压铸件变速箱充型过程模拟

图 6-30 是某厂生产的铝合金压铸件变速箱充型过程模拟结果。从模拟结果看该工艺方案总体设计合理,但部分部位有一定裹气倾向,需要进一步调整压铸参数以消除缺陷。

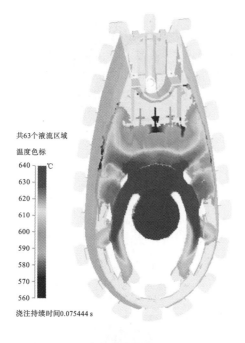

共63个液流区域

温度色标

（a）充型率40%

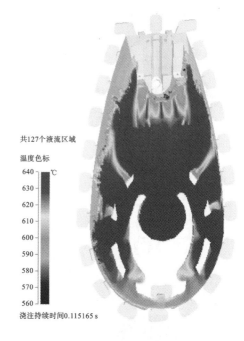

共127个液流区域

温度色标

（b）充型率60%

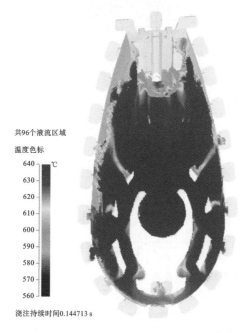

共96个液流区域

温度色标

（c）充型率75%

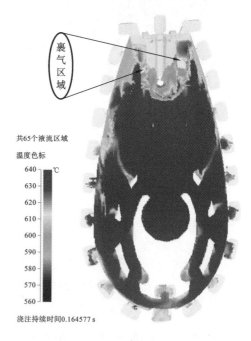

共65个液流区域

温度色标

（d）充型率82%

图6-29　某铝合金压铸件充型过程模拟结果

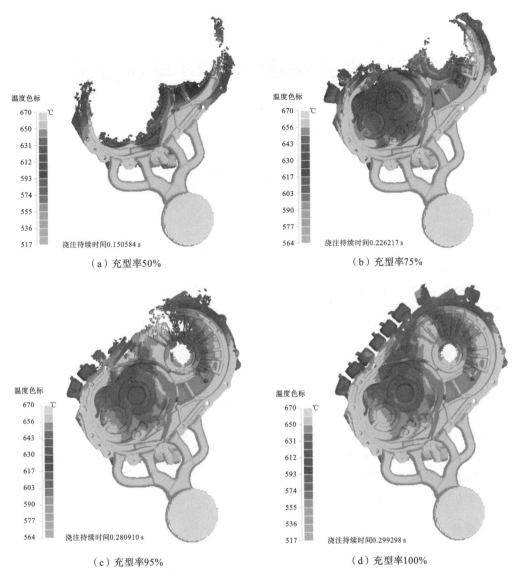

图 6-30 铝合金压铸件变速箱充型过程模拟结果

本 章 小 结

本章介绍了华铸 CAE 软件的不同应用实例。读者可从实例中进一步理解流动场模拟软件的功能所在。

本 章 习 题

结合实例,论述现阶段 CAE 软件流动场模块的主要作用。

第7章 应力场数学模型与数值求解

学 习 指 导

学习目标

(1) 掌握应力场数学模型的内容；

(2) 掌握热-力耦合数学模型及应力变形数值求解方法；

(3) 掌握热-应力场数学模型离散的内容,包括离散化过程、单元平衡方程的组装及约束处理、本构方程的离散、热载荷的离散；

(4) 掌握应力场计算分析流程。

学习重点

(1) 应力场数学模型；

(2) 热-力耦合数学模型；

(3) 应力变形数值求解方法；

(4) 热-应力场数学模型离散；

(5) 应力场计算分析流程。

学习难点

(1) 应力场数学模型；

(2) 应力变形数值求解方法。

第1节 引　言

　　铸件在加热或冷却过程(如凝固、热处理、补焊等)中各个部分的温度变化速度不均匀导致收缩不均匀,同时铸件受到外部因素,例如铸型或者砂芯等的影响,外在约束以及内部各部分之间的相互约束,不能完全自由膨胀而产生应力,这种应力被称为热应力。热应力的不合理分布可能会导致铸件中产生残余应力,或出现变形、裂纹等缺陷,这些缺陷直接影响铸件的尺寸精度和使用性能。采用有限元数值模拟技术是解决上述问题的有效途径之一,据此,本章主要讨论铸造应力场数值模拟技术,同时以补焊及热处理过程为例说明应力场数学模型的构建和方程有限元的数值求解。首先,对补焊及热处理过程进行基本假设,并基于有限元热弹塑性模型,构建补焊及热处理过程的应力场数学模型。其次,说明求解方法,主要包括双线性本构模型的离散过程、整体刚度矩阵的组装过程,以及温度场和应力场的耦合实现过程。下面分节讨论每个部分的具体实现过程。

第 2 节　应力场数学模型

由于采用热弹塑性模型求解铸件变形问题,其位移、应变及应力需满足平衡方程、几何方程及本构方程,同时还应满足力和位移的边界条件。根据最小势能原理可知控制方程如式(7-1)所示。

$$\delta \Pi = \frac{1}{2} \int_{\Omega} \delta \boldsymbol{\varepsilon} \cdot \boldsymbol{\sigma} \mathrm{d}\Omega - \int_{\Omega} \delta \boldsymbol{u} \cdot \boldsymbol{F} \mathrm{d}\Omega - \int_{\Gamma} \delta \boldsymbol{u} \cdot \boldsymbol{T} \mathrm{d}\Gamma = 0 \tag{7-1}$$

采用米泽斯(Mises)屈服准则来判定工件的屈服状态,如式(7-2)所示:

$$\bar{\sigma}^2 = \frac{1}{2} \left[(\sigma_{11} - \sigma_{22})^2 + (\sigma_{22} - \sigma_{33})^2 + (\sigma_{33} - \sigma_{11})^2 \right] + 6\sigma_{12}^2 + 6\sigma_{23}^2 + 6\sigma_{31}^2 \tag{7-2}$$

式中:$\bar{\sigma}$ 为等效应力。假设材料经过应变硬化后仍保持各向同性,且屈服应力的增量与残余塑性应变成正比。

忽略相变的影响,铸件内部任一点的总应变主要由弹性应变、塑性应变和热应变组成,其张量形式如式(7-3)所示:

$$\varepsilon_{ij} = \varepsilon_{ij}^e + \varepsilon_{ij}^p + \varepsilon_{ij}^\theta \tag{7-3}$$

其中热应变 ε_{ij}^θ 的表达式如式(7-4)所示:

$$\boldsymbol{\varepsilon}^\theta = \alpha (T - T_0) \begin{bmatrix} 1 & 1 & 1 & 0 & 0 & 0 \end{bmatrix}^{\mathrm{T}} \tag{7-4}$$

采用对流与辐射边界条件描述铸件与环境之间的热交换,如式(7-5)所示。

$$k_n \frac{\partial T}{\partial \boldsymbol{n}} - q + h(T - T_0) + K\boldsymbol{\varepsilon}(T^4 - T_0^4) = 0 \tag{7-5}$$

式中:$\boldsymbol{n}$ 为面法向矢量;q 为热流密度,T_0 为环境温度;h 为对流换热系数,由试验测得;K 为玻尔兹曼常数;ε 为铸钢的黑度(发射率)。

根据实际的补焊及热处理工艺设置合理的位移或者弹簧边界条件。

第 3 节　热-力耦合数学模型

实际生产中,补焊及热处理过程中热应力主要来源于三部分:① 局部焊接接头热不均匀导致的热应力;② 焊接铸件变形约束限制产生的热应力;③ 焊接材料与铸件材料性质不同导致变形不协调而产生的热应力。总之,补焊及热处理过程是一个热-力双向耦合的过程,其温度场和应力场是相互作用、相互影响的。目前,应力变形数值求解方法主要有热-力双向强耦合、单向弱耦合方法。

补焊及热处理过程的热-力双向耦合给数值计算带来了许多困难。铸件几何模型复杂,导致边界条件设置复杂,因此,在数值计算中需要多次迭代求解,计算时间长,计算量大,对于存在尖锐界面或曲面界面的仿真模型很可能出现计算不收敛的问题。

本节对补焊及热处理过程的热-力耦合过程进行简化,采用比较成熟的热-力单向耦合方法介绍热应力的计算方法。

　　铸造补焊过程中温度变化非常大,造成合金材料的性质差别也非常大,不同温度下的材料力学行为迥异,无法用已有的弹塑性力学和断裂力学等进行很好的描述。为了能够准确地计算铸造过程的热应力,力学模型是最重要的关键点之一。目前在学术界中得到比较广泛支持的观点是,铸造补焊熔池中的固液两相区(或称准固相区)采用流变学作为力学模型的基础,完全凝固之后的固相区中材料的力学模型可以用传统的热弹塑性模型较好地描述。

　　虽然流变学模型能够较为准确地描述固液两相区内材料的力学行为,但是由于流变学模型相对复杂,很多材料的流变性能参数难以获得,因此仍然有很多学者倾向于采用相对简单的热弹塑性模型或热弹性模型进行研究。在实际工程应力中,偏大的热应力数值可以看作是实际应力值乘以安全系数得到的结果,对于预防产品在实际使用中由于应力过大而出现破坏的问题有一些积极的作用。

第 4 节　热-应力场数学模型离散

1. 离散化过程

　　弹性体在加载后的势能 Π 如式(7-6)所示。

$$\Pi = \frac{1}{2}\int_{\Omega}\boldsymbol{\varepsilon\sigma}\,\mathrm{d}\Omega - \int_{\Omega}\boldsymbol{u}\cdot\boldsymbol{F}\,\mathrm{d}\Omega - \int_{\Gamma}\boldsymbol{u}\cdot\boldsymbol{T}\,\mathrm{d}\Gamma \tag{7-6}$$

其中等号右边第一项是应变能,第二项是体积力做的功,第三项是表面力做的功。

　　材料本构方程、几何方程和有限单元的插值函数分别可以表示为式(7-7)、式(7-8)和式(7-9)。

$$\boldsymbol{\sigma} = \boldsymbol{D\varepsilon} \tag{7-7}$$

$$\boldsymbol{\varepsilon} = \boldsymbol{Lu} \tag{7-8}$$

$$\boldsymbol{u} = \sum_{i}(N_i\boldsymbol{u}_i) = \boldsymbol{NU} \tag{7-9}$$

　　将式(7-7)~式(7-9)代入式(7-6),势能可以表示为位移 $\boldsymbol{u}$ 的函数。

$$\Pi(\boldsymbol{U}) = \sum_{e}\Pi(\boldsymbol{U}) = \frac{1}{2}\int_{\Omega^e}\boldsymbol{U}^{\mathrm{T}}\boldsymbol{N}^{\mathrm{T}}\boldsymbol{L}^{\mathrm{T}}\boldsymbol{DLNU}\,\mathrm{d}\Omega - \int_{\Omega^e}\boldsymbol{U}^{\mathrm{T}}\boldsymbol{N}^{\mathrm{T}}\cdot\boldsymbol{F}\,\mathrm{d}\Omega - \int_{\Gamma^e}\boldsymbol{U}^{\mathrm{T}}\boldsymbol{N}^{\mathrm{T}}\cdot\boldsymbol{T}\,\mathrm{d}\Gamma$$

$$= \frac{1}{2}\boldsymbol{U}^{\mathrm{T}}\boldsymbol{KU} - \boldsymbol{U}^{\mathrm{T}}\boldsymbol{P} \tag{7-10}$$

式中:$\boldsymbol{K}$ 和 $\boldsymbol{P}$ 分别称为刚度矩阵和载荷向量,计算公式分别如式(7-11)和式(7-12)所示。

$$\boldsymbol{K} = \sum_{e}\int_{\Omega^e}\boldsymbol{N}^{\mathrm{T}}\boldsymbol{L}^{\mathrm{T}}\boldsymbol{DLN}\,\mathrm{d}\Omega = \sum_{e}\int_{\Omega^e}\boldsymbol{B}^{\mathrm{T}}\boldsymbol{DB}\,\mathrm{d}\Omega \tag{7-11}$$

$$\boldsymbol{P} = \sum_{e}\left(\int_{\Omega^e}\boldsymbol{U}^{\mathrm{T}}\boldsymbol{N}^{\mathrm{T}}\cdot\boldsymbol{F}\,\mathrm{d}\Omega + \int_{\Gamma^e}\boldsymbol{U}^{\mathrm{T}}\boldsymbol{N}^{\mathrm{T}}\cdot\boldsymbol{T}\,\mathrm{d}\Gamma\right) \tag{7-12}$$

　　这里,由于位移 $\boldsymbol{u}$ 本身是关于坐标(x,y,z)的函数,所以 Π 称为 $\boldsymbol{u}$ 的泛函,即函数的函数。从 Π 的形式看,可知 Π 是 $\boldsymbol{u}$ 的二次函数,图形是开口向上的抛物线,有极小值。

　　由物理学可知,当物体达到力平衡时一定会使总能量最小。根据最小势能原理可知泛函

的变分应为 0,即

$$\delta \Pi(U) = \delta U^{\mathrm{T}} K U - \delta U^{\mathrm{T}} P = 0 \tag{7-13}$$

$$KU = P \tag{7-14}$$

为了求解式(7-14),需要对单元平衡方程进行组装。

2. 单元平衡方程的组装及约束处理

单元平衡方程的组装是由单元刚度矩阵 K_e 得到整体刚度矩阵 K 的过程。由式(7-11)可知:

$$K_e = \int_{\Omega^e} N^{\mathrm{T}} L^{\mathrm{T}} D L N \mathrm{d}\Omega = \int_{\Omega^e} B^{\mathrm{T}} D B \mathrm{d}\Omega \tag{7-15}$$

对于三维笛卡儿坐标系,形函数 N 和几何算子 L 的计算公式分别如式(7-16)和式(7-17)所示。

$$L = \begin{bmatrix} \dfrac{\partial}{\partial x} & \cdots & \cdots & \dfrac{\partial}{\partial y} & \dfrac{\partial}{\partial x} & \cdots \\ \cdots & \dfrac{\partial}{\partial y} & \cdots & \cdots & \dfrac{\partial}{\partial z} & \dfrac{\partial}{\partial y} \\ \cdots & \cdots & \dfrac{\partial}{\partial z} & \dfrac{\partial}{\partial z} & \cdots & \dfrac{\partial}{\partial x} \end{bmatrix}^{\mathrm{T}} \tag{7-16}$$

$$N = \begin{bmatrix} N_0 & \cdots & \cdots & \cdots & N_k & \cdots & \cdots \\ \cdots & N_0 & \cdots & \cdots & \cdots & N_k & \cdots \\ \cdots & \cdots & N_0 & \cdots & \cdots & \cdots & N_k \end{bmatrix} \tag{7-17}$$

因此,得到本构方程 D 就可以实现刚度矩阵的组装。热弹塑性模型的本构方程的推导比较复杂,本书将在下一节对其详细讨论。

为使求解得到的位移 u 为唯一值,还需要对刚度矩阵进行约束处理使其可逆,基于赋 0 赋 1 法进行约束处理。假如存在关联约束方程:

$$u_j = a u_i + b \tag{7-18}$$

则对刚度矩阵:

$$\begin{bmatrix} k_{11} & k_{12} & \cdots & k_{1n} \\ k_{21} & k_{22} & \cdots & k_{2n} \\ \vdots & \vdots & & \vdots \\ k_{n1} & k_{n2} & \cdots & k_{nn} \end{bmatrix} \begin{bmatrix} u_1 \\ u_2 \\ \vdots \\ u_n \end{bmatrix} = \begin{bmatrix} p_1 \\ p_2 \\ \vdots \\ p_n \end{bmatrix} \tag{7-19}$$

对系数矩阵做一次列初等变换,可得

$$\begin{bmatrix} k_{11} & k_{12} & \cdots & k_{1i}+ak_{1j} & \cdots & 0 & \cdots & k_{1n} \\ k_{21} & k_{22} & \cdots & k_{2i}+ak_{2j} & \cdots & 0 & \cdots & k_{2n} \\ \vdots & \vdots & & \vdots & & \vdots & & \vdots \\ k_{i1} & k_{i2} & \cdots & k_{ii}+ak_{ij} & \cdots & 0 & \cdots & k_{in} \\ \vdots & \vdots & & \vdots & & \vdots & & \vdots \\ k_{j1} & k_{j2} & \cdots & k_{ji}+ak_{jj} & \cdots & 0 & \cdots & k_{jn} \\ \vdots & \vdots & \vdots & \vdots & & \vdots & & \vdots \\ k_{n1} & k_{n2} & \cdots & k_{2i}+ak_{2j} & \cdots & 0 & \cdots & k_{nn} \end{bmatrix} \begin{bmatrix} u_1 \\ u_2 \\ \vdots \\ u_i \\ \vdots \\ u_j \\ \vdots \\ u_n \end{bmatrix} = \begin{bmatrix} p_1-bk_{1j} \\ p_2-bk_{2j} \\ \vdots \\ p_i-bk_{ij} \\ \vdots \\ p_j-bk_{jj} \\ \vdots \\ p_n-bk_{nj} \end{bmatrix} \tag{7-20}$$

为了保证系数矩阵的对称性,再做一次行初等变换,可得式(7-21)。

为了保持系数矩阵的阶数,将第 j 行的所有元素赋 0,在其对角线位置元素赋 1,即实现了约束的处理过程,如式(7-22)所示。

$$
\begin{bmatrix}
k_{11} & k_{12} & \cdots & k_{1i}+ak_{1j} & \cdots & 0 & \cdots & k_{1n} \\
k_{21} & k_{22} & \cdots & k_{2i}+ak_{2j} & \cdots & 0 & \cdots & k_{2n} \\
\vdots & \vdots & & \vdots & & \vdots & & \vdots \\
k_{i1}+ak_{j1} & k_{i2}+ak_{j2} & \cdots & k_{ii}+ak_{ij}+a(k_{ji}+ak_{jj}) & \cdots & 0 & \cdots & k_{in}+ak_{jn} \\
\vdots & \vdots & & \vdots & & \vdots & & \vdots \\
k_{j1} & k_{j2} & \cdots & k_{ji}+ak_{jj} & \cdots & 0 & \cdots & k_{jn} \\
\vdots & \vdots & & \vdots & & \vdots & & \vdots \\
k_{n1} & k_{n2} & \cdots & k_{2i}+ak_{2j} & \cdots & 0 & \cdots & k_{nn}
\end{bmatrix}
\begin{bmatrix}
u_1 \\ u_2 \\ \vdots \\ u_i \\ \vdots \\ u_j \\ \vdots \\ u_n
\end{bmatrix}
$$

$$
=
\begin{bmatrix}
p_1-bk_{1j} \\
p_2-bk_{2j} \\
\vdots \\
p_i-bk_{ij}+a(p_j-bk_{jj}) \\
\vdots \\
p_j-bk_{jj} \\
\vdots \\
p_n-bk_{nj}
\end{bmatrix}
\tag{7-21}
$$

$$
\begin{bmatrix}
k_{11} & k_{12} & \cdots & k_{1i}+ak_{1j} & \cdots & 0 & \cdots & k_{1n} \\
k_{21} & k_{22} & \cdots & k_{2i}+ak_{2j} & \cdots & 0 & \cdots & k_{2n} \\
\vdots & \vdots & & \vdots & & \vdots & & \vdots \\
k_{i1}+ak_{j1} & k_{i2}+ak_{j2} & \cdots & k_{ii}+ak_{ij}+a(k_{ji}+ak_{jj}) & \cdots & 0 & \cdots & k_{in}+ak_{jn} \\
\vdots & \vdots & & \vdots & & \vdots & & \vdots \\
0 & 0 & \cdots & 0 & \cdots & 1 & \cdots & 0 \\
\vdots & \vdots & & \vdots & & \vdots & & \vdots \\
k_{n1} & k_{n2} & \cdots & k_{2i}+ak_{2j} & \cdots & 0 & \cdots & k_{nn}
\end{bmatrix}
$$

$$
\begin{bmatrix}
u_1 \\ u_2 \\ \vdots \\ u_i \\ \vdots \\ u_j \\ \vdots \\ u_n
\end{bmatrix}
=
\begin{bmatrix}
p_1-bk_{1j} \\
p_2-bk_{2j} \\
\vdots \\
p_i-bk_{ij}+a(p_j-bk_{jj}) \\
\vdots \\
0 \\
\vdots \\
p_n-bk_{nj}
\end{bmatrix}
\tag{7-22}
$$

在约束处理后只要求解式(7-14)即可得到位移场 U,然后根据本构方程式(7-7)和几何方程式(7-8)即可求解得到应力场 σ。可以采用改进的 PCG(预条件共轭梯度)算法进行方程组的求解,因方程组的求解不是本书论述的重点,故不展开讨论。

3. 本构方程的离散

本构方程的离散是解决弹塑性问题的重点和难点,本节分别从弹性区域和塑性区域对本构方程进行离散。

1) 弹性区域

在弹性区域,总的应变增量如式(7-23)所示:

$$d\{\varepsilon\} = d\{\varepsilon\}^e + d\{\varepsilon\}^T \tag{7-23}$$

根据各向同性假设,应力与弹性应变之间的关系可以用广义胡克定律描述,如式(7-24):

$$\{\sigma\} = [D]_e\{\varepsilon\}^e \tag{7-24}$$

式中

$$[D]_e = \frac{E}{(1+\upsilon)(1-2\upsilon)}
\begin{bmatrix}
1-\upsilon & \upsilon & \upsilon & \cdots & \cdots & \cdots \\
\upsilon & 1-\upsilon & \upsilon & \cdots & \cdots & \cdots \\
\upsilon & \upsilon & 1-\upsilon & \cdots & \cdots & \cdots \\
\cdots & \cdots & \cdots & 0.5(1-2\upsilon) & \cdots & \cdots \\
\cdots & \cdots & \cdots & \cdots & 0.5(1-2\upsilon) & \cdots \\
\cdots & \cdots & \cdots & \cdots & \cdots & 0.5(1-2\upsilon)
\end{bmatrix} \tag{7-25}$$

式(7-24)也可写为

$$\{\varepsilon\}^e = [D]_e^{-1}\{\sigma\} \tag{7-26}$$

式中

$$[D]_e^{-1} = \frac{1}{E}
\begin{bmatrix}
1 & -\upsilon & -\upsilon & & & \\
-\upsilon & 1 & -\upsilon & & & \\
-\upsilon & -\upsilon & 1 & & & \\
& & & 2(1+\upsilon) & & \\
& & & & 2(1+\upsilon) & \\
& & & & & 2(1+\upsilon)
\end{bmatrix} \tag{7-27}$$

对式(7-26)进行微分,如式(7-28)所示:

$$d\{\varepsilon\}^e = [D]_e^{-1}d\{\sigma\} + \frac{\partial[D]_e^{-1}}{\partial T}\{\sigma\} \tag{7-28}$$

式中

$$d\{\varepsilon\}^T = \{\alpha\}dT \tag{7-29}$$

由式(7-23)、式(7-28)、式(7-29)得

$$d\{\varepsilon\} = [D]_e^{-1}d\{\sigma\} + \frac{\partial[D]_e^{-1}}{\partial T}\{\sigma\} + \{\alpha\}dT \tag{7-30}$$

或者

$$d\{\sigma\} = [D]_e\left(d\{\varepsilon\} - \frac{\partial[D]_e^{-1}}{\partial T}\{\sigma\} - \{\alpha\}dT\right) \tag{7-31}$$

2) 塑性区域

在塑性区域,由等效应力的定义:

$$\bar{\sigma} = \sqrt{\frac{(\sigma_x - \sigma_y)^2 + (\sigma_y - \sigma_z)^2 + (\sigma_z - \sigma_x)^2}{2} + 3(\tau_{xy}^2 + \tau_{yz}^2 + \tau_{zx}^2)} \quad (7\text{-}32)$$

可得

$$\begin{cases} \dfrac{\partial \bar{\sigma}}{\partial \sigma_x} = \dfrac{3}{2}\dfrac{S_x}{\bar{\sigma}}, \ \dfrac{\partial \bar{\sigma}}{\partial \sigma_y} = \dfrac{3}{2}\dfrac{S_y}{\bar{\sigma}}, \ \dfrac{\partial \bar{\sigma}}{\partial \sigma_z} = \dfrac{3}{2}\dfrac{S_z}{\bar{\sigma}} \\[3mm] \dfrac{\partial \bar{\sigma}}{\partial \tau_{xy}} = 3\dfrac{\tau_{xy}}{\bar{\sigma}}, \ \dfrac{\partial \bar{\sigma}}{\partial \tau_{yz}} = 3\dfrac{\tau_{yz}}{\bar{\sigma}}, \ \dfrac{\partial \bar{\sigma}}{\partial \tau_{zx}} = 3\dfrac{\tau_{zx}}{\bar{\sigma}} \end{cases} \quad (7\text{-}33)$$

基于普朗特-罗伊斯(Prandtl-Reuss)理论,塑性应变增量与应力之间的关系可以描述为

$$\mathrm{d}\varepsilon_{ij}^p = \frac{3}{2}\frac{\mathrm{d}\bar{\varepsilon}^p}{\bar{\sigma}}S_{ij} \quad (7\text{-}34)$$

等效塑性应变的增量为

$$\mathrm{d}\bar{\varepsilon}^p = \frac{\sqrt{2}}{3}\sqrt{(\mathrm{d}\varepsilon_x^p - \mathrm{d}\varepsilon_y^p)^2 + (\mathrm{d}\varepsilon_y^p - \mathrm{d}\varepsilon_z^p)^2 + (\mathrm{d}\varepsilon_z^p - \mathrm{d}\varepsilon_x^p)^2 + \frac{3}{2}(\gamma_{xy}^2 + \gamma_{yz}^2 + \gamma_{zx}^2)} \quad (7\text{-}35)$$

由式(7-34)、式(7-35)得

$$\begin{cases} \mathrm{d}\varepsilon_x^p = \dfrac{\partial \bar{\sigma}}{\partial \sigma_x}\mathrm{d}\bar{\varepsilon}^p, \ \mathrm{d}\varepsilon_y^p = \dfrac{\partial \bar{\sigma}}{\partial \sigma_y}\mathrm{d}\bar{\varepsilon}^p, \ \mathrm{d}\varepsilon_z^p = \dfrac{\partial \bar{\sigma}}{\partial \sigma_z}\mathrm{d}\bar{\varepsilon}^p \\[3mm] \mathrm{d}\gamma_{xy}^p = \dfrac{\partial \bar{\sigma}}{\partial \tau_{xy}}\mathrm{d}\bar{\varepsilon}^p, \ \mathrm{d}\gamma_{yz}^p = \dfrac{\partial \bar{\sigma}}{\partial \tau_{yz}}\mathrm{d}\bar{\varepsilon}^p, \ \mathrm{d}\gamma_{zx}^p = \dfrac{\partial \bar{\sigma}}{\partial \tau_{zx}}\mathrm{d}\bar{\varepsilon}^p \end{cases} \quad (7\text{-}36)$$

式中

$$\gamma_{ij} = \frac{\partial u_i}{\partial x_j} + \frac{\partial u_j}{\partial x_i}, \quad i \neq j \quad (7\text{-}37)$$

式(7-36)可以描述为

$$\mathrm{d}\{\varepsilon\}^p = \frac{\partial \bar{\sigma}}{\partial \{\sigma\}}\mathrm{d}\bar{\varepsilon}^p \quad (7\text{-}38)$$

又 $\partial \bar{\sigma} = \dfrac{\partial \bar{\sigma}}{\partial \sigma_{ij}}\mathrm{d}\sigma_{ij}$ 可以描述为

$$\partial \bar{\sigma} = \left(\frac{\partial \bar{\sigma}}{\partial \{\sigma\}}\right)^{\mathrm{T}}\mathrm{d}\{\sigma\} \quad (7\text{-}39)$$

根据各向同性硬化假设,硬化指数的定义为

$$H' = \frac{\mathrm{d}\bar{\sigma}}{\mathrm{d}\bar{\varepsilon}^p} \quad (7\text{-}40)$$

将式(7-39)代入(7-40)得

$$\left(\frac{\partial \bar{\sigma}}{\partial \{\sigma\}}\right)^{\mathrm{T}}\mathrm{d}\{\sigma\} = H'\mathrm{d}\bar{\varepsilon}^p \quad (7\text{-}41)$$

在塑性阶段,总的塑性应变增量可以描述为

$$\mathrm{d}\{\varepsilon\} = \mathrm{d}\{\varepsilon\}^e + \mathrm{d}\{\varepsilon\}^p + \mathrm{d}\{\varepsilon\}^T \quad (7\text{-}42)$$

由式(7-39)、式(7-40)、式(7-42)得

$$H'\mathrm{d}\bar{\varepsilon}^p = \left(\frac{\partial \bar{\sigma}}{\partial \{\sigma\}}\right)^{\mathrm{T}}[D]_e(\mathrm{d}\{\varepsilon\} - \mathrm{d}\{\varepsilon\}^{T'} - \mathrm{d}\{\varepsilon\}^p - \mathrm{d}\{\varepsilon\}^T) \quad (7\text{-}43)$$

式中

$$\mathrm{d}\{\varepsilon\}^{T'} = \frac{\partial [D]_e^{-1}}{\partial T}\{\sigma\} \quad (7\text{-}44)$$

由式(7-38)、式(7-43)得

$$H'\mathrm{d}\bar{\varepsilon}^p = \left(\frac{\partial\bar{\sigma}}{\partial\{\sigma\}}\right)^{\mathrm{T}}[D]_e\mathrm{d}\{\varepsilon\} - \left(\frac{\partial\bar{\sigma}}{\partial\{\sigma\}}\right)^{\mathrm{T}}[D]_e\frac{\partial\bar{\sigma}}{\partial\{\sigma\}}\mathrm{d}\bar{\varepsilon}^p - \left(\frac{\partial\bar{\sigma}}{\partial\{\sigma\}}\right)^{\mathrm{T}}[D]_e(\mathrm{d}\{\varepsilon\}^{T'} + \mathrm{d}\{\varepsilon\}^{\mathrm{T}})$$

$$(7\text{-}45)$$

整理得

$$\mathrm{d}\bar{\varepsilon}^p = \frac{\left(\frac{\partial\bar{\sigma}}{\partial\{\sigma\}}\right)^{\mathrm{T}}[D]_e\mathrm{d}\{\varepsilon\} - \left(\frac{\partial\bar{\sigma}}{\partial\{\sigma\}}\right)^{\mathrm{T}}[D]_e(\mathrm{d}\{\varepsilon\}^{T'} + \mathrm{d}\{\varepsilon\}^{\mathrm{T}})}{H' + \left(\frac{\partial\bar{\sigma}}{\partial\{\sigma\}}\right)^{\mathrm{T}}[D]_e\frac{\partial\bar{\sigma}}{\partial\{\sigma\}}}$$

$$(7\text{-}46)$$

由式(7-38)、式(7-46)得

$$\mathrm{d}\{\varepsilon\}^p = \frac{\frac{\partial\bar{\sigma}}{\partial\{\sigma\}}\left(\frac{\partial\bar{\sigma}}{\partial\{\sigma\}}\right)^{\mathrm{T}}[D]_e\mathrm{d}\{\varepsilon\} - \frac{\partial\bar{\sigma}}{\partial\{\sigma\}}\left(\frac{\partial\bar{\sigma}}{\partial\{\sigma\}}\right)^{\mathrm{T}}[D]_e(\mathrm{d}\{\varepsilon\}^{T'} + \mathrm{d}\{\varepsilon\}^{\mathrm{T}})}{H' + \left(\frac{\partial\bar{\sigma}}{\partial\{\sigma\}}\right)^{\mathrm{T}}[D]_e\frac{\partial\bar{\sigma}}{\partial\{\sigma\}}}$$

$$(7\text{-}47)$$

由式(7-31)、式(7-42)、式(7-47)得

$$\mathrm{d}\{\sigma\} = [D]_e(\mathrm{d}\{\varepsilon\} - \mathrm{d}\{\varepsilon\}^{T'} - \mathrm{d}\{\varepsilon\}^{\mathrm{T}}) - \frac{[D]_e\frac{\partial\bar{\sigma}}{\partial\{\sigma\}}\left(\frac{\partial\bar{\sigma}}{\partial\{\sigma\}}\right)^{\mathrm{T}}[D]_e(\mathrm{d}\{\varepsilon\} - \mathrm{d}\{\varepsilon\}^{T'} - \mathrm{d}\{\varepsilon\}^{\mathrm{T}})}{H' + \left(\frac{\partial\bar{\sigma}}{\partial\{\sigma\}}\right)^{\mathrm{T}}[D]_e\frac{\partial\bar{\sigma}}{\partial\{\sigma\}}}$$

$$(7\text{-}48)$$

整理得

$$\mathrm{d}\{\sigma\} = \left[[D]_e - \frac{[D]_e\frac{\partial\bar{\sigma}}{\partial\{\sigma\}}\left(\frac{\partial\bar{\sigma}}{\partial\{\sigma\}}\right)^{\mathrm{T}}[D]_e}{H' + \left(\frac{\partial\bar{\sigma}}{\partial\{\sigma\}}\right)^{\mathrm{T}}[D]_e\frac{\partial\bar{\sigma}}{\partial\{\sigma\}}}\right](\mathrm{d}\{\varepsilon\} - \mathrm{d}\{\varepsilon\}^{T'} - \mathrm{d}\{\varepsilon\}^{\mathrm{T}}) \qquad (7\text{-}49)$$

式(7-33)可以描述为

$$\frac{\partial\bar{\sigma}}{\partial\{\sigma\}} = \left[\frac{3}{2}\frac{S_x}{\bar{\sigma}} \quad \frac{3}{2}\frac{S_y}{\bar{\sigma}} \quad \frac{3}{2}\frac{S_z}{\bar{\sigma}} \quad 3\frac{\tau_{xy}}{\bar{\sigma}} \quad 3\frac{\tau_{yz}}{\bar{\sigma}} \quad 3\frac{\tau_{zx}}{\bar{\sigma}}\right]^{\mathrm{T}} \qquad (7\text{-}50)$$

则

$$[D]_e\frac{\partial\bar{\sigma}}{\partial\{\sigma\}} = \frac{3}{2}\frac{[D]_e}{\bar{\sigma}}[S_x \quad S_y \quad S_z \quad 2\tau_{xy} \quad 2\tau_{yz} \quad 2\tau_{zx}]^{\mathrm{T}} \qquad (7\text{-}51)$$

由式(7-34)、式(7-51)得

$$[D]_e\frac{\partial\bar{\sigma}}{\partial\{\sigma\}} = \frac{3G}{\bar{\sigma}}[S_x \quad S_y \quad S_z \quad \tau_{xy} \quad \tau_{yz} \quad \tau_{zx}]^{\mathrm{T}} \qquad (7\text{-}52)$$

由式(7-50)、式(7-52)得

$$\left(\frac{\partial\bar{\sigma}}{\partial\{\sigma\}}\right)^{\mathrm{T}}[D]_e\frac{\partial\bar{\sigma}}{\partial\{\sigma\}} = 3G \qquad (7\text{-}53)$$

令

$$[D]_p = \frac{[D]_e\frac{\partial\bar{\sigma}}{\partial\{\sigma\}}\left(\frac{\partial\bar{\sigma}}{\partial\{\sigma\}}\right)^{\mathrm{T}}[D]_e}{H' + 3G} \qquad (7\text{-}54)$$

则式(7-49)可以简化为

$$\mathrm{d}\{\sigma\} = ([D]_e - [D]_p)\mathrm{d}\{\varepsilon\} - ([D]_e - [D]_p)(\mathrm{d}\{\varepsilon\}^{T'} + \mathrm{d}\{\varepsilon\}^{\mathrm{T}}) \qquad (7\text{-}55)$$

由式(7-29)、式(7-44)得

$$\mathrm{d}\{\sigma\} = ([D]_\mathrm{e} - [D]_\mathrm{p})\mathrm{d}\{\varepsilon\} - ([D]_\mathrm{e} - [D]_\mathrm{p})\left(\frac{\partial [D]_\mathrm{e}^{-1}}{\partial T}\{\sigma\} + \{\alpha\}\mathrm{d}T\right) \tag{7-56}$$

由式(7-53)、式(7-56)得$[D]_\mathrm{p}$展开为

$$[D]_\mathrm{p} = \frac{9G^2}{(H'+3G)\bar{\sigma}^2}\begin{bmatrix} S_x^2 & S_xS_y & S_xS_z & S_x\tau_{xy} & S_x\tau_{yz} & S_x\tau_{zx} \\ S_yS_x & S_y^2 & S_yS_z & S_y\tau_{xy} & S_y\tau_{yz} & S_y\tau_{zx} \\ S_zS_x & S_zS_y & S_z^2 & S_z\tau_{xy} & S_z\tau_{yz} & S_z\tau_{zx} \\ \tau_{xy}S_x & \tau_{xy}S_y & \tau_{xy}S_z & \tau_{xy}^2 & \tau_{xy}\tau_{yz} & \tau_{xy}\tau_{zx} \\ \tau_{yz}S_x & \tau_{yz}S_y & \tau_{yz}S_z & \tau_{yz}\tau_{xy} & \tau_{yz}^2 & \tau_{yz}\tau_{zx} \\ \tau_{zx}S_x & \tau_{zx}S_y & \tau_{zx}S_z & \tau_{zx}\tau_{xy} & \tau_{zx}\tau_{yz} & \tau_{zx}^2 \end{bmatrix} \tag{7-57}$$

根据刚度矩阵定义有:

$$K = \sum_e \int_{\Omega^e} N^\mathrm{T}L^\mathrm{T}(D_\mathrm{e} - D_\mathrm{p})LN\mathrm{d}\Omega \tag{7-58}$$

与塑性相关的分量为

$$K_\mathrm{p} = \sum_e \int_{\Omega^e} N^\mathrm{T}L^\mathrm{T}D_\mathrm{p}LN\mathrm{d}\Omega \tag{7-59}$$

令$c_1 = \dfrac{9G^2}{(H'+3G)\bar{\sigma}^2}$,则

$$K_\mathrm{p} = \sum_e \int_{\Omega^e} c_1 N^\mathrm{T}L^\mathrm{T}SS^\mathrm{T}LN\mathrm{d}\Omega \tag{7-60}$$

对形函数分块得

$$\boldsymbol{N} = \begin{bmatrix} N_0 & N_1 & \cdots & N_k \end{bmatrix} \tag{7-61}$$

$$\boldsymbol{S}^\mathrm{T}\boldsymbol{LN} = \begin{bmatrix} \boldsymbol{S}^\mathrm{T}LN_0 & \boldsymbol{S}^\mathrm{T}LN_1 & \cdots & \boldsymbol{S}^\mathrm{T}LN_k \end{bmatrix} \tag{7-62}$$

由式(7-60)、式(7-62)得

$$K_\mathrm{p}^{ij} = \sum_e \int_{\Omega^e} c_1 (\boldsymbol{S}^\mathrm{T}LN_i)^\mathrm{T}\boldsymbol{S}^\mathrm{T}LN_j\mathrm{d}\Omega \tag{7-63}$$

$$\boldsymbol{S}^\mathrm{T}\boldsymbol{LN}_i = \begin{bmatrix} (S_x + \tau_{yz})\dfrac{\partial N_i}{\partial x} + \tau_{xy}\dfrac{\partial N_i}{\partial y} & (S_y + \tau_{zx})\dfrac{\partial N_i}{\partial y} + \tau_{yz}\dfrac{\partial N_i}{\partial z} & (S_z + \tau_{xy})\dfrac{\partial N_i}{\partial z} + \tau_{zx}\dfrac{\partial N_i}{\partial x} \end{bmatrix} \tag{7-64}$$

令

$$C_1 = \begin{bmatrix} (S_x + \tau_{yz}) & \tau_{xy} & \cdots \\ \cdots & (S_y + \tau_{zx}) & \tau_{yz} \\ \tau_{zx} & \cdots & (S_z + \tau_{xy}) \end{bmatrix} \tag{7-65}$$

$$C_2 = (\boldsymbol{S}^\mathrm{T}LN_i)^\mathrm{T}\boldsymbol{S}^\mathrm{T}LN_j \tag{7-66}$$

那么

$$\begin{aligned} C_2^{km} &= \left(C_1^{k1}\frac{\partial N_i}{\partial x} + C_1^{k2}\frac{\partial N_i}{\partial y} + C_1^{k3}\frac{\partial N_i}{\partial z}\right)\left(C_1^{m1}\frac{\partial N_j}{\partial x} + C_1^{m2}\frac{\partial N_j}{\partial y} + C_1^{m3}\frac{\partial N_j}{\partial z}\right) \\ &= \sum_{n,l} C_1^{kn}C_1^{ml}\frac{\partial N_i}{\partial x_n}\frac{\partial N_j}{\partial x_l} \end{aligned} \tag{7-67}$$

4. 热载荷的离散

在本书论述中,温度场与应力场的耦合是通过热载荷实现的。

对于塑性阶段,热载荷组装的定义如下(弹性阶段则 $D_p = 0$):

$$P = \sum_e \int_{\Omega^e} \mathbf{N}^T \mathbf{L}^T (D_e - D_p) \varepsilon_0 \, \mathrm{d}\Omega \qquad (7\text{-}68)$$

对应的塑性分量为:

$$P_p = \sum_e \int_{\Omega^e} \mathbf{N}^T \mathbf{L}^T D_p \varepsilon_0 \, \mathrm{d}\Omega \qquad (7\text{-}69)$$

$$P_p = \sum_e \int_{\Omega^e} c_1 \mathbf{N}^T \mathbf{L}^T \mathbf{SS}^T \varepsilon_0 \, \mathrm{d}\Omega \qquad (7\text{-}70)$$

因为对应于不同结点的 ε_0 及 D_p 均不同,对 $\mathbf{SS}^T \varepsilon_0$ 进行插值得

$$P_p = \sum_i \sum_e \int_{\Omega^e} c_1 \mathbf{N}^T \mathbf{L}^T N_i [\mathbf{SS}^T \varepsilon_0]_i \, \mathrm{d}\Omega \qquad (7\text{-}71)$$

对形函数分块得

$$\mathbf{N} = \begin{bmatrix} N_0 & N_1 & \cdots & N_k \end{bmatrix} \qquad (7\text{-}72)$$

则

$$P_p^j = \sum_i \sum_e \int_{\Omega^e} c_1 N_j^{\,T} \mathbf{L}^T N_i [\mathbf{SS}^T \varepsilon_0]_i \, \mathrm{d}\Omega \qquad (7\text{-}73)$$

$$P_p^j = \sum_i \sum_e \int_{\Omega^e} c_1 \begin{bmatrix} N_i \dfrac{\partial N_j}{\partial x} & \cdots & \cdots & N_i \dfrac{\partial N_j}{\partial y} & N_i \dfrac{\partial N_j}{\partial x} & \cdots \\[2mm] \cdots & N_i \dfrac{\partial N_j}{\partial y} & \cdots & \cdots & N_i \dfrac{\partial N_j}{\partial z} & N_i \dfrac{\partial N_j}{\partial y} \\[2mm] \cdots & \cdots & N_i \dfrac{\partial N_j}{\partial z} & N_i \dfrac{\partial N_j}{\partial z} & \cdots & N_i \dfrac{\partial N_j}{\partial x} \end{bmatrix} [\mathbf{SS}^T \varepsilon_0]_i \, \mathrm{d}\Omega$$

$$\qquad (7\text{-}74)$$

令 $C_3 = [\mathbf{SS}^T \varepsilon_0]_i$,则

$$P_p^j = \sum_i \sum_e \int_{\Omega^e} c_1 \begin{bmatrix} N_i \dfrac{\partial N_j}{\partial x} C_3^1 + N_i \dfrac{\partial N_j}{\partial y} C_3^4 + N_i \dfrac{\partial N_j}{\partial x} C_3^5 \\[2mm] N_i \dfrac{\partial N_j}{\partial y} C_3^2 + N_i \dfrac{\partial N_j}{\partial z} C_3^5 + N_i \dfrac{\partial N_j}{\partial y} C_3^6 \\[2mm] N_i \dfrac{\partial N_j}{\partial z} C_3^3 + N_i \dfrac{\partial N_j}{\partial z} C_3^4 + N_i \dfrac{\partial N_j}{\partial x} C_3^6 \end{bmatrix} \mathrm{d}\Omega \qquad (7\text{-}75)$$

第 5 节　应力场计算分析流程

应力场增量步求解流程图如图 7-1 所示。

基于增量模型进行热力耦合分析的流程如下:在所有的迭代步开始之前,首先对物体的三维模型进行前处理即网格剖分,得到用于计算温度场和应力场的有限元网格模型。在一个新的迭代步开始之前,首先根据上一个时间步得到的结点位移数据修正网格模型;然后根据上一个时间步的结果修正热物性参数和热边界条件,计算得到结点温度场;将计算得到的温度场作为热载荷,同时根据上一个时间步的结果修正力物性参数和力边界条件以计算应力场。若计算结果不收敛,则需要调整参数,重新计算温度场;若计算结果收敛,则该增量步结束,准备开始下一个增量步的计算。

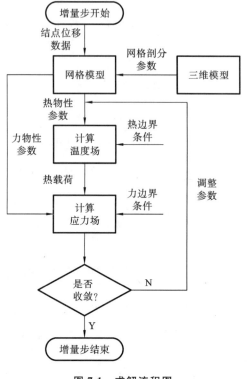

图 7-1　求解流程图

本 章 小 结

本章主要介绍了应力场数学模型与数值求解方法,重点介绍了如下内容:应力场数学模型、热-力耦合数学模型、热-应力场数学模型离散(包括离散化过程、单元平衡方程的组装及约束处理、本构方程的离散、热载荷的离散)以及应力场计算分析流程等。

本 章 习 题

1. 请简述国内外铸件补焊及热处理应力变形的现状。
2. 应力变形数值求解方法有哪些?它们的优缺点是什么?
3. 请简述应力场的计算分析流程。

第8章　应力场模拟实例

学习指导

学习目标

(1) 进一步通过实例来掌握材料成形应力场模拟的特点与难点；

(2) 进一步通过实例来掌握材料成形应力场模拟软件及其作用。

学习重点

(1) 应力场在不同应用场合的应用实例；

(2) 应力场模拟软件的主要作用。

学习难点

(1) 应力场在不同应用场合的应用实例；

(2) 如何正确理解应力场模拟软件的作用。

第1节　概　　述

在铸造成形数值模拟中，应力场数值模拟尚不及温度场、流动场模拟成熟，但是近些年已经在实际中得到一些应用，并取得了不错的效果。由于应力场数值模拟涉及铸造成形过程的凝固、热处理、补焊等多个过程，因此本章将从这几个方面介绍应力场数值模拟的应用案例。

第2节　铸造凝固应力场模拟应用实例

1. 应力框试件应力场模拟

典型试件的热应力模拟有利于理解铸件凝固过程的热应力形成、分布状况和影响因素，可以用来对所开发的应力场数值模拟集成系统进行校核。虽然各种应力框试样结构不同，还其产生铸造应力的过程和机理是完全一致的,在此以如图 8-1 所示的栅形应力框为例进行应力场模拟分析。

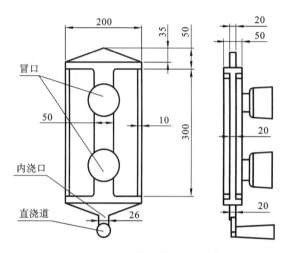

图 8-1 栅形应力框试件铸造工艺图(单位:mm)

应力分析时要对铸造工艺进行一定的简化,实践证明这样处理对主要部位的温度场、应力场影响不是很明显,还可以节省计算量。首先采用华铸 CAE 软件的温度场计算模块,计算凝固过程的温度场,然后计算应力应变场。

图 8-2 为浇注后不同时刻应力框试件的温度分布。由图可见,当冷却到 180 s 时,两细杆的温度低,粗杆的温度高,粗细杆温差比较大;当冷却到 1650 s 时,粗杆温度还是高于细杆,但二者温差变小。温度场模拟结果表明,在凝固初期,细杆的冷却速度快于粗杆,到了后期,情况相反,即中间粗杆的冷却速度快于细杆。

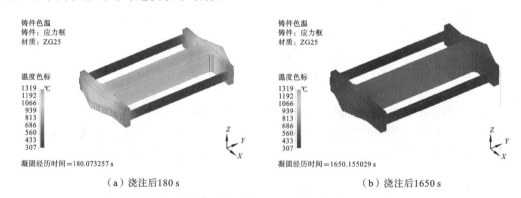

(a)浇注后180 s   (b)浇注后1650 s

图 8-2 凝固初期和后期两时刻应力框试件的温度分布

图 8-3 为不同时刻沿直杆方向即 Y 方向上的应力分布图。可以看出浇注后 180 s 时细杆受拉应力,粗杆受压应力;浇注后 1650 s 时细杆受压应力,粗杆受拉应力。模拟结果与公认栅形应力框应力变化规律符合,即在凝固初期,细杆受拉,粗杆受压;凝固后期,细杆转为受压,粗杆则转为受拉。

图 8-4 为浇注后 810 s 时的等效应力图,由图可见,在细杆与横梁交接的四个热节处等效

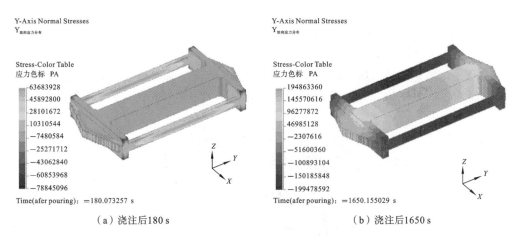

（a）浇注后180 s　　　　　　　　　　　（b）浇注后1650 s

图 8-3　*Y* 方向(平行于粗细杆)的应力分布

应力最大,很有可能在这些地方产生热裂。对应图 8-5 所示铸件实物图,可见模拟计算结果和实验结果相吻合。

图 8-4　浇注后 810 s 时的等效应力图

图 8-5　实际铸件及其裂纹部位

2. 减速箱箱体铸件应力场模拟

某厂生产的减速箱箱体铸件材质为 ZG25,三维几何模型如图 8-6 所示,省略浇冒口系统。图 8-7 是凝固 50 s 时箱体等效应变分布图,图 8-8 是凝固 490 s 时箱体等效应力分布图。从以

图 8-6　减速箱箱体铸件三维几何模型

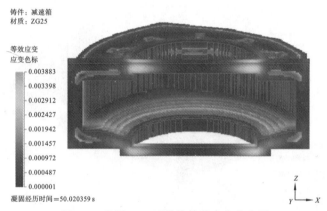

铸件:减速箱
材质:ZG25

等效应变
应变色标

0.003883
0.003398
0.002912
0.002427
0.001942
0.001457
0.000972
0.000487
0.000001

凝固经历时间=50.020359 s

图 8-7　凝固 50 s 时箱体等效应变分布图

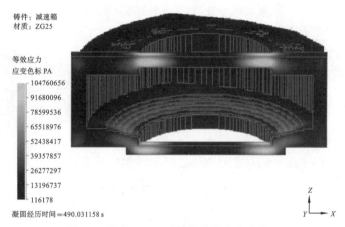

铸件:减速箱
材质:ZG25

等效应力
应变色标 PA

104760656
91680096
78599536
65518976
52438417
39357857
26277297
13196737
116178

凝固经历时间=490.031158 s

图 8-8　凝固 490 s 时箱体等效应力分布图

上两图可见,在细直杆和箱体连接处的等效应变与等效应力都比较大,可能出现热裂。图 8-9 为箱体实物图。应力场模拟结果表明,在细直杆与箱体连接处会产生热裂纹,与现实情况相符。

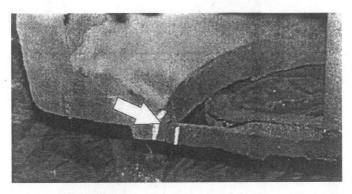

图 8-9　箱体实物图(箭头方向出现热裂缺陷)

3. 槽板铸件应力场模拟

某厂槽板铸件的几何模型如图 8-10 所示,铸件材质为 ZG30。

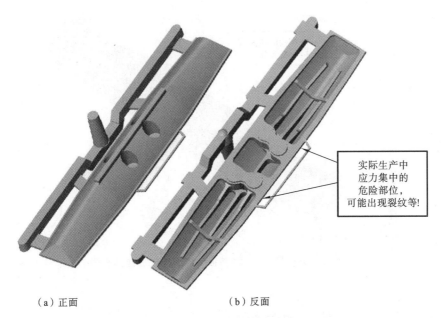

实际生产中应力集中的危险部位,可能出现裂纹等!

（a）正面　　　　　（b）反面

图 8-10　槽板铸件几何模型

图 8-11 是浇注后 30 s 时槽板铸件 Y 方向应变分布图,图 8-12 为浇注后 390 s 时槽板铸件等效应变分布图,图 8-13 为浇注后 360 s 时槽板铸件的等效应力分布图。从图 8-11 至图 8-13 可见,在图中所表明的热节处(参见图 8-10 几何模型),应变值和等效应力值最大,极有可能在这些部位存在较大残余应力和产生裂纹。这与现实情况相符。

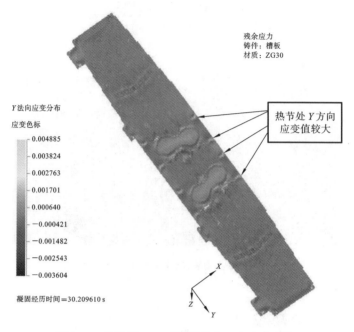

图 8-11　浇注后 30 s 时槽板铸件 Y 向应变分布

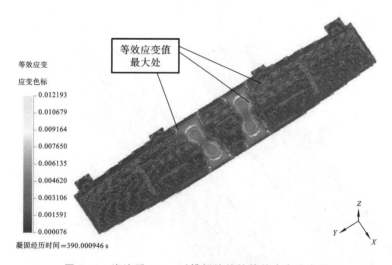

图 8-12　浇注后 390 s 时槽板铸件的等效应变分布图

4. 铝合金机壳试件应力场模拟

对某厂铝合金机壳铸件进行应力应变模拟,图 8-14 是凝固后期 X 方向的应力分布图,图 8-15 是等效应力分布图,图 8-16 是等效应变分布图。由图可见,壁厚相差最悬殊的部位的应力值最大,等效应变最大,在此部位最容易产生裂纹。这和图 8-17 所示的机壳铸件实物图中箭头所指的裂纹部位吻合。

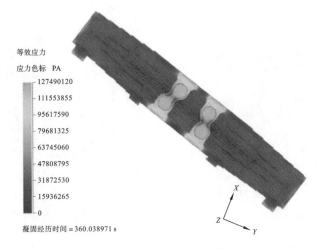

图 8-13 浇注后 360 s 时槽板铸件的等效应力分布图

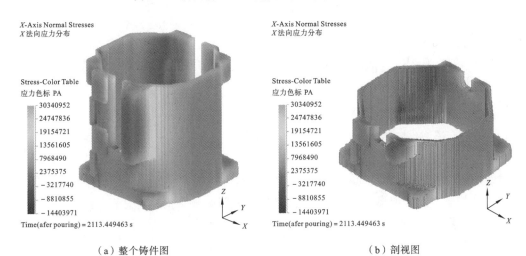

（a）整个铸件图 （b）剖视图

图 8-14 凝固后期 X 方向的应力分布图

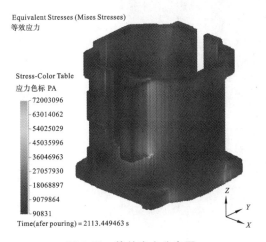

图 8-15 等效应力分布图

图 8-16 等效应变分布图

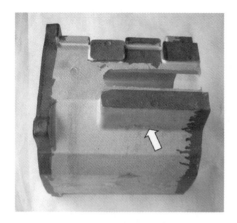

（a）外侧裂纹　　　　　　　　　　　　　　（b）内侧裂纹

图 8-17　机壳铸件实物图

第3节　固定端上摆热处理应力场模拟实例

1. 模拟参数的确定

固定端的材料为 ZG25CrMo 钢。对固定端进行有限元网格剖分,最大网格步长设为 20 mm,单元选择为一次四面体单元,得到其网格模型如图 8-18 所示,其中节点数为 24617,单元数为 104133,保证了壁厚最小处至少有 3 层网格。对固定端上摆进行水淬处理,相应的热处理工艺参数如表 8-1 所示。

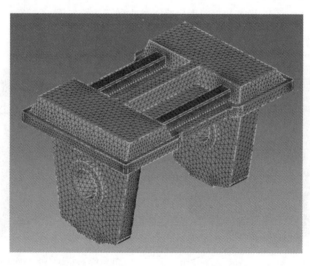

图 8-18　固定端上摆有限元网格模型

表 8-1　热处理工艺参数

工艺序号	热处理阶段		
	升温	保温	降温
1	120 ℃/h	870 ℃,5 h	水冷

2. 温度场模拟结果与分析

图 8-19 为升温 30 min 后,工件内部温度分布图。由图可知,升温 30 min 后工件内部最高温度为 282 ℃,最低温度为 105 ℃,最大温差为 177 ℃。

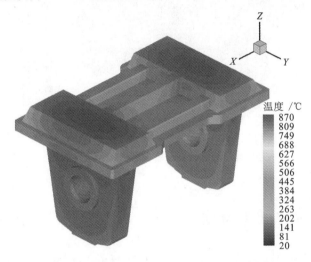

图 8-19　升温 30 min 后工件内部温度分布图

图 8-20 为保温结束时,工件内部温度分布图。由图可知,保温结束时,工件内部最低温度为 863 ℃,工件内部最大温差不超过 7 ℃,这说明采用的保温时间是足够的。

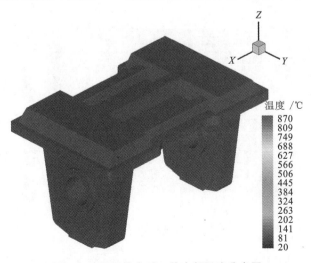

图 8-20　保温结束时工件内部温度分布图

图 8-21 为冷却 5 min 后,工件内部温度分布图。由图可知,冷却 5 min 后,工件内部最高温度达到 638 ℃,最低温度为 21 ℃,最大温差为 617 ℃。这表明:① 在水介质中,工件表面冷却极快,5 min 后,工件表面温度就已经接近室温;② 在冷却阶段,工件内部温度梯度极大,易引起较大的残余应力。

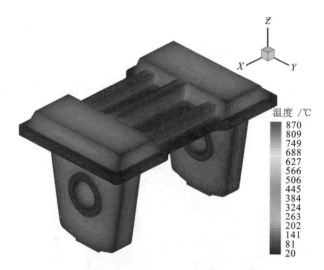

图 8-21　冷却 5 min 后工件内部温度分布图

3. 应力场模拟结果与分析

图 8-22 为沿 X 方向的残余应力(stress)分布图。由图可知,X 方向的峰值应力主要集中于支座平台的三根长杆处,达到材料的屈服强度。由于残余应力方向与长杆的方向一致,因此微裂纹扩展倾向较大。

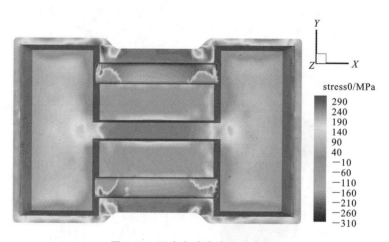

图 8-22　X 方向残余应力分布图

图 8-23 为沿 Y 方向的残余应力分布图。由图可知,沿 Y 方向的峰值应力比沿 X 方向的

小；峰值应力主要集中于轴孔的上下两侧和支座平台与上摆的接触位置。轴孔处的峰值应力的分布位置与 Y 方向垂直，微裂纹易扩展，而平台连接处的峰值应力与 Y 方向平行，微裂纹不易扩展，实际生产中应重点检测轴孔上下两端的工件质量指标。

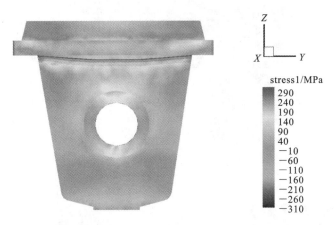

图 8-23　Y 方向残余应力分布图

图 8-24 为沿 Z 方向的残余应力分布图。由图可知，沿 Z 方向的残余应力与沿 X 方向的大小相当，达到材料的屈服强度。峰值应力主要集中于轴孔的左右两端和支座平台与上摆连接处，这些位置的残余应力分布均与 Z 方向垂直，微裂纹扩展倾向较大。

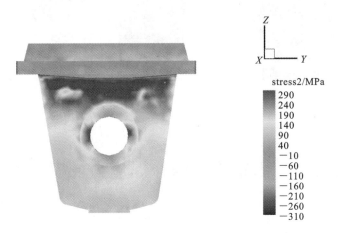

图 8-24　Z 方向残余应力分布图

4. 变形量模拟结果与分析

图 8-25 为固定端上摆的热处理变形（u）分布图。由图可知，最大热处理变形约为 1.5 mm。最大变形主要分布于支座平台长杆处，外围两杆发生较大的内凹变形。在进行工艺设计时，支座平台长杆处应该留较大的加工余量，甚至采用反变形方法保证其加工精度。图 8-26 为变形的预测结果与实际结果对比图，由图可知，两者较吻合。

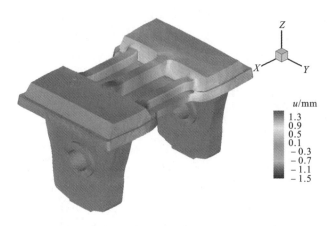

图 8-25　热处理变形分布图

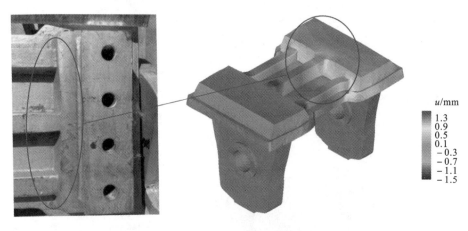

图 8-26　变形结果对比图

第 4 节　固定端上摆补焊应力场模拟实例

1. 模拟参数的确定

坡口尺寸为 8 mm×6 mm。焊接方法为熔化极惰性气体保护焊（MIG 焊），热源模型为高斯旋转体热源，根据经验和以往实验数据取热源半径为 3.0 mm，高度为 4.0 mm。填充材料为 ZG25CrMo 钢，与基体相同，焊接道数为 3 道，每道厚度均为 2 mm。焊接速度为 1.4 mm/s，热源功率为 1000 W。对三维模型进行网格剖分，为了提高焊缝区的模拟精度，对焊缝区进行网格加密，最后得到的有限元计算网格模型如图 8-27 所示。焊缝区网格步长约为 0.4 mm，其他区域网格步长约为 2.0 mm，计算网格节点数为 65045，单元数为 293689。瞬态温度场的计算时间步长取 0.5 s。

图 8-27　固定端上摆补焊网格模型

2. 温度场模拟分析与讨论

图 8-28 和图 8-29 分别为中杆和侧杆第一道补焊 15 s 时的温度分布图。由图可知,中杆的峰值温度远高于侧杆的峰值温度。中杆的峰值温度为 3334 ℃,而侧杆的峰值温度仅为 2667 ℃,两者相差 667 ℃。因为焊接工艺参数和热源参数设置均相同,所以两者的温度差异主要是由两个位置的散热差异决定的。中杆厚度大,且补焊位置与板底面和侧面的距离远,所以散热条件较差,而侧杆厚度小,且补焊位置与板底面和侧面的距离近,故散热条件好。可以预见中杆补焊的残余应力数值将比侧杆的要大,因此若中杆位置出现裂纹,补焊出现二次裂纹的概率将高于侧杆,进行工艺设计时应重点考虑。除了峰值温度,两图温度场等值线的分布趋势基本相同,这表明温度场等值线的分布主要由热源特性、焊接速度和工件表面特性决定,受散热条件的影响不大。

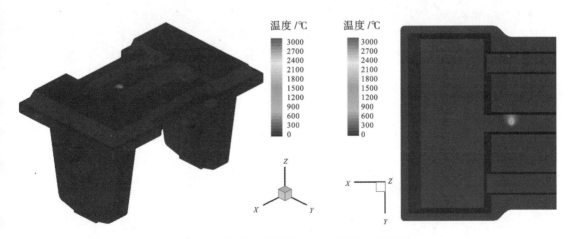

图 8-28　中杆第一道补焊 15 s 时的温度分布图

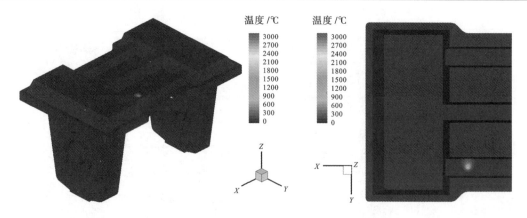

图 8-29　侧杆第一道补焊 15 s 时的温度分布图

3. 应力场模拟分析与讨论

图 8-30 和图 8-31 分别为中杆和侧杆补焊后纵向残余应力分布,对比结果表明:中杆和侧杆的纵向残余应力分布模式基本相同,残余压应力主要包围着焊缝分布,而焊缝中心及近缝位置均表现为拉应力,且中心的拉应力很小,两侧的拉应力较大。焊缝纵向残余应力的分布主要由热源特性决定,与散热条件和约束条件关系不大,模拟结果进一步证明了该结论的正确性。中杆和侧杆的纵向残余拉应力峰值分别为 353 MPa 和 276 MPa,残余压应力峰值分别为 -257 MPa 和 -198 MPa,这表明中杆补焊后纵向残余应力要比侧杆大得多,与温度场的模拟分析结果相吻合,由此可知较高的内部温度往往会形成较大的残余应力。

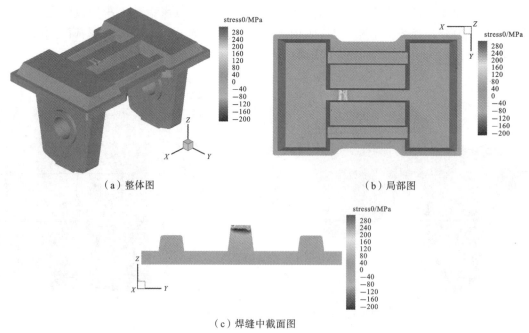

（a）整体图　　　　　　　　　　　　　　　（b）局部图

（c）焊缝中截面图

图 8-30　中杆补焊后纵向残余应力分布

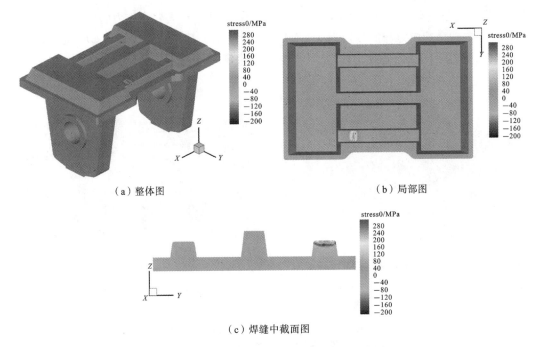

（a）整体图　　　　　　　　　　　　（b）局部图

（c）焊缝中截面图

图 8-31　侧杆补焊后纵向残余应力分布

图 8-32 和图 8-33 分别为中杆和侧杆补焊后的横向残余应力分布，对比结果表明：中杆和侧杆的横向残余应力分布模式基本相同，与纵向残余应力相比，虽然焊缝及近缝区仍以拉应力为主，但是焊缝两侧的高残余拉应力区没有了，残余应力的峰值主要集中于焊缝开始和结束位

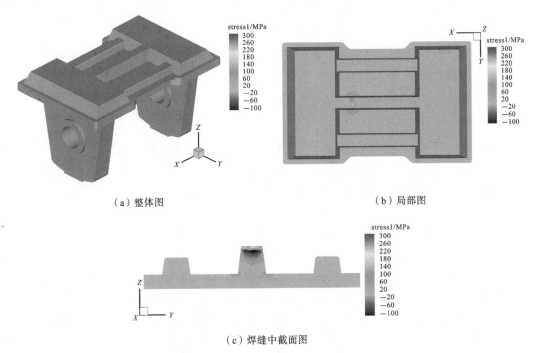

（a）整体图　　　　　　　　　　　　（b）局部图

（c）焊缝中截面图

图 8-32　中杆补焊后横向残余应力分布

置;残余压应力虽仍包围焊缝分布,但是压应力梯度明显小于纵向残余应力的压应力梯度;中杆和侧杆的横向残余拉应力峰值分别为 337 MPa 和 355 MPa,残余压应力峰值分别为 -136 MPa 和 -112 MPa,这表明横向残余应力主要由约束条件决定,而受散热条件的影响相对较小。

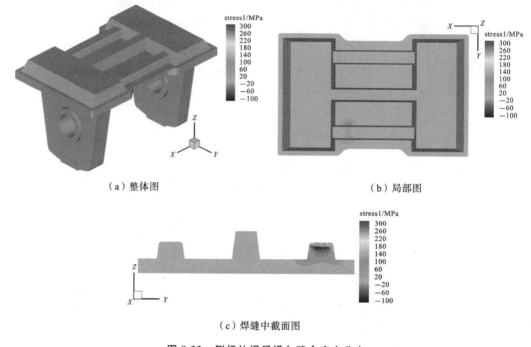

（a）整体图　　　　　　　　　　　　　　　　　　　　（b）局部图

（c）焊缝中截面图

图 8-33　侧杆补焊后横向残余应力分布

第 5 节　弯梁铝合金铸件热处理时效应力模拟实例

ZL114A 铝合金件由于质轻、力学性能优良,被广泛应用于航空航天领域,其制造生产方式一般为低压铸造。低压铸造是一种不依赖重力、在较低的气体压力下实现金属液自下而上顺序凝固的特种铸造方法。它与常规铸造方法相比,具有充型平稳、适用于多种铸型和金属、可浇注复杂结构及不同壁厚铸件的优点。另外,低压铸造成形的铸件不易产生气孔,可以直接进行热处理,以进一步提高铸件的力学性能。

1. 弯梁铸件几何模型及划分网格

弯梁铸件外形轮廓尺寸为 826 mm×169 mm×330 mm,根据低压铸造及铝合金铸件的工艺和结构特点,要求金属液流平稳充型,且保证铝合金不易氧化,设置的浇注系统为扩张式浇注系统,同时避免复杂结构,内浇口随形,横浇道截面尺寸为 60 mm×50 mm;升液管直径为 70 mm。随后,通过三维软件建立弯梁带浇注系统的三维模型图。图 8-34 为高铁弯梁形状和尺寸示意图。

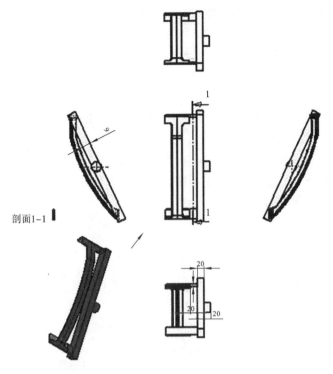

图 8-34 弯梁形状和尺寸示意图

剖面1-1

图 8-35 为其对应几何模型的划分网格模型,采用四面体单元进行划分,网格尺寸为 2 mm,总网格数为 1817640。

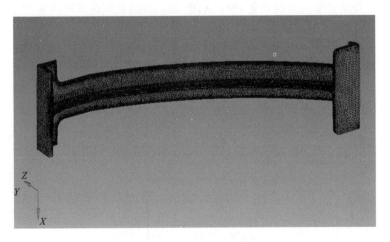

图 8-35 弯梁的网格模型

2. 合金材料参数及工艺条件

1) 合金材料参数

铝合金弯梁铸件材料为 ZL114A。由于温度对物性参数影响较大,因此物性参数取为随温度变化的数值,如式(8-1)至式(8-3)所示。

$$\rho(\mathrm{kg/m^3}) = 2681.35699 - 0.20259 \times T \tag{8-1}$$

$$\lambda(\mathrm{W/(m \cdot K)}) = 152.0237 + 0.04223 \times T \tag{8-2}$$

$$C_\mathrm{p}(\mathrm{J/(kg \cdot K)}) = 885.66921 + 0.44541 \times T \tag{8-3}$$

2) 工艺条件和参数

(1) 铸态铸铝高铁弯梁随炉加热至 540 ℃,保温 10 h,出炉用 80 ℃水冷却。

(2) 时效处理:165 ℃,保温时间 8 h,空冷。

(3) 整个加热和冷却过程中弯梁处于自由状态,无工装。

(4) 根据模拟情况,考虑加热过程中的蠕变。

(5) 模拟过程使用弹塑性模型。

(6) 空气的换热系数按式(8-4)计算:

$$C_\mathrm{h} = 2.56 \times (T_\mathrm{w} - T_\mathrm{c})^{0.25} + 3.4 \times 10^{-8} \times (T_\mathrm{w}^2 + T_\mathrm{c}^2) \times (T_\mathrm{w} + T_\mathrm{c}) \tag{8-4}$$

式中:T_w 为工件表面温度,T_c 为环境温度,单位均为 K。

(7) 强度与淬火时冷却速度之间的关系见式(8-5)和(8-6):

$$\sigma_\mathrm{m}(\mathrm{MPa}) = 29.55 \times \log_{10} R + 289.5 \tag{8-5}$$

$$\sigma_\mathrm{s}(\mathrm{MPa}) = 30.45 \times \log_{10} R + 233.12 \tag{8-6}$$

式中:R 为 200~450 ℃之间的平均冷却速度。

3. 应力变形模拟结果分析与讨论

1) 升温过程模拟

热处理升温及保温工艺曲线如图 8-36 所示,加热升温时间为 29961 s,之后弯梁整体温度趋于 540 ℃。

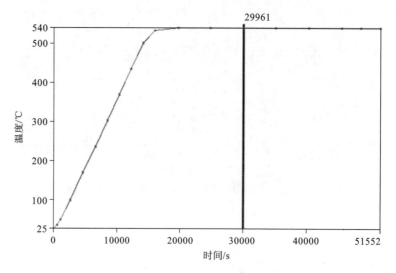

图 8-36　升温及保温工艺曲线

在加热过程中,铸件温度场随时间变化,表面温度不均匀,这导致了应力和变形。因此,本部分需要研究温度场和相应的应力或变形,如图 8-37 所示。

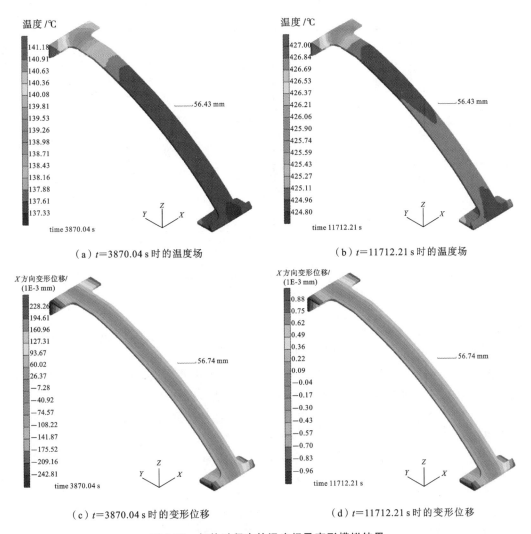

（a）$t=3870.04$ s 时的温度场　　　　　　　　（b）$t=11712.21$ s 时的温度场

（c）$t=3870.04$ s 时的变形位移　　　　　　　（d）$t=11712.21$ s 时的变形位移

图 8-37　加热过程中的温度场及变形模拟结果

图 8-37 显示，当弯梁铸件被加热到 $137\sim141$ ℃之间的温度时，相应的 X 位移从 -0.243 mm 变化到 0.228 mm，结果也表明位移存在明显的对称变化。这是因为虽然温度场不均匀，但温差不大。此时，加热时间约为 3870 s。随着加热过程的继续，温度逐渐升高，但 X 位移逐渐减小。当弯梁铸件加热到 $424\sim427$ ℃之间的温度时，加热时间约为 11712 s，此时最大和最小 X 位移分别减小到 0.88×10^{-3} mm 和 -0.96×10^{-3} mm，这是可以忽略的。结果表明，热处理消除了铸造过程引起的应力变形。由此得出，温度场分布总体上与 X 位移相似，即温度绝对值和 X 位移绝对值末端大，中间小。这种分配律有两个原因。第一，高温区位于铸件的边缘，然后热能从边缘传递到内部，但是总能量在增加。第二，随着温度的升高，铸件的变形向相反的方向转移。这种传递过程在铸件边缘积累了最大变形量，从而形成了该应力变形分布结果。

2）冷却过程模拟

热处理冷却过程工艺曲线如图 8-38 所示。在给定条件下，冷却 300 s 后弯梁整体温度趋

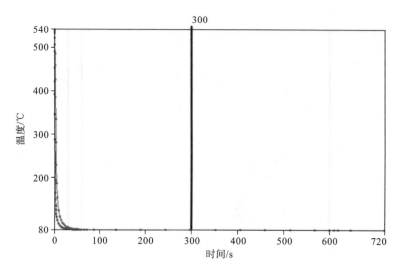

图 8-38　弯梁冷却过程工艺曲线

于 80 ℃。

　　与加热过程相似,温度降低也会引起弯梁铸件的应力和变形。但冷却过程中的温度场和 X 位移分布有不同的结果,如图 8-39 所示。

　　在图 8-39 中,与加热过程中的温度场不同,冷却过程中的高温区位于铸件内部。相应的最大 X 位移仍位于铸件边缘。随着温度的降低,热量从内部到边缘传递,由铸造应力引起的铸造变形或 X 位移增加,并以相同的方向传递。通过这种传递过程,铸件边缘的最大变形量也会累积起来。如数值结果所示,当铸件冷却到 98~295 ℃ 之间时,相应的 X 位移在 -1.13~0.86 mm 之间;当铸件冷却到 80~80.9 ℃ 之间时,相应的 X 位移在 -1.07~1.18 mm 之间。温度绝对值中间大,末端小。相反,X 位移绝对值末端大,中间小。

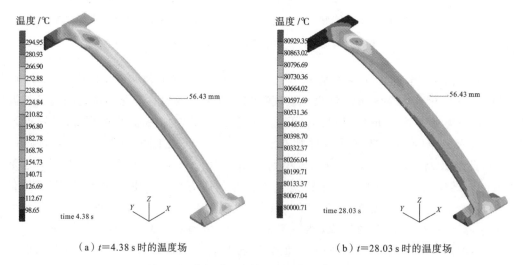

（a）$t=4.38$ s 时的温度场　　　　　　　　（b）$t=28.03$ s 时的温度场

图 8-39　冷却过程中的温度场及其相应的变形

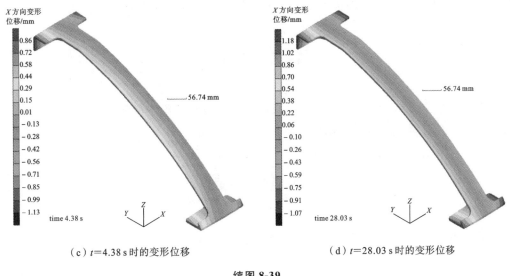

（c）t=4.38 s 时的变形位移 （d）t=28.03 s 时的变形位移

续图 8-39

4. 时效处理模拟结果分析与讨论

一般来说,通过淬火工艺铸造的铸件硬度和强度不会立即达到最大,尤其是对于铝合金材料。为了获得高质量的铸件,需要在加热和冷却后进行时效处理,经时效处理的铝合金弯梁铸件的温度、变形、抗拉强度和屈服强度等模拟结果如图 8-39、图 8-40 所示。

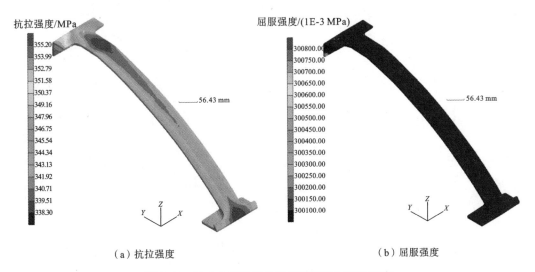

（a）抗拉强度 （b）屈服强度

图 8-40 铝合金弯梁铸件的抗拉强度与屈服强度

在图 8-40 中,抗拉强度的分布与冷却过程中的温度分布相似,但屈服强度的分布正好相反。铸件最大抗拉强度为 355 MPa,位于铸件边缘,最小值为 338 MPa,位于铸件内部。一般假设抗拉强度与温度场存在一定的对应关系,时效处理提高了抗拉强度。同时,屈服强度分布均匀,屈服强度值在小范围（300.1～300.8 MPa）内受到限制;屈服强度在 247～253 MPa 之间,表面与尖角处淬火冷却速度快的地方强度高于厚壁冷却慢的地方。

本 章 小 结

　　本章介绍了应力场在铸造成形过程中凝固、热处理、补焊等不同阶段的应用实例,读者可从实例中进一步理解应力场模拟的功能。

本 章 习 题

　　结合实例,论述现阶段应力场模拟的主要作用。

第9章 浓度场数学模型与数值求解

学 习 指 导

学习目标

(1) 掌握液态成形宏观偏析缺陷预测理论模型;
(2) 掌握溶质扩散理论基础,包括物质间的传质方式、凝固尺度以及宏观偏析机理;
(3) 掌握液态成形浓度场特性及基于有限体积法的离散格式;
(4) 掌握液态成形浓度场求解流程图。

学习重点

(1) 宏观偏析概念及其机理;
(2) 铸造浓度场的特性及数值求解过程;
(3) 铸造浓度场求解流程图。

学习难点

(1) 宏观偏析缺陷预测理论模型;
(2) 液态成形浓度场特性及基于有限体积法的离散格式。

第1节 概 述

合金凝固过程中的热量、动量和溶质传输对凝固后铸件的宏观偏析及内部质量有着重要的影响。在凝固过程中溶质再分配、流体流动及固相枝晶碎片的运输会在铸件内部宏观范围内产生成分变化,造成铸件内部不同位置的物理和力学性能差异,甚至导致整个铸件成为废品。铸件凝固过程中,各种传输过程十分复杂,难以直接观察,而数值模拟技术为研究合金凝固过程提供了有力手段。它可以为人们提供合金凝固过程中宏观偏析缺陷产生的直观印象,帮助理解宏观偏析产生的基本机制,定量预测宏观偏析的发生和严重程度,以及分析各种工艺参数对宏观偏析的影响。近年来许多国内外学者在宏观偏析缺陷预测理论模型和数值模拟研究方面均取得了可喜的进展。

第 2 节　宏观偏析缺陷预测理论模型

加拿大学者 Kirkaldy 和 Youdelis 于 1958 年发表了简化枝晶模型,首次对以枝晶方式生长的一维合金凝固过程成分分布进行模拟,然而此模型仅考虑合金凝固和溶质再分配的作用,无法描述枝晶间液相流动对宏观偏析的影响。

20 世纪 60 年代,Flemings 等人在合金铸锭凝固区液相流动连续方程和简化的溶质传输方程的基础上,建立了"局方程"(local solute redistribution equation)。他们指出,对合金凝固过程中动量、热量与溶质传输过程的行为描述,可以实现铸件中不同类型宏观偏析形成过程的定量计算,然而该模型在计算分析时需已知合金体系中的温度与流动分布。随后,Mehrabian 等人基于"局方程"将固液两相区域按多孔介质处理,采用 Darcy 定律计算固相枝晶间液相的流动速度,但没有考虑糊状区域和液相区域的耦合计算。尽管存在以上不足,但是"局方程"的建立使得宏观偏析的数值研究得到了迅速发展。

20 世纪 80 年代,Bennon 和 Incropera 应用经典混合理论(classical mixture theory),建立了二元合金凝固时传热、传质和动量传输过程耦合的单域连续介质模型(single-domain continuum model)。他们还对 NH_4Cl-H_2O 模拟合金以及 Sn-Pb 合金凝固过程中的宏观偏析形成进行了模拟,首次在 NH_4Cl-H_2O 模拟合金中观察到 A 型偏析缺陷。同一时期,Voller 等人建立了固相与液相混合处理的传热、传质和动量传输混合相模型,确定了糊状区流体描述模型,指出糊状区内的流体拖拽力仅在柱状晶凝固过程中存在,而在等轴晶凝固过程中流体糊状区内的流动阻力不存在。这些模型的建立标志着凝固传输及宏观偏析的模型研究取得了里程碑式的进展,许多研究者基于混合理论建立相应的数学模型并开展了相关研究工作。

1988 年,Beckermann 等人发表了模拟合金宏观偏析缺陷的体积平均模型,首次将双相传输方程引入凝固混合模型。1990 年,Poirier 等人也采用体积平均法推导了描述合金凝固过程中质量、动量、能量和溶质传输行为的数学方程,认为糊状区域是由相互渗透的固、液两相组成,并考虑了刚性固相枝晶骨架对液相流动的阻碍作用。基于由体积平均法推导的单相计算模型,研究者也展开了一定的研究工作。Beckermann 和 Viskanta 采用 NH_4Cl-H_2O 溶液凝固实验对比研究验证了他们提出的体积平均计算模型的可靠性。Poirier 等人则采用体积平均模型研究了 Pb-Sn 合金垂直定向冷却凝固过程中的热溶质对流和宏观偏析分布情况。研究结果表明,合金凝固过程中铸件内部的流动主要来自纯液相区内的热溶质对流,而固相枝晶间的液相流动仅在糊状区固相分数较小的部分比较显著。

1990 年,Prakash 提出采用固、液两相流的方法分析凝固过程中的固、液相变,拉开了凝固过程中多相模型的研究序幕。随后,Ni 和 Beckermann 应用体积平均法建立了宏观偏析预测的两相数学模型,综合考虑了热溶质对流等宏观现象以及晶粒形核、界面过冷等微观现象对宏观偏析的影响,可以同时从宏观和微观角度预测合金凝固过程中的结构与成分分布,标志着凝固传输模型的又一进展。接着,Wang 和 Beckermann 等人建立了等轴晶生长下的多尺度/多相模型,模拟分析了侧向凝固 Al-4%Cu 合金的凝固行为,并对 NH_4Cl-70%H_2O 体系进行了实验验证。研究结果表明,实验与模拟结果较符合。他们还指出,进一步考虑枝晶折断行为的数学模型有利于宏观偏析缺陷的精确预测。Beckermann 和 Ni 采用两相模型研究合金凝固过程中的初生等轴晶的沉降作用,其研究结果表明,形核率对晶粒传输以及最终的宏观偏析形态有显著影响。Reddy 和 Beckermann 采用修正的体积两相模型模拟了 Al-Cu 圆柱锭凝固中的宏观偏析形成过程。Gu 和 Beckermann 则运用多相模型模拟了大钢锭中热溶质对流以及宏观偏析的形成,由于忽略了自由等轴晶的沉降作用,其并没有有效预测大钢锭底部负偏析。Wu 和 Ludwig 提出了柱状晶-等轴晶转变下的三相数学模型,其中液态金属为一相,树枝晶与球状等轴晶为其他两相,并将该模型成功运用于一维算例。由于模型的复杂性,其较难应用于工业实际。H. Combeau 等人建立了考虑等轴晶运动与进一步生长前提下的宏观偏析数学模型,研究分析了考虑不同等轴晶形态与不考虑等轴晶移动情况下 Fe-0.36%C 大钢锭中的宏观偏析缺陷分布,并将二维数值模拟结果与实验结果进行对比,突出强调了自由等轴晶移动与网格精度对宏观偏析的影响(见图 9-1)。

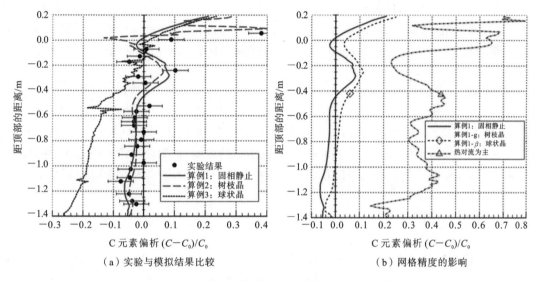

（a）实验与模拟结果比较　　　　　　　　（b）网格精度的影响

图 9-1　某大型铸钢件浓度场数值模拟研究结果

国内宏观偏析数值模拟起步较晚,但发展迅速。清华大学曹海峰等人采用连续介质数学模型计算了 Pb-Sn 合金侧向凝固过程中 A 型偏析的演化过程,并研究了浮力数对 A 型偏析形成位置以及偏析程度的影响。顾江平等人通过修正连续介质模型提出了可描述低合金碳钢定向凝固过程的传输数学模型。徐达鸣等人则建立了二元合金非平衡凝固条件下宏观偏析的数学模型。清华大学马长文等人建立了自由等轴晶移动条件下宏观偏析缺陷预测的数学模型,对比分析了等轴晶移动对钢锭宏观偏析形成的影响。中科院金属研究所刘东戎等人以体积元平均技术为基础,建立了考虑固相移动的大尺寸钢锭宏观偏析数学模型,研究了纯自然对流和包含固相移动两种情况下宏观偏析形成的模式。李文胜等人则建立了大钢锭凝固过程中两相宏观偏析数学模型,该模型综合考虑了形核与生长、固相沉降以及凝固收缩对宏观偏析传输行为的影响,计算了 53 吨大钢锭中宏观偏析的形成,其结果与实验结果较符合。

第3节　溶质扩散理论基础

1. 物质间的传质方式

不同物质或物体的不同部分之间发生质量传递,主要是通过扩散的传输方式。扩散通常是指由于物质内部存在浓度梯度、温度梯度、化学势梯度和其他梯度而引起的物质传输过程。扩散与材料在生产和使用过程中的许多重要的物理化学过程密切相关,因此对扩散的浓度场的计算具有重要的意义。金属中的扩散主要用菲克(Fick)扩散定律来描述。

Fick 第一定律:扩散是物质从高浓度区域迁移到低浓度区域的过程。Fick 在 1855 年指出,在稳态扩散($\mathrm{d}C/\mathrm{d}t=0$)的条件下,单位时间内通过与扩散方向相垂直的单位面积的扩散流量密度 J(单位为 $\mathrm{g}/(\mathrm{cm}^2 \cdot \mathrm{s})$)与浓度梯度成正比,这就是 Fick 第一定律,其数学表达式为

$$J=-D\frac{\mathrm{d}C}{\mathrm{d}x} \tag{9-1}$$

式中:C 是溶质原子的浓度,单位为 g/cm^3;D 是扩散系数,单位为 $\mathrm{cm}^{-2} \cdot \mathrm{s}^{-1}$。式(9-1)说明,当浓度梯度变小时,扩散减缓。扩散系数 D 依赖于扩散温度、扩散杂质的类型、扩散机制以及杂质浓度等,其他因素如扩散气氛以及物质基体中其他杂质的存在等也都会影响扩散系数 D。

2. 凝固尺度

合金凝固过程具有多尺度性,常常伴随着不同空间与时间尺度上的凝固现象,如图 9-2 所示。一般来说,凝固过程可以从三个不同尺度进行分类研究,即宏观尺度、微观尺度和纳米尺度。通常人们还引入介观尺度以便于数值模拟研究。

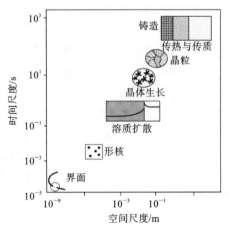

图 9-2　不同尺度下金属凝固过程

（1）宏观尺度。这个尺度的规模通常在 10^{-3} m 以上，在铸造中常见的缩孔、宏观偏析、裂纹、表面粗糙度、铸造尺寸以及模拟过程中的边界条件的加载都处于这一尺度的研究范围。

（2）介观尺度。这个尺度在 10^{-4} m 左右，通常所说的晶粒组织特征处于这一尺度的研究范围。在宏观偏析数值模拟研究中，采用介观尺度不能有效地划分固液界面，固液界面以糊状区的形式存在。

（3）微观尺度。这个尺度范围为 $10^{-6} \sim 10^{-5}$ m，通常所说的晶粒枝晶形貌（如等轴枝晶和柱状晶形貌）、枝晶间距、微观偏析、显微缩松、孔隙以及夹杂物都可以在这个尺度进行描述。

（4）纳米尺度。这个尺度在 10^{-9} m 左右，在这一尺度下可以描述界面原子重排等，从而可以有效描述合金凝固过程中的固液两相界面。

3. 宏观偏析机理

目前研究认为合金凝固过程中的溶质再分配，使得固、液两相产生浓度差异，而在凝固过程中溶质浓度不同的固相和液相之间发生相对运动，从而引起溶质成分大范围迁移，造成宏观偏析。

宏观偏析是指铸件、铸坯凝固断面上各部位合金成分在大于晶粒尺度范围内不均匀分布的现象。合金铸件或铸锭凝固过程中宏观偏析缺陷发生范围从几毫米、几厘米到数米不等。当凝固后的成分浓度大于（或小于）初始浓度时，称其为正（或负）偏析。宏观偏析是一种典型的铸造缺陷，显著影响铸件的力学性能。

凝固过程中不同的影响因素条件下，宏观偏析的具体形式也不同，图 9-3 是 Flemings 提出的典型钢锭宏观偏析分布示意图。如图所示，锥形负偏析易出现在钢锭底部中心处，主要是因为早期低溶质的等轴晶粒和枝晶碎片沉降到钢锭底部，形成负偏析。钢锭中部，尤其是在顶部冒口附近存在显著的正偏析，这是钢锭凝固过程中热溶质对流以及最终的凝固收缩导致的。在钢锭靠上和靠外的部位经常出现 A 型偏析（也称为通道偏析），这是因为当凝固前沿的固相推进速度小于富集溶质液相流速时，前沿糊状区将发生局部重熔并产生通道偏析。钢锭中心区域经常出现 V 型偏析，普遍认为是固体骨架变形以及凝固收缩导致的。

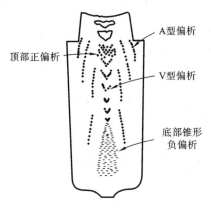

图 9-3　典型钢锭宏观偏析分析示意图

第 4 节　铸造浓度场特性及数值求解过程

1. 铸造浓度场的特性

通常情况下,根据合金的凝固状态可将其划分为三个区:完全液相区、完全固相区、液固混合区。其中液固混合区可以按液相和固相分别在合金中所占比例和其对热量传输、质量传输的影响,用等轴晶移动区与多孔介质区来细化描述。凝固过程中各相区的具体性质如下。

(1) 完全液相区:在此相区内发生着铸液之间的热传导、溶质扩散,以及对流引起的金属液之间的热量、质量、动量的传输,这些变化依然遵循能量守恒定律、质量守恒定律以及动量守恒定律等。此外,完全液相区中的物理量的变化规律也符合经典理论,如傅里叶定律、菲克第一定律、菲克第二定律等。

(2) 完全固相区:体系中的液体完全凝固,在这种凝固状态下,这一区域只剩下传导传热、扩散传质两种变化。但它们同样满足傅里叶传热定律和菲克第一定律、菲克第二定律等。

(3) 液固混合区:这种凝固状态中,体系中的液相尚未全部凝固,这一区域属于固液共存区,在靠近固相区的一侧存在枝晶生长,在枝晶间的孔隙中液相会发生细微的流动,但整体的性质倾向固相区,此区域被称为多孔介质区;而在另一侧枝晶还没有形成骨架,已经凝固的微粒只能跟随液相溶质流动,但整体的性质倾向于液相区,此区域被称为等轴晶移动区。

枝晶的生长过程其实就是已经凝固了的界面不断从固相区向液体中的扩展与推移,晶粒不断形核长大,并在液相溶质向固相不断转变的趋势下,逐渐析出溶质,析出的溶质会在界面处发生富集,并且通过扩散不断传向外层液体;与此同时,在体系内的固液并存区中,温度的变化会引起固相率随之改变,此时也会析出溶质,进而产生浓度差,引起扩散的发生,使溶质进行分配和再分配。

2. 数值求解过程

采用有限体积法(finite volume method)进行数值离散计算。在有限体积法中,需将被求解的计算区域划分为一系列控制容积区域,且每个控制容积内都有一个节点做代表,通常节点以及需求解的物理变量位于控制容积的中心。以控制容积为基本单元,对控制方程进行单位时间与体积积分,并进一步假定控制容积界面上的相关物理量及其导数的构成,则推导得到的方程就是有限体积法的离散格式。由于用该方法推导的离散方程具有守恒性,且离散过程物理意义明确,因此有限体积法是目前流动与传热数值计算中应用最广的方法之一。

合金凝固过程中传热、传质、流动等守恒控制方程如下:

$$\frac{\partial(\rho\varphi)}{\partial t}+\nabla\cdot(\rho V\varphi)=\nabla\cdot(\Gamma_\varphi\nabla\varphi)+S_\varphi \tag{9-2}$$

式中:φ 为通用变量,可以代表 V,T,P 等求解变量;Γ_φ 为广义扩散系数;S_φ 为广义源项。

以一维对流扩散问题为例来说明有限体积法在控制方程离散中的实施,考虑如图 9-4 所

示的一维积分网格,对式(9-2)进行体积 V 和时间 t 积分,有

$$\int_t^{t+\Delta t}\int \Delta V \frac{\partial(\rho\varphi)}{\partial t}\mathrm{d}V\mathrm{d}t + \int_t^{t+\Delta t}\int \Delta V \frac{\partial(\rho u\varphi)}{\partial x}\mathrm{d}V\mathrm{d}t = \int_t^{t+\Delta t}\int \Delta V \frac{\partial}{\partial x}\left(\Gamma\frac{\partial\varphi}{\partial x}\right)\mathrm{d}V\mathrm{d}t + \int_t^{t+\Delta t}\int \Delta V S_\varphi \mathrm{d}V\mathrm{d}t$$

$$(9\text{-}3)$$

离散式(9-3),有

$$\underbrace{\int \Delta V((\rho\varphi)^{n+1}-(\rho\varphi)^n)\mathrm{d}V}_{\text{瞬态项}} + \underbrace{\int_t^{t+\Delta t}((\rho u\varphi^{n+1}A)_e - (\rho u\varphi^{n+1}A)_w)\mathrm{d}t}_{\text{对流项}}$$

$$= \underbrace{\int_t^{t+\Delta t}\left(\left(\Gamma A\frac{\partial\varphi}{\partial x}\right)_e - \left(\Gamma A\frac{\partial\varphi}{\partial x}\right)_w\right)\mathrm{d}t}_{\text{扩散项}} + \underbrace{\int_t^{t+\Delta t}S_\varphi \Delta V\mathrm{d}t}_{\text{源项}} \qquad (9\text{-}4)$$

式中:$(\rho\varphi)^n$ 表示 n 时刻控制体积内的瞬态值;A 表示节点 P 所在控制体积界面处的面积(一维问题中该值取为 1);由于标量 Γ 等值所在位置为控制体积的中心,在界面上没有明确地给出其值。为得到界面上的 Γ 值,必须求出控制体积界面上的 Γ 值,目前常见的处理方式有以下两种。

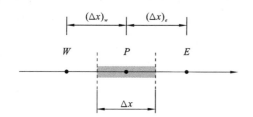

图 9-4　一维积分(控制体积)网格　　　图 9-5　控制边界上广义扩散系数处理

(1)算术平均法。

设在图 9-5 中 Γ 值与 P、E 两点之间的离散距离成线性关系,则可以采用线性插值的方法由 P、E 两点的 Γ_P、Γ_E 值确定界面上 Γ_e 的取值。

$$\Gamma_e = \Gamma_P\left[\frac{(\Delta x)_e^+}{(\Delta x)_e}\right] + \Gamma_E\left[\frac{(\Delta x)_e^-}{(\Delta x)_e}\right] \qquad (9\text{-}5)$$

(2)调和平均法。

设在图 9-5 中控制容积的 P、E 两点处界面系数不相等,则根据界面上通量密度连续的原则,有

$$\frac{(\Delta x)_e}{\Gamma_e} = \frac{(\Delta x)_e^-}{\Gamma_P} + \frac{(\Delta x)_e^+}{\Gamma_E} \qquad (9\text{-}6)$$

以导热问题来说明以上两种方法的不同之处。假设离散网格为均匀网格,设 P、E 两点之间的导热系数 $\lambda_P \gg \lambda_E$,按算术平均法有 $\lambda_e = (\lambda_P + \lambda_E)/2 \approx \lambda_P/2$,且两点间的热阻为 $\frac{2(\delta x)_e}{\lambda_P}$。这表明 P、E 两点间的热阻主要由导热系数大的物体决定,这显然不符合物理规律。实际上,此时控制体积 E 构成了热阻的主要部分,P、E 间的热阻应由

$$\frac{(\Delta x)_e}{\lambda_e} = \frac{(\Delta x)_e^-}{\lambda_P} + \frac{(\Delta x)_e^+}{\lambda_E} \approx \frac{(\Delta x)_e^+}{\lambda_E} \qquad (9\text{-}7)$$

求得。

自 Patankar 提出调和平均法以来,该法便被广泛应用。研究发现,该法在对于表征输运

特性参数的处理上都优于算术平均法。本书中若无特别声明,统一采用调和平均法来处理界面上的物理量。

对初步离散控制方程(9-4)中扩散项、源项、瞬态项与对流项进行隐式离散。

扩散项离散:

$$\int_t^{t+\Delta t}\left(\left(\Gamma A\frac{\partial\varphi}{\partial x}\right)_e-\left(\Gamma A\frac{\partial\varphi}{\partial x}\right)_w\right)\mathrm{d}t=\left(\frac{\Gamma_e A_e(\varphi_E^{n+1}-\varphi_P^{n+1})}{(\delta x)_e}-\frac{\Gamma_w A_w(\varphi_P^{n+1}-\varphi_W^{n+1})}{(\delta x)_w}\right)\Delta t \quad (9\text{-}8)$$

设 $S_\varphi=S_C+S_P\varphi_P$,则源项离散为

$$\int_t^{t+\Delta t}S_\varphi\Delta V\mathrm{d}t=(S_C+S_P\varphi_P^{n+1})\Delta V\Delta t \quad (9\text{-}9)$$

由于铸件凝固过程中密度不变,则瞬态项离散为

$$\int\Delta V((\rho\varphi)^{n+1}-(\rho\varphi)^n)\mathrm{d}V=\rho(\varphi^{n+1}-\varphi^n)\Delta V \quad (9\text{-}10)$$

在流体对流计算问题中,节点上的数值只通过对流过程与扩散过程受到相邻节点的影响。所以在其他条件不变时,一个节点上数值的增加,必会导致相邻节点的数值增加而不是减少。为保证对流项的离散除具有守恒性外,还具有迁移性,我们采用上风格式进行对流项离散,并考虑图 9-6 所示的对流计算区域。

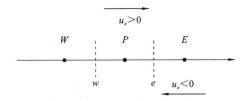

图 9-6 对流问题分析

则在 e 界面上有:$u_e>0,\varphi_e^{n+1}=\varphi_P^{n+1}$;$u_e<0,\varphi_e^{n+1}=\varphi_E^{n+1}$;

在 w 界面上有:$u_w>0,\varphi_w^{n+1}=\varphi_W^{n+1}$;$u_w<0,\varphi_w^{n+1}=\varphi_P^{n+1}$。

于是,一维控制体积内流入与流出通量为

$$(\rho uA\varphi)_e=F_e\varphi_e=\varphi_P\max(F_e,0)-\varphi_E\max(-F_e,0)$$
$$=\varphi_P[|F_e,0|]-\varphi_E[|-F_e,0|] \quad (9\text{-}11)$$
$$(\rho uA\varphi)_w=F_w\varphi_w=\varphi_W\max(F_w,0)-\varphi_P\max(-F_w,0)$$
$$=\varphi_W[|F_w,0|]-\varphi_P[|-F_w,0|] \quad (9\text{-}12)$$

式中:F 为控制体积界面流量,$F=\rho uA$。若采用均匀网格,且记界面上单位面积扩散阻力的倒数 $\frac{\Gamma A}{\delta x}$ 为 D,则离散后的线性方程可以简化成如下形式:

$$a_P\varphi_P^{n+1}=a_E\varphi_E^{n+1}+a_W\varphi_W^{n+1}+b \quad (9\text{-}13)$$

式中

$$\begin{cases}a_E=D_e+[|-F_e,0|]\\a_w=D_w+[|F_w,0|]\\a_P=a_E+a_w+a_P'-S_P\Delta V\\b=S_C\Delta V+a_P'\varphi_P^n\end{cases} \quad (9\text{-}14)$$

其中
$$a'_P = \frac{\varrho \Delta V}{\Delta t}$$

以上结论虽是从一维对流扩散问题分析而来,但是在此基础上不难推出二维与三维对流扩散方程的离散形式,故本处不再重述。

第 5 节　铸造浓度场求解流程图

基于前述的数学模型和数值求解方法,采用 C++语言,自主开发编写多元合金凝固过程中宏观偏析缺陷预测数值模拟系统。该系统的计算流程如图 9-7 所示。

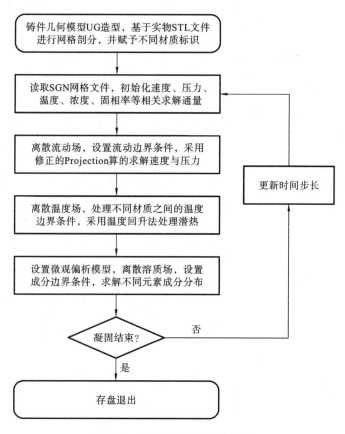

图 9-7　数值模拟系统计算流程

本 章 小 结

本章介绍了浓度场数学模型及数值求解方法,重点介绍了如下内容:宏观偏析缺陷预测理论模型及其发展历程、溶质扩散理论基础(包括物质间的传质方式、凝固尺度、宏观偏析机理)、铸造浓度场特性及基于有限体积法的离散格式、铸造浓度场求解流程。

本 章 习 题

1. 请简述宏观偏析概念及宏观偏析机理。
2. 铸造浓度场的特性是什么？
3. 请简述铸造浓度场基于有限体积法的离散格式。
4. 请简述铸造浓度场的求解流程。

第 10 章　浓度场模拟实例

学习指导

学习目标

(1) 进一步通过实例来掌握液态成形浓度场模拟的特点与难点；

(2) 进一步通过实例来掌握液态成形浓度场模拟软件及其作用。

学习重点

(1) 浓度场应用实例与实际应用场合；

(2) 浓度场模拟软件的主要作用。

学习难点

(1) 浓度场应用实例与实际应用场合；

(2) 如何正确理解浓度场模拟分析软件的作用。

第 1 节　概　　述

本章将第 9 章所述技术应用于二维与三维不同几何形状的铸钢件液态成形实例，并具体分析了铸钢件凝固过程中自然对流作用下多场耦合的传输行为。除了针对某阀盖件浓度场模拟结果进行定性分析外，还进行了 3.3 吨大钢锭浓度场数值模拟结果与实验结果对比验证。此外，本章还较为系统地讨论了不同铸件尺寸和形状、不同网格精度、不同热物性参数(二次枝晶间距)，以及不同铸造工艺条件(冷却速度、冷却形式)对铸钢件凝固过程中宏观偏析缺陷的影响。

第 2 节　自然对流下浓度场模拟实例

1. 二维 Fe-C 合金算例研究

考虑如图 10-1 所示的 Fe-0.8％C 铸钢合金凝固区域，该模型为一个 100 mm×200 mm

的二维方腔,其初始均温分布为 1540 ℃。计算区域四周为无滑边界条件,整个区域仅左侧进行对流换热,其换热系数为 150 W·m^{-2}·℃$^{-1}$,周围环境温度为 20 ℃。计算中所用到的 Fe-0.8%C 合金物性参数见表 10-1。对计算区域进行剖分,网格剖分精度为 1 mm×1 mm,计算时间步长为 0.001 s。

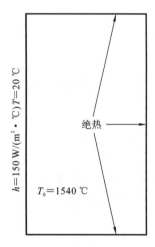

图 10-1　二维矩形框算例几何模型

表 10-1　Fe-0.8%C 合金物性参数

参　数	符　号	值
纯熔点/℃	T_m	1536.34
碳溶质液相斜率/(℃/%)	m_l^C	−78
溶质分配系数	k^C	0.34
比热容/(J·kg^{-1}·℃$^{-1}$)	C_P	723
导热系数/(W·m^{-1}·℃$^{-1}$)	λ	28.4
熔化潜热/(J·kg^{-1})	L	2.7×10^5
密度/(kg·m^{-3})	ρ	7300
热膨胀系数/(℃$^{-1}$)	β_T	2.0×10^{-4}
溶质膨胀系数/(%$^{-1}$)	β_s^C	0.011
液相溶质扩散系数/(m^2·s^{-1})	D_l^C	2.0×10^{-9}
运动黏度/(Pa·s)	μ_l	6.0×10^{-4}
二次枝晶间距/μm	d	100
重力加速度/(m·s^{-2})	g	9.8

　　在合金冷却的前期,Fe-0.8%C 合金中温度分布均高于液相温度 1474 ℃,因此早期合金凝固过程中并没有出现固相,这一阶段中也没有溶质析出,方腔中溶质分布均匀。由于矩形左侧冷却,合金区域温度分布不均匀,根据 Boussinesq 假设,在热胀冷缩的效应下,不同温度值处,其液相密度值不一样,温度低的地方液相密度大,温度高的地方液相密度小,密度大的液体

有向下运动趋势,从而在矩形腔中将形成热对流。图 10-2 显示了液相冷却前期的不同时刻,计算区域内速度与温度的分布。如图所示,在合金冷却的初始阶段,由于壁面温度下降,液体密度增大,在壁面出现明显的向下液体流动,并在底部形成流动低温区。该低温液相区域在后续的冷却液体推动作用下继续向前运动。当前进的冷却液体碰到矩形框右壁面时,其将沿着右壁面向上运动,当达到一定高度时,由于重力的影响,前端温度低的液体向下沉,形成回流低温区。

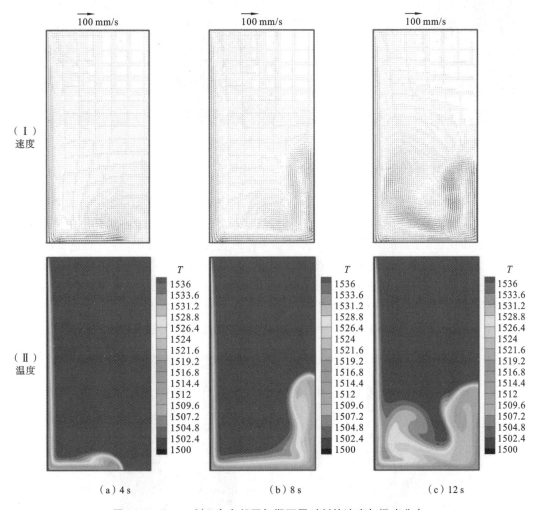

图 10-2　Fe-0.8%C 合金凝固初期不同时刻的速度与温度分布

　　图 10-3 显示了 Fe-0.8%C 合金凝固 140 s 后的固相率、速度、溶质、温度、碳(溶质)浓度的分布情况。从图上可以看出当合金进入凝固阶段时,固相在矩形框的左下处率先凝固形成,并在靠近固相附近处形成糊状区域,如图 10-3(a)所示。由于糊状区内刚性固体网格的阻碍作用,其流动较为困难,流动速度比较小,因此区域内的液相流动被推至凝固前沿,如图 10-3(b)所示。在这个阶段,凝固过程中将同时发生溶质再分配,碳溶质从糊状区中析出,随着低温液体向前流动。如图 10-3(c)(d)所示,这些富溶质液体在碰到右壁时,在流动速度的冲击下沿壁上升,在低温液体的沉降作用下,形成回旋富溶质区。在冷却液体驱动下的流动末端富溶质区

域,溶质对密度的影响大于温度对密度的影响,因此液体有上浮富集的趋势,并形成可观的向上运动。以上分析表明,凝固过程中,凝固前沿的液体热溶质驱动流对宏观偏析的影响较大。

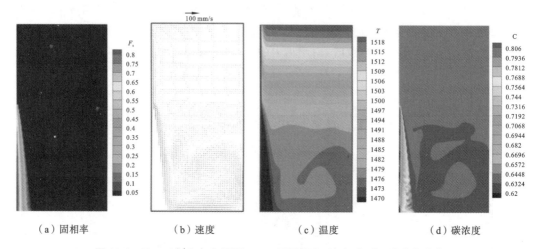

（a）固相率　　　　　（b）速度　　　　　（c）温度　　　　　（d）碳浓度

图 10-3　Fe-0.8%C 合金凝固 140 s 后固相率、速度、温度、碳浓度分布

图 10-4 显示了 Fe-0.8%C 合金凝固 750 s 后的碳浓度与固相率分布情况。从图上来看,这一阶段凝固前端存在明显的固相起伏,由于固相凸起端凝固较早,碳溶质析出并在凸起的两侧形成富集溶质区,于是便可以看到条状通道一样的正负交替的偏析,称为通道偏析或者 A 型偏析。这是因为在 Fe-0.8%C 合金凝固过程中,当凝固进行到一定程度后,糊状区域界面前沿的流动速度大于温度梯度推进的速度,导致凝固前沿富溶质糊状区域发生重熔并形成液相通道,由于固体骨架对枝晶间的流动的阻碍,在起伏前端析出的溶质不能充分地进行热溶质对流,从而在这些地方形成类似通道一样的正负交替的偏析区域（A 型偏析）。

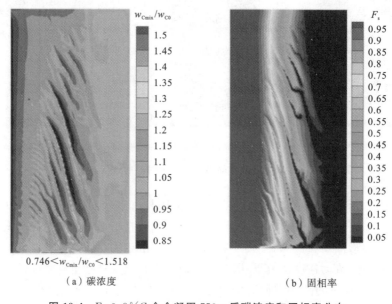

$0.746 < w_{Cmix}/w_{C0} < 1.518$

（a）碳浓度　　　　　　　　　　　　（b）固相率

图 10-4　Fe-0.8%C 合金凝固 750 s 后碳浓度和固相率分布

1）网格精度的影响

在数值计算中,计算网格精度越高,计算时间步长越小,则计算的结果越接近实际物理现象。因此,本小节将分析讨论网格精度对宏观偏析预测准确度的影响。对图 10-1 所示模型进行三个不同网格精度的宏观偏析数值模拟,计算网格精度分别为 100×200、70×140、50×100,计算时间步长均为 0.001 s,计算所用的合金仍为 Fe-0.8%C 合金。图 10-5 所示为不同网格精度下 Fe-0.8%C 合金完全凝固后宏观偏析分布情况。从图 10-5 所示的模拟计算结果来看,采用三套不同网格模拟所得的溶质分布结果的趋势是一致的。当网格密度由 50×100 向 100×200 变化时,计算所得的碳溶质分布区间变大(由 $0.649\% < w_C < 1.098\%$ 向 $0.597\% < w_C < 1.215\%$ 变化),预测的偏析值也更加精确。同时,从图 10-5 预测的碳溶质成分偏析分布可以看出,当采用密集网格进行计算时,通道偏析(A 型偏析)更加明显,可见采用高精度网格有利于预测不同类型的宏观偏析缺陷。

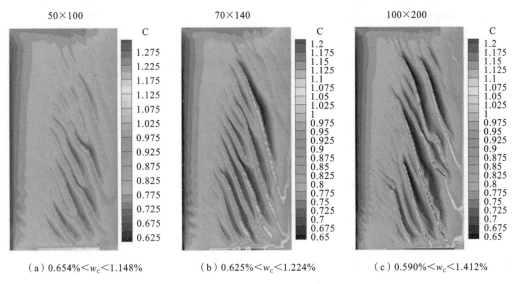

图 10-5　不同网格精度下 Fe-C 合金凝固后宏观偏析分布

2）冷却速度的影响

本小节将主要分析讨论冷却速度对宏观偏析缺陷的影响。计算模型仍为图 10-1 所示模型,计算网格精度为 100×200,计算时间步长仍为 0.001 s,所采用的左侧界面换热系数分别为 150 W·m^{-2}·℃$^{-1}$ 和 1500 W·m^{-2}·℃$^{-1}$。图 10-6 为不同侧边冷却速度下的矩形框内合金完全凝固后的碳溶质分布图。从图中可以看出,当采用 1500 W·m^{-2}·℃$^{-1}$ 换热系数时,矩形区域的左上角形成一个类似锥形的低浓度区域,且在右下角形成高浓度区域。而换热系数为 150 W·m^{-2}·℃$^{-1}$ 时,左上角会形成下塌的低碳浓度区域,而右下区域则会形成条状高低碳浓度相间的区域。从两者浓度变化范围可以看出,加大冷却速度一定程度上有助于改善偏析缺陷。

3）通道偏析数值模拟

为进一步观察通道偏析的形成过程,以图 10-7 所示 Fe-0.8%C 合金凝固模型为例,进行通道偏析数值模拟计算。计算区域为 50 mm × 100 mm,除底部冷却外,其余三面为绝热边界条件,网格剖分精度为 1 mm × 1 mm。计算所用参数仍如表 10-1 所示,初始浇注温度为 1510 ℃。

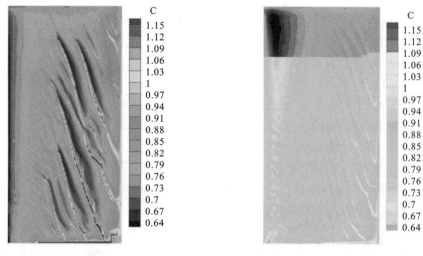

（a）$h=150\,\mathrm{W/(m^2\cdot ℃)}$，$0.5904\%<w_c<1.4124\%$　　（b）$h=1500\,\mathrm{W/(m^2\cdot ℃)}$，$0.5822\%<w_c<1.1778\%$

图 10-6　不同侧边冷却速度下的碳溶质分布

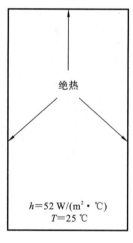

50 mm×100 mm

图 10-7　Fe-0.8%C 合金底部冷却过程的计算模型

图 10-8 所示为 Fe-0.8%C 合金凝固过程中固相率、速度、碳溶质浓度随时间的变化情况。从图中可以看出，在合金凝固早期，底部优先凝固，此时溶质析出，并在底部形成富溶质区域。同时可以看出，随着合金冷却到 100 s，合金中已出现通道的起伏，并伴随着碳溶质浓度的波动。随着合金进一步冷却，合金体系的糊状区域前沿形成越来越多的通道。由于糊状区域的局部重熔，这些通道内的碳元素富集度较大，形成明显的条状正偏析带，并在通道的两侧对应形成负偏析区域。由于碳元素轻于铁元素，因此在通道内可以观察到明显的类似喷泉状的富溶质流。可见通道偏析（A 型偏析）的形成与合金凝固过程中热溶质的流动有着密切的联系。

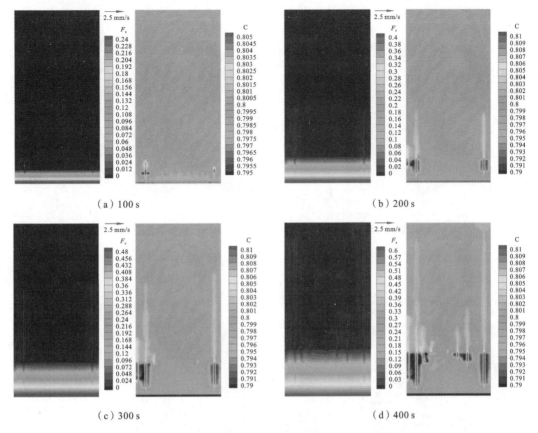

（a）100 s　　　　　　　　　　　　　　（b）200 s

（c）300 s　　　　　　　　　　　　　　（d）400 s

图 10-8　Fe-0.8％C 合金底部冷却传输行为变化情况

2. 三维铸钢件模拟研究

1）阀盖数值算例

　　阀盖三维剖分后的网格效果如图 10-9 所示。仍采用 Fe-0.8％C 合金模型进行计算，其物性参数可以参考表 10-1。阀盖采用砂型铸造，忽略铸件充型过程。假设阀盖铸件充型后初始温度为 1550 ℃，铸型温度为 20 ℃，空气换热系数为 8 W·m^{-2}·K^{-1}，阀盖铸件完全凝固后的温度分布如图 10-10 所示。从图 10-10 可以看出，阀盖铸件的直浇道与内浇道冷却较快，温度较低，而阀盖的中间热节处冷却较慢，温度较高。阀盖铸件不同壁厚部分不同的冷却速度以及结构形状，将最终导致不同程度的宏观偏析缺陷。

　　针对阀盖铸件凝固过程中的固相率分布情况，取 20 s 与 70 s 两个时刻的固相率分布图进行分析讨论，如图 10-11 所示。从图 10-11(a)可以看出，凝固 20 s 后，阀盖铸件外围已经凝固，并在浇道内形成隔断的糊状区域，由于在糊状区内液体流动困难，因此在直浇道上部与底部形成难以补缩的孤立液相区。图 10-11(b)中，凝固 70 s 后，阀盖铸件上下两个厚节处为低固相率的糊状区域，这些区域的液相合金在最后的凝固过程中将收缩形成松散的固相骨架。

　　用华铸 CAE 软件对这个阀盖铸件进行缩孔缩松模拟，模拟结果如图 10-12 所示。从华铸 CAE 软件的模拟结果可以看出，合金凝固过程中在直浇道的上端与下端以及阀盖铸件的中间

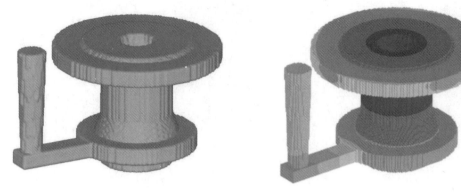

图 10-9　阀盖三维造型图　　　　　　　　图 10-10　阀盖铸件完全凝固后的温度分布

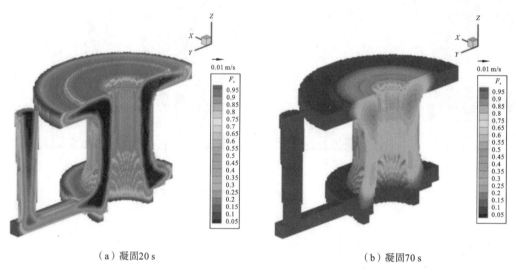

（a）凝固 20 s　　　　　　　　　　　　　（b）凝固 70 s

图 10-11　阀盖铸件凝固过程中的固相率分布

两个热节处形成缩孔、缩松。同时从图上可以看出阀盖铸件圆盘顶部以及浇道的顶部产生缩孔。

　　如图 10-13 所示为 Fe-0.8%C 合金阀盖铸件完全凝固后，其内碳浓度分布图。从图中可以看出在阀盖铸件的外表面处，碳浓度低于初始浓度 0.8%，而在阀盖铸件的厚大部位，即热节处，碳浓度大于初始浓度 0.8%，出现明显的正偏析。在阀盖凝固初期，壁面激冷凝固，溶质从糊状区域析出，在热溶质流动作用下向内部聚集，从而在阀盖内部出现正偏析。由于此铸件壁薄，凝固速度较快，整体上来说此铸件中溶质偏析现象不是很严重。

　　2）小钢锭数值算例

　　考虑如图 10-14 所示的小型铸钢锭几何模型，针对 Fe-08%C 合金，对其进行砂型铸造凝固过程模拟。小钢锭上部采用冒口补缩，并采用冒口套与覆盖剂进行保温，计算所采用的合金物性参数仍为前面表 10-1 所示参数。忽略液态金属充型过程，合金初始温度为 1524 ℃，铸型、冒口套、覆盖剂以及环境温度均为 20 ℃。砂型、冒口套和覆盖剂的物性参数见表 10-2，铸型与空气、绝缘粉末与空气、绝缘板与空气之间的换热系数均假设为 10 W·m^{-2}·℃$^{-1}$。本

次计算网格剖分精度为 1 mm×1 mm×1 mm,总网格数超过 110 万,计算时间步长为 0.02 s,
实际凝固时间为 198 s。

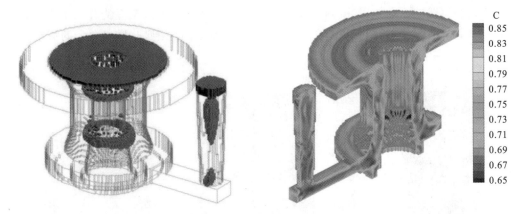

图 10-12　缩孔、缩松缺陷模拟结果　　　　　　　　图 10-13　碳浓度分布图

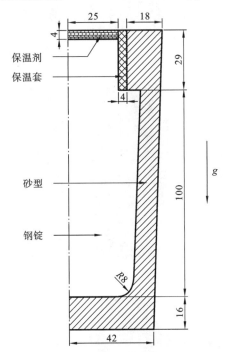

图 10-14　小钢锭几何模型(单位:mm)

表 10-2　砂型、冒口套、覆盖剂的物性参数

材　　料	$\rho/(kg \cdot m^{-3})$	$C_p/(J \cdot kg^{-1} \cdot ℃^{-1})$	$\lambda/(W \cdot m^{-1} \cdot ℃^{-1})$
砂型	1550	1092	0.8064
冒口套	1040	185	1.4
覆盖剂	480	134	0.32

　　图 10-15 显示了小钢锭凝固过程中温度、固相率与速度、成分随时间变化的过程。从温度和固相率分布图来看,小钢锭冒口的保温效果较好,凝固首先从小钢锭底部和侧面发生。由于砂型对小钢锭侧壁的冷却作用,凝固过程中冷的、密度大的液体在相对重力作用下沿壁向下流动,如图 10-15(Ⅰb)所示。这些下滑的液相流动在小钢锭中间相遇并形成向上的流动。随着

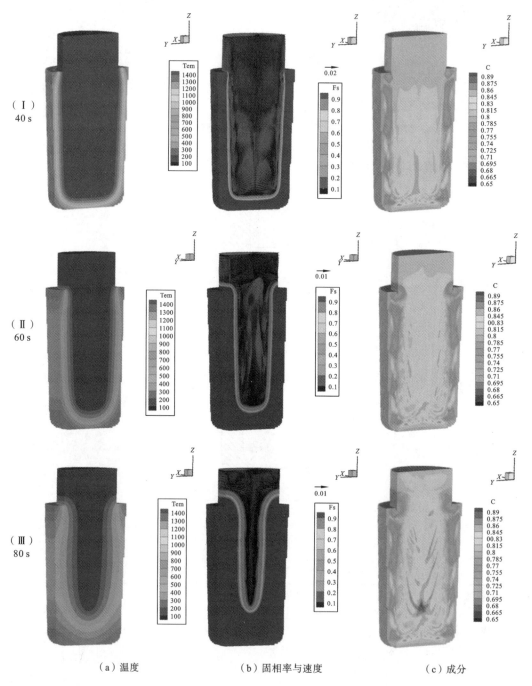

（a）温度　　　　　　　　（b）固相率与速度　　　　　　　　（c）成分

图 10-15　合金凝固过程中温度、固相率与速度、成分随时间变化的过程

凝固过程的进行,小钢锭内部的热溶质流动变得不稳定,如图 10-15(Ⅱb)和图 10-15(Ⅲb)所示,其流动的不稳定性导致相应的溶质形态分布也变得不对称,如图 10-15(Ⅱc)和图 10-15(Ⅲc)所示。但整个凝固区域内的温度与固相率分布仍是对称的,仅在凝固界面沿前沿存在流动不对称性。图 10-15(Ⅲb)中,小钢锭凝固过程形成一个狭窄的液体区域,该液体区域是一个富溶质区域,如图 10-15(Ⅲc)所示,这些富集溶质将在向上热溶质流动的推动作用下于冒口中间部位形成正偏析。

如图 10-16 所示为小钢锭完全凝固后纵向截面区域的溶质分布情况及其中心区域的溶质浓度曲线图。从图 10-16(a)可以看出,小钢锭凝固后出现了倒 V 形的通道偏析,且在小钢锭的冒口处中心区域形成明显的正偏析。从图 10-16(b)可以看出,小钢锭中心区域的碳元素浓度普遍高于初始浓度,在冒口处尤为明显。此次计算并没有预测出小钢锭底部溶质负偏析。分析认为原因有:①建模中仅考虑了热溶质对流因素,没有考虑其他因素对宏观偏析缺陷的影响,如等轴晶的沉降、凝固收缩等;这些因素不但会影响小钢锭底部负偏析缺陷的预测,同时也会显著影响冒口处正偏析缺陷预测的准确度。②计算中所用到的几何模型较小,从凝固时间来看,其凝固冷却速度相当快,凝固时间短,凝固过程析出的溶质没有充分对流扩散,偏析现象不是很严重。

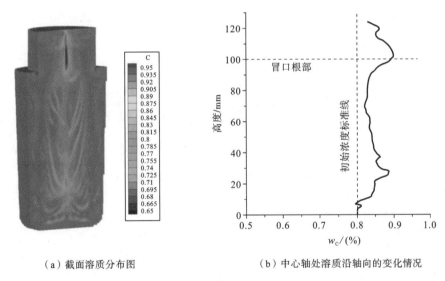

（a）截面溶质分布图　　　　　（b）中心轴处溶质沿轴向的变化情况

图 10-16　198 s 完全凝固后的碳溶质浓度分布

3）大钢锭数值算例

为了验证上一小节小钢锭算例中分析的没有预测底部溶质负偏析的第二个原因,采用大钢锭模型进行数值模拟计算。该大钢锭的几何模型依据 H. Combeau 等人研究的 3.3 吨铸钢锭试验件几何形状,如图 10-17 所示。在 H. Combeau 的试验件中,除在钢锭冒口处设置冒口套外,还铺洒覆盖剂来保证冒口处的补缩作用。数值计算中将铸钢简化为 Fe-0.36%C 二元合金,钢锭、金属模具、冒口套的热物性参数,以及合金物性参数可以参见表 10-3 与表 10-4。液态合金初始温度设为 1503 ℃,铸型与空气温度为 25 ℃,铸型与空气换热系数为 100 W·m^{-2}·℃$^{-1}$,钢锭顶部覆盖剂不作考虑,将其折算成铸件与空气换热系数 8 W·m^{-2}·℃$^{-1}$ 来进行计算,冒口套与空气换热系数为 5 W·m^{-2}·℃$^{-1}$。采用华铸 CAE 软件前处理模块进行大钢锭模型网格剖分,网格剖分精度为 10 mm×10 mm×10 mm,总网格数超过 160 万,计算时间步长设为 0.16 s,大钢锭的实际凝固时间为 101 min。

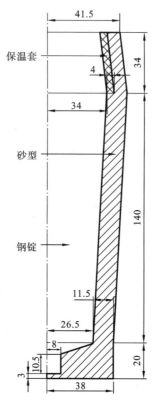

图 10-17　大钢锭几何模型(单位:cm)

表 10-3　钢锭、金属模具、冒口套的热物性参数

材料	$\rho/(\text{kg} \cdot \text{m}^{-3})$	$\lambda/(\text{W} \cdot \text{m}^{-1} \cdot \text{℃}^{-1})$	$C_p/(\text{J} \cdot \text{kg}^{-1} \cdot \text{℃}^{-1})$
大钢锭	6990	39.3	500
冒口套	185	1.4	1040
金属模具	7000	26.3	540

表 10-4　计算中所用到的 Fe-0.36%C 合金物性参数

参　　数	符　　号	值
纯熔点/℃	T_m	1532
液相斜率/(℃/(%))	m_l^C	−80.45
溶质分配系数	k^C	0.314
熔化潜热/(J·kg^{-1})	L	2.71×10^5
热膨胀系数/(℃$^{-1}$)	β_T	1.07×10^{-4}
溶质膨胀系数/(%)$^{-1}$	β_s^C	0.014164
液相溶质扩散系数/(m$^2 \cdot$ s^{-1})	D_l^C	2.0×10^{-8}

续表

参　　数	符　　号	值
运动黏度/(Pa·s)	μ_l	0.0042
二次枝晶间距/μm	d	500
重力加速度/(m·s^{-2})	g	9.8

　　如图 10-18 所示为三维大钢锭凝固过程中不同时刻速度与固相率、宏观偏析分布的传输行为。从图 10-18(Ⅰ)中的固相率与速度矢量分布来看,大钢锭冒口的保温效果很好,整个大钢锭先于冒口凝固。由于铸型对铸件壁面和底部的冷却作用,凝固进行 1600 s 后,大钢锭中部形成狭长的液相区域,如图 10-18(Ⅰb)所示;当凝固进行 3200 s 后,这个狭长液相区域进一步

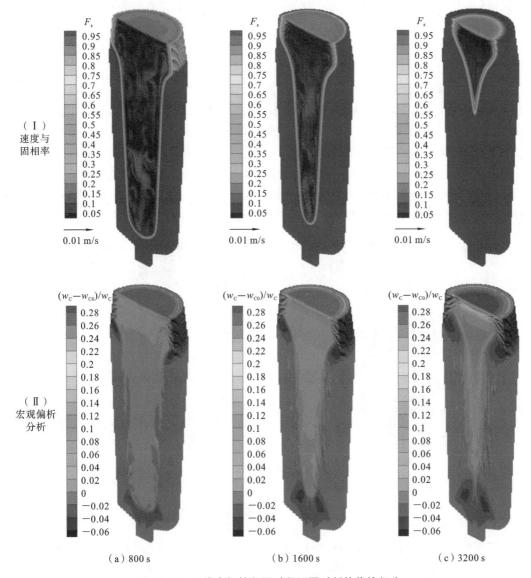

(a) 800 s　　　　　　(b) 1600 s　　　　　　(c) 3200 s

图 10-18　三维大钢锭凝固过程不同时刻的传输行为

缩小,并于冒口处形成桃形的液相区域,如图 10-18(I c)所示。

　　考察大钢锭凝固过程中的流动行为,富集溶质引导的流动大于热驱动流的影响,因此大钢锭凝固界面前沿形成向上富溶质液相流,并于大钢锭中部相遇从而形成可观的向下流动。因此在碳元素分布中可以发现,冒口顶部的溶质成分浓度总是最大的,如图 10-18(II)所示。相应地,在合金凝固早期,大钢锭的底部已初步形成底部负偏析区域,如图 10-18(II a)所示。随着大钢锭进一步凝固,该底部负偏析区域进一步扩大,最终形成两个连体锥形的负偏析区域,如图 10-18(II c)所示。随着合金凝固过程的进行,大钢锭冒口处形成了显著的通道偏析(A 型偏析)。值得一提的是,为了加快计算速度,当采用较粗的网格精度时,A 型偏析是不能被观察到的。可见在保证预测精度的前提条件下,实现宏观偏析缺陷的快速预测,是实现广泛工程应用的必要条件。同时从图 10-18(II c)可以看到,大钢锭冒口的分界处出现了较大的负偏析区域,分析认为该负偏析区域的形成原因是:下部已凝固的大钢锭型壁为上部冒口的冷却提供了底部冷却效果,由于不是激冷效果,分界处析出的溶质在冒口保温作用下,可以充分对流扩散至冒口中间处,于是冒口分界区域形成负偏析,同时这也将导致冒口中间出现明显的正偏析。

　　如图 10-19(a)所示为 H. Combeau 报道的大钢锭实验碳浓度分布,整个图中的宏观偏析分布由实验中选定的 114 个点的成分浓度值插值而来,这 114 个点的取值分布在图 10-19(a)中左半边已标出。在试验件的宏观偏析分布图中,可以发现一个显著的底部锥形负偏析以及明显的顶部正偏析,且大钢锭中部的碳浓度分布接近初始浓度。图 10-19(b)所示为本书中的数值模拟结果,对比两者可以看出,本数值模拟结果与 H. Combeau 报道的实验结果类似。不同的是,本数值模拟中,底部负偏析为一个双锥形相连的区域,且冒口根部外侧预测出负偏析。值得注意的是,模拟结果成功预测了大钢锭顶部经常观测到的 A 型偏析缺陷。

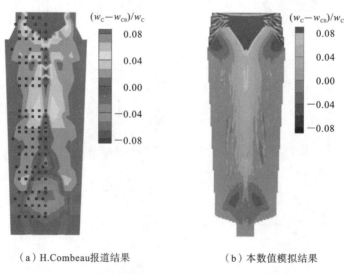

（a）H.Combeau报道结果　　　　　　（b）本数值模拟结果

图 10-19　大钢锭模拟与实验结果对比

　　为了清晰对比实验数据与数值模拟结果,作大钢锭中心线上数值模拟溶质浓度分布与实验数据对比图(见图 10-20)。从图上可以看出数值模拟结果与实验结果较符合,成功预测出大钢锭底部负偏析与顶部正偏析。根据实验结果,大钢锭的 1/3 高度附近出现了振荡的浓度分布,而数值模拟结果也有效地展现了该处的振荡分布。不难发现,数值模拟结果普遍大于实验数据,而预测出的负偏析缺陷区域范围小于实验范围,除网格精度影响外,分析认为原因还有以下两点:① 该大钢锭计算所采用的热物性参数的值还不够准确,如一些明显与温度有关的物性参数取为固定值,这将在一定程度上影响模拟的准确性。② 数学模型并没有考虑初生等轴晶的沉降作用,而这正是导致大范围底部负偏析的主要原因。

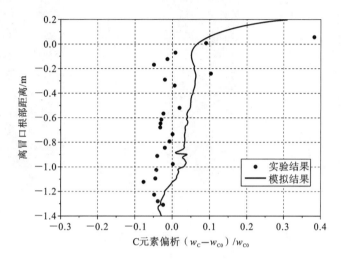

图 10-20　大钢锭中心线上的宏观偏析分布模拟与实验结果对比

　　从前面的三维大小钢锭算例计算结果来看,除铸钢合金成分明显不一样外,所采用的二次枝晶间距计算参数也大为不同。在前面的小钢锭以及二维铸钢合金凝固计算中,二次枝晶间距均取为 100 μm,而在大钢锭的计算中二次枝晶间距则取成 500 μm。合金凝固速度与合金微观组织以及晶粒细度密切相关,研究表明,较大的冷却速度可以使得晶粒尺寸与二次枝晶间距减小,而较小的冷却速度可以使晶粒粗大,同时使得二次枝晶间距变大。实际生产中,大钢锭由于尺寸较大,各部位冷却速度难以确定,因此很难确定凝固过程中二次枝晶间距参数。本次采用数值模拟技术来研究二次枝晶间距对热溶质对流和宏观偏析的影响,以进一步明确铸件宏观偏析缺陷预测中相关物性参数的重要性。此次,分别计算二次枝晶间距为 100 μm、500 μm、1000 μm 时的宏观偏析分布情况。

　　如图 10-21 所示为不同二次枝晶间距下宏观偏析分布情况,从三幅图来看,当二次枝晶间距为 100 μm,并没有在钢锭底部观测到较为明显的负偏析,顶部的 A 型偏析也不明显。随着二次枝晶间距的增加,宏观偏析的程度明显加剧,底部的负偏析也变得显著,并且 A 型偏析开始在冒口处出现,同时顶部的正偏析变得尤为明显,尤其体现在中间轴处。

　　合金凝固过程中越小的二次枝晶间距意味着晶粒越小,糊状区域内的固相越紧实。当液体在糊状区域内部流动的时候,其对热溶质液体流动的阻碍效果越明显,于是糊状区域内液体的流速下降得越快。这意味着凝固过程中析出的碳溶质来不及充分对流。

　　从前面的研究结果来看,尽管采取较大的二次枝晶间距可以有效地计算出大钢锭底部的负偏析,然而形状和区域大小与实际所认知的锥形负偏析还是有所不同。因此,有必要研究等轴晶移动对宏观偏析的影响。

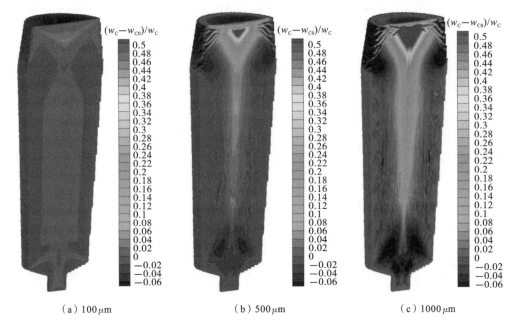

(a) 100 μm　　　　　　(b) 500 μm　　　　　　(c) 1000 μm

图 10-21　不同二次枝晶间距下宏观偏析分布情况

第 3 节　等轴晶移动浓度场模拟实例

1. 二维 Fe-C 合金算例研究

仍考虑图 10-1 所示的二维计算几何模型，且 Fe-0.8%C 合金的物性参数仍取于表 10-1。枝晶搭接形成的刚性骨架的临界固相率 f_s^{cr} 取值为 0.1。对计算区域进行剖分，网格剖分精度为 1 mm×1 mm，计算时间步长为 0.001 s。图 10-22 为 Fe-0.8%C 合金凝固 200 s 和 400 s 后不考虑等轴晶移动条件下计算区域内固相率与速度、碳溶质浓度的分布情况。图 10-23 为 Fe-0.8%C 合金凝固 200 s 和 400 s 后考虑等轴晶移动条件下计算区域内固相率与速度、碳溶质浓度的分布情况。

如图 10-22(a) 和图 10-23(a) 所示，当合金凝固 200 s 后，由于铸件型壁的激冷作用，在接近铸件表面区域的温度梯度较大，铸件率先凝固，并在糊状区域前沿形成明显的热流动。从图 10-22(a) 和图 10-23(a) 不难看出，两种情况下计算得出的 200 s 时刻的传输行为不尽相同。图 10-23(a) 中，凝固进行到 200 s 时，在固相率小于 0.1 的等轴晶区域内流动仍然明显，而图 10-22(a) 中糊状区域内的热溶质流动较弱，流动主要形成在固液界面的前沿。从糊状区域的形貌来看，图 10-22(a) 中，在不考虑等轴晶移动时，糊状区域在液相中的界面前端存在枝状凸起，而在图 10-23(a) 中，可以发现枝状凸起被流动冲刷折断，界面前沿比较光滑。同时，从合金凝固 200 s 时刻的溶质分布图可以看出，当考虑等轴晶移动作用时（图 10-23(a)），低溶质等轴晶区域在流体驱动下，沿固液界面前端向下运动，在铸件底部形成负溶质偏析区域。当

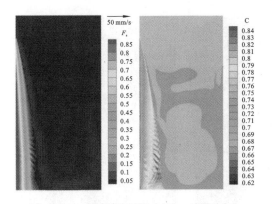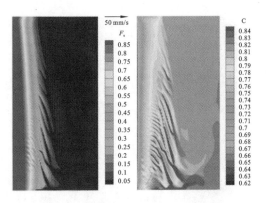

（a）200 s：固相率与速度（左）、浓度（右）　　　　（b）400 s：固相率与速度（左）、浓度（右）

图 10-22　不考虑等轴晶移动条件下 Fe-0.8%C 合金凝固传输行为

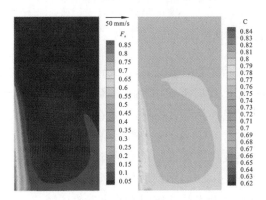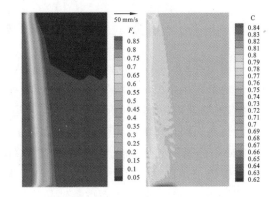

（a）200 s：固相率与速度（左）、浓度（右）　　　　（b）400 s：固相率与速度（左）、浓度（右）

图 10-23　考虑等轴晶移动条件下 Fe-0.8%C 合金凝固传输行为

不考虑等轴晶移动作用时（图 10-22（a）），界面前沿析出的碳溶质随热溶质流于铸件底部形成富溶质区域。

当合金凝固 400 s 后，不考虑等轴晶移动时（图 10-22（b）），固液界面前沿形成明显的通道，这些通道内，由于碳溶质富集而形成通道偏析。当考虑等轴晶移动时（图 10-23（b）），由前面的分析可知，界面前沿的流动将糊状区域内的枝状通道折断抹平，形成的负溶质等轴晶碎片随着液相流移动和沉降。因此图 10-23（b）中铸件前沿的溶质浓度明显低于图 10-22（b）中的。

2. 三维铸钢件模拟研究

计算几何模型与前述大钢锭数值算例一致，除临界固相率 f_s^{cr} 取值为 0.1 外，其他相关的参数均相同。为了尽可能消除二次枝晶间距对底部负偏析的影响，本次数值模拟采用二次枝晶间距 $d=100\ \mu m$ 进行计算，以便更好地观察等轴晶移动对钢锭底部负偏析形成的影响。图 10-24 为 Fe-0.36%C 合金凝固 800 s 后考虑和不考虑等轴晶移动条件下的大钢锭铸件固相率与速度、碳溶质浓度分布。

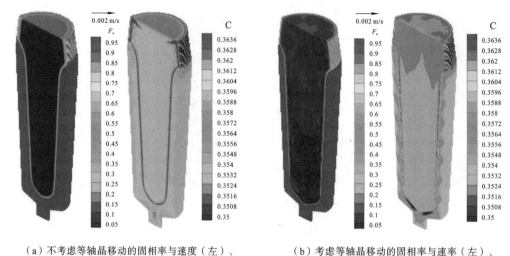

　　（a）不考虑等轴晶移动的固相率与速度（左）、　　　　　　（b）考虑等轴晶移动的固相率与速率（左）、
　　　　　　碳溶质浓度（右）　　　　　　　　　　　　　　　　　　　　碳溶质浓度（右）

图 10-24　大钢锭凝固 800 s 后固相率与速度、碳溶质浓度分布

　　如图 10-24 所示，当合金凝固 800 s 时，考虑等轴晶移动的情况下，在大钢锭铸件的顶部大范围出现低固相率糊状区域（图 10-24（b））。分析可知，此时钢锭中凝固界面前沿形成向上流动，这将推动等轴晶颗粒和折断的枝晶向上运动并于中部相遇后沉降，于是在钢锭上部观察到向底部凸出的糊状区域。由于钢锭中固相的迁移，图 10-24（b）中固相型壁厚度明显小于图 10-24（a）中的固相型壁厚度，且此时图 10-24（b）中钢锭内液体流动速度明显大于图 10-24（a）中的钢锭内液体流动速度。不难发现，当考虑等轴晶移动时，钢锭底部已初步形成负偏析区域，如图 10-24（b）所示，而不考虑等轴晶移动时，其底部并没有形成明显的负偏析区域。

　　图 10-25 给出了不同条件下大钢锭完全凝固后的溶质分布情况。图 10-25（b）中，当考虑

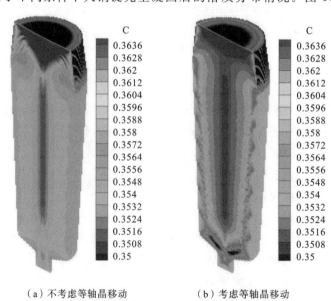

　　　　（a）不考虑等轴晶移动　　　　　　　　　（b）考虑等轴晶移动

图 10-25　大钢锭完全凝固后溶质分布情况

等轴晶移动的时候,可以在大钢锭底部观察到明显的负偏析区域,这也导致大钢锭顶部与中部的正偏析相对于图 10-25(a)的更加严重与明显。尽管采用提出的等轴晶移动处理方法可以预测底部负偏析的形成,但钢锭底部负偏析形状以及区域面积与实际情况仍有较大出入。因而寻求和应用更加准确的宏观偏析数学模型,是未来进一步提高实际工程应用中宏观偏析数值预测准确性的主要研究方向。

本 章 小 结

　　浓度场数值模拟工程应用成熟度远不及温度场、流动场和应力场,由浓度场导致的成分偏析等缺陷与合金凝固行为息息相关。因此本章以较为前沿的数值模拟研究结果作为实例进行论述,给出了阀盖、不同尺寸的钢锭的浓度场数值模拟结果,并分析不同数值模拟条件、工艺条件下浓度场变化规律,最后分析指明浓度场数值模拟未来的研究方向。

本 章 习 题

　　1. 结合实例,论述现阶段浓度场数值模拟的成熟度。
　　2. 结合实例,讨论浓度场数值模拟如何预测偏析缺陷。
　　3. 结合实例,讨论大钢锭偏析预测的影响因素有哪些。

第 11 章 电磁场数学模型与数值求解

学 习 指 导

学习目标

(1) 掌握感应电炉熔炼、金属凝固过程及其简化的物理模型与基本假设;

(2) 掌握材料成形电磁场数学模型;

(3) 掌握材料成形电磁条件下多物理场数学模型的假设条件、传热与流动耦合数学模型、流动与传质耦合数学模型;

(4) 掌握电磁条件下多物理场数学模型离散方法。

学习重点

(1) 电磁场数学模型;

(2) 电磁条件下多物理场数学模型;

(3) 电磁条件下多物理场数学模型离散。

学习难点

(1) 电磁场数学模型;

(2) 电磁条件下多物理场数学模型。

第 1 节 概 述

1. 感应电炉熔炼过程与简化的物理模型

感应电炉熔炼的基本原理是电磁感应原理和电流的热效应原理。坩埚外侧的螺旋形水冷线圈接入交变电流,产生电磁感应现象,感应线圈周围将产生交变的磁场;该磁场的磁力线将部分穿透坩埚内的金属炉料,因为交变磁场的磁通量变化产生感应电动势,金属炉料内部将会产生感生电流;感生电流在存在一定电阻的固态金属炉料内部流动,必然会产生一定的热能,该能量将金属炉料加热并熔化成液态金属。本章将用来描述此物理过程的完整电炉模型,基于一定假设条件进行简化,简化后的二维与三维物理模型如图 11-1 所示。

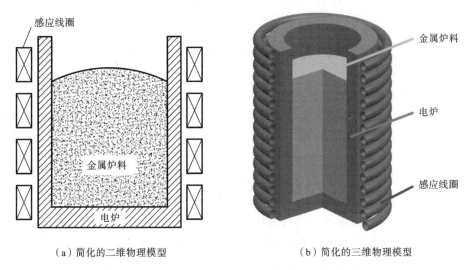

（a）简化的二维物理模型　　　　　　　　（b）简化的三维物理模型

图 11-1　简化后的感应电炉熔炼物理模型

2. 金属凝固过程与简化的物理模型

液态合金液进入铸型充满型腔以后,在自然对流条件下,液态合金液通过散热系统与外界进行热交换,温度从液相线以上逐步降低到固相线以下,并最终完全凝固。金属凝固过程中,合金内部会产生宏观偏析,与液态合金液的传热、流动和传质行为密切相关。以铸钢锭为研究对象,研究铸钢锭在自然对流条件下的凝固过程,同时外加螺旋电磁场,对该过程进行数值模拟,给出电磁场数值模拟结果,以及说明电磁场如何在液态成形过程中应用。简化后的二维与三维物理模型如图 11-2 所示。

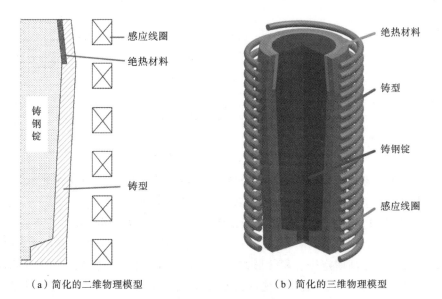

（a）简化的二维物理模型　　　　　　　　（b）简化的三维物理模型

图 11-2　简化后的铸钢锭凝固过程物理模型

3. 基本假设

为了建立合理的数学模型,简化的感应电炉熔炼物理模型和铸钢锭凝固过程模型均需要做如下假设:

(1) 简化的感应电炉熔炼物理模型中,不考虑其他炉体结构,只考虑炉衬、炉底和炉盖(图 11-1 中未表示)结构。将需要熔炼的金属炉料视为圆柱体,不考虑自由表面,研究内部传热与流动机理。

(2) 与感应电炉熔炼过程和铸钢锭凝固过程相关的三维交变电场为随时间呈正弦变化的交变电场。感应电炉熔炼过程研究的交变电流频率为中频,频率在 10^5 Hz 以下,从而感生的电磁场可以被看作是似稳电磁场。合金炉料中的位移电流密度被忽略。

(3) 考虑到研究对象材质的液相线温度高于居里温度,而在高于居里温度时金属熔体已呈顺磁性,相对磁导率为 1,近似于真空磁导率,故数学模型均采用真空磁导率代替所研究材质的磁导率,从而简化电磁场计算方程。

(4) 假设研究对象材质为各向同性,电磁性能参数均定义为标量。

第 2 节　电磁场数学模型

1. 电磁场控制方程数学建模

1) 理论基础

麦克斯韦在前人工作的基础上,总结了时变电磁场的基本规律,并用麦克斯韦方程组表达。

$$\oint_l \boldsymbol{H} \cdot \mathrm{d}\boldsymbol{l} = \int_s \left(\boldsymbol{J} + \frac{\partial \boldsymbol{D}}{\partial t} \right) \cdot \mathrm{d}\boldsymbol{s}, \quad \nabla \times \boldsymbol{H} = \boldsymbol{J} + \frac{\partial \boldsymbol{D}}{\partial t} \tag{11-1}$$

$$\oint_l \boldsymbol{E} \cdot \mathrm{d}\boldsymbol{l} = -\frac{\partial}{\partial t}\int_s \boldsymbol{B} \cdot \mathrm{d}\boldsymbol{s}, \quad \nabla \times \boldsymbol{E} = -\frac{\partial \boldsymbol{B}}{\partial t} \tag{11-2}$$

$$\oint_s \boldsymbol{B} \cdot \mathrm{d}\boldsymbol{s} = 0, \quad \nabla \cdot \boldsymbol{B} = 0 \tag{11-3}$$

$$\oint_s \boldsymbol{D} \cdot \mathrm{d}\boldsymbol{s} = \int_V \rho_\sigma \mathrm{d}V, \quad \nabla \cdot \boldsymbol{D} = \rho_\sigma \tag{11-4}$$

上述所有式中:$\boldsymbol{H}$ 为磁场强度,A/m;$\boldsymbol{B}$ 为磁感应强度(磁通密度),T;$\boldsymbol{D}$ 为电位移(电通密度),C/m²;$\boldsymbol{E}$ 为电场强度,V/m;$\boldsymbol{J}$ 为电流密度,A/m²;ρ_σ 为电荷密度,C/m³。

式(11-1)至式(11-4)被称为麦克斯韦方程组,左边方程为积分形式,右边方程为微分形式。第一组方程称为全电流定律,第二组方程称为电磁感应定律,第三组方程称为磁通连续性定律,第四组方程称为高斯定律。积分形式的方程定量给出了某一场域空间内的相互关系,而要研究某一场域空间内任一点各场量之间的相互关系,则需要麦克斯韦方程组的微分形式。

在时变电磁场中,除了麦克斯韦方程组以外,连续性方程同样是求解问题的重要基本方程。其积分和微分形式分别如下：

$$\oint_s \boldsymbol{J} \cdot \mathrm{d}S = -\frac{\mathrm{d}}{\mathrm{d}t}\int_v \rho_\sigma \mathrm{d}V, \quad \nabla \cdot \boldsymbol{J} = -\frac{\partial \rho_\sigma}{\partial t} \tag{11-5}$$

麦克斯韦方程组加上连续性方程构成了麦克斯韦电磁理论的核心。在这五组方程中，只有全电流定律、电磁感应定律和高斯定律是相互独立的，其余方程可以利用此三组方程导出。于是，麦克斯韦方程组中有 $\boldsymbol{H}$、$\boldsymbol{B}$、$\boldsymbol{D}$、$\boldsymbol{E}$、$\boldsymbol{J}$ 五个矢量和 ρ_σ 一个标量，显然三组独立的方程不能完全表达整个电磁场分布，需要增加九个独立的标量方程。

假设所有场矢量的分量在所考察点的邻域内是连续可微的，且在该邻域内媒质的介电常数 ε、磁导率 μ 和电导率 σ 是线性且各向同性的，麦克斯韦方程组中的各矢量还满足下述结构方程：

$$\boldsymbol{D} = \varepsilon\boldsymbol{E} \tag{11-6}$$

$$\boldsymbol{B} = \mu\boldsymbol{H} \tag{11-7}$$

$$\boldsymbol{J} = \sigma\boldsymbol{E} \tag{11-8}$$

提出的求解区域包含涡流区与非涡流区，不同区域内包含不同的媒介。对于线性媒介，其电磁特性参数是常数，而非线性媒介的电磁参数依赖于其他未知函数值。两种不同媒介的交界面上，电磁特性发生跃变，微分方程在此时不成立，需要分别对不同区域列出电磁方程和交界面条件，从而将不同区域的微分方程联立起来求解。为求解三维螺旋电磁场，选用矢量磁位与标量电位方程，即 $\boldsymbol{A}, \varphi - \boldsymbol{A}$ 法。该法是指把三维电磁场的场域分为涡流区和非涡流区，在涡流区采用矢量磁位 $\boldsymbol{A}$ 和标量电位 φ 作为未知函数，而在非涡流区用矢量磁位 $\boldsymbol{A}$ 作为未知函数，且把源电流 J_s 引入非涡流区。

根据式（11-3），磁感应强度 $\boldsymbol{B}$ 的散度恒等于零，而任意一个矢量函数旋度的散度必等于零，故定义一个新的矢量函数 $\boldsymbol{A}$，令

$$\boldsymbol{B} = \nabla \times \boldsymbol{A} \tag{11-9}$$

矢量函数 $\boldsymbol{A}$ 也可称为矢量磁位 $\boldsymbol{A}$。将式（11-9）代入式（11-2），同时考虑时间导数和旋度运算顺序可以交换，得到

$$\nabla \times \left(\boldsymbol{E} + \frac{\partial \boldsymbol{A}}{\partial t}\right) = 0 \tag{11-10}$$

式（11-10）左边括号中表示一个无旋的矢量场，而一个无旋的矢量场可以表示为一个标量函数的梯度，故定义一个新的标量函数 φ，得到

$$\boldsymbol{E} = -\frac{\partial \boldsymbol{A}}{\partial t} - \nabla \varphi \tag{11-11}$$

标量函数 φ 也可称为标量电位 φ。综合式（11-9）至式（11-11），并考虑

$$\nabla \times (\boldsymbol{A} + \nabla \varphi) = \nabla \times \boldsymbol{A} = \boldsymbol{B} \tag{11-12}$$

说明一个磁感应强度 $\boldsymbol{B}$ 可以与多个矢量磁位 $\boldsymbol{A}$ 对应，这与实际情况不符，因此必须对 $\boldsymbol{A}$ 的定义再加以限制。这里我们采用库仑规范来限制矢量磁位 $\boldsymbol{A}$。库仑规范的含义为在所有满足 $\boldsymbol{B} = \nabla \times \boldsymbol{A}$ 的矢量函数中，取散度为零的矢量函数，即满足

$$\nabla \cdot \boldsymbol{A} = 0 \tag{11-13}$$

2）涡流区

根据麦克斯韦方程组，在涡流区 V_m 内，控制方程用场矢量 $\boldsymbol{H}$、$\boldsymbol{E}$ 和 $\boldsymbol{B}$ 表示。应用全电流定律的微分形式，即式（11-1）和结构方程式（11-7），得到

$$\nabla \times \boldsymbol{H} = \nabla \times \frac{1}{\mu} \boldsymbol{B} = \boldsymbol{J} + \frac{\partial \boldsymbol{D}}{\partial t} \tag{11-14}$$

在旋涡场中,式(11-14)右边的位移电流密度 $\dfrac{\partial \boldsymbol{D}}{\partial t}$ 与传导电流密度 $\boldsymbol{J}$ 相比较可以忽略不计,同时传导电流密度 $\boldsymbol{J}$ 可以分为两类,一类是作为已知函数的源电流密度 $\boldsymbol{J}_s$,一类是变化的磁场感应出来的涡电流密度 $\boldsymbol{J}_e$ 。$\boldsymbol{J}_e$ 的空间分布和时间变化都是未知的,只能利用电磁性能关系式,将其表达为

$$\boldsymbol{J}_e = \sigma \boldsymbol{E} = -\sigma \left(\frac{\partial \boldsymbol{A}}{\partial t} + \nabla \varphi \right) \tag{11-15}$$

联立式(11-14)和式(11-15),并对式(11-15)两边取散度,得到

$$\nabla \times \left(\frac{1}{\mu} \nabla \times \boldsymbol{A} \right) - \nabla \left(\frac{1}{\mu} \nabla \cdot \boldsymbol{A} \right) + \sigma \frac{\partial \boldsymbol{A}}{\partial t} + \sigma \nabla \varphi = 0 \tag{11-16}$$

$$-\nabla \cdot \left(\sigma \frac{\partial \boldsymbol{A}}{\partial t} + \sigma \nabla \varphi \right) = 0 \tag{11-17}$$

式(11-16)和式(11-17)即为涡流区内用 $\boldsymbol{A}, \varphi - \boldsymbol{A}$ 方法求解问题的控制方程。

3) 非涡流区

根据麦克斯韦方程组,在非涡流区 V_0 内,控制方程同样可以用场矢量 $\boldsymbol{H}$、$\boldsymbol{E}$ 和 $\boldsymbol{B}$ 表示。不同的是,涡流区内没有源电流。在非涡流区内引入源电流,那么得到

$$\nabla \times \left(\frac{1}{\mu} \nabla \times \boldsymbol{A} \right) - \nabla \left(\frac{1}{\mu} \nabla \cdot \boldsymbol{A} \right) = \boldsymbol{J}_s \tag{11-18}$$

此式即为非涡流区内用 $\boldsymbol{A}, \varphi - \boldsymbol{A}$ 方法求解问题的控制方程。

综上所述,在求解全域 V 内,用矢量磁位 $\boldsymbol{A}$ 和标量电位 φ 表述的三维交变电磁场 $\boldsymbol{A}, \varphi - \boldsymbol{A}$ 方法求解问题的方程组为

$$\begin{matrix} \text{涡流区} \\ \\ \text{非涡流区} \end{matrix} \begin{cases} \nabla \times \left(\dfrac{1}{\mu} \nabla \times \boldsymbol{A} \right) - \nabla \left(\dfrac{1}{\mu} \nabla \cdot \boldsymbol{A} \right) + \sigma \dfrac{\partial \boldsymbol{A}}{\partial t} + \sigma \nabla \varphi = 0 \\ \qquad\qquad -\nabla \cdot \left(\sigma \dfrac{\partial \boldsymbol{A}}{\partial t} + \sigma \nabla \varphi \right) = 0 \\ \nabla \times \left(\dfrac{1}{\mu} \nabla \times \boldsymbol{A} \right) - \nabla \left(\dfrac{1}{\mu} \nabla \cdot \boldsymbol{A} \right) = \boldsymbol{J}_s \end{cases} \tag{11-19}$$

2. 复矢量磁位和复标量电位描述求解方程组

假定外界的交变电磁场按正弦规律变化,仿照正弦电路的表达方法,采用复数的方式表达。矢量 $\boldsymbol{A}$ 的复振幅 $\dot{\boldsymbol{A}}_m$ 为

$$\dot{\boldsymbol{A}}_m = \dot{A}_{xm} \boldsymbol{e}_x + \dot{A}_{ym} \boldsymbol{e}_y + \dot{A}_{zm} \boldsymbol{e}_z = A_{xm} e^{j\alpha} \boldsymbol{e}_x + A_{ym} e^{j\beta} \boldsymbol{e}_y + A_{zm} e^{j\gamma} \boldsymbol{e}_z \tag{11-20}$$

式中: A_{xm}, A_{ym}, A_{zm} 和 α, β, γ 分别为矢量 $\boldsymbol{A}$ 在 x, y, z 方向上的分量振幅和初始相位,均为空间函数,与时间无关。

矢量 $\boldsymbol{A}$ 的复有效值 $\dot{A}$ 为

$$\dot{A} = \frac{\dot{\boldsymbol{A}}_m}{\sqrt{2}} \tag{11-21}$$

与其对应的瞬态值为

$$\dot{A}=I_{\mathrm{m}}(\dot{A}_{\mathrm{m}}\mathrm{e}^{\mathrm{j}\omega t})\tag{11-22}$$

同理,复标量电位 $\dot{\varphi}$ 的瞬态值为

$$\dot{\varphi}=I_{\mathrm{m}}\dot{\varphi}_{\mathrm{m}}\tag{11-23}$$

于是,将三维电磁场求解方程组即式(11-19)用复矢量表达为

$$\text{涡流区}\quad\begin{cases}\nabla\times\left[\dfrac{1}{\mu}\nabla\times(I_{\mathrm{m}}\dot{A}_{\mathrm{m}}\mathrm{e}^{\mathrm{j}\omega t})\right]-\nabla\left[\dfrac{1}{\mu}\nabla\cdot(I_{\mathrm{m}}\dot{A}_{\mathrm{m}}\mathrm{e}^{\mathrm{j}\omega t})\right]+\sigma\mathrm{j}\omega I_{\mathrm{m}}\dot{A}_{\mathrm{m}}\mathrm{e}^{\mathrm{j}\omega t}+\sigma\nabla I_{\mathrm{m}}\dot{\varphi}_{\mathrm{m}}=0\\[2mm]\qquad\qquad\qquad-I_{\mathrm{m}}\nabla\cdot(\sigma\mathrm{j}\omega\dot{A}_{\mathrm{m}}\mathrm{e}^{\mathrm{j}\omega t}+\sigma\nabla\dot{\varphi}_{\mathrm{m}})=0\end{cases}$$

$$\text{非涡流区}\quad\nabla\times\left[\dfrac{1}{\mu}\nabla\times(I_{\mathrm{m}}\dot{A}_{\mathrm{m}}\mathrm{e}^{\mathrm{j}\omega t})\right]-\nabla\left[\dfrac{1}{\mu}\nabla\cdot(I_{\mathrm{m}}\dot{A}_{\mathrm{m}}\mathrm{e}^{\mathrm{j}\omega t})\right]=\boldsymbol{J}_{\mathrm{s}}$$

$$\tag{11-24}$$

3. 边界条件

1) 金属熔体外边界 S_{m}

(1) 根据磁通连续性定律,在求解场域中此界面内外两侧矢量磁位 A 的法向和切向分量总是连续的,考虑到使用库仑规范,并用复数表达,有

$$\boldsymbol{n}_{\text{内}}\cdot\dot{A}_{\text{内}}=\boldsymbol{n}_{\text{外}}\cdot\dot{A}_{\text{外}}\tag{11-25}$$

$$\boldsymbol{n}_{\text{内}}\times\dot{A}_{\text{内}}=\boldsymbol{n}_{\text{外}}\times\dot{A}_{\text{外}}\tag{11-26}$$

于是,可以得到

$$\dot{A}_{\text{内}}=\dot{A}_{\text{外}}\tag{11-27}$$

(2) 根据磁通连续性定律,磁感应强度的法向分量总是连续的,有

$$\boldsymbol{n}_{\text{内}}\cdot\dot{B}_{\text{内}}=\boldsymbol{n}_{\text{外}}\cdot\dot{B}_{\text{外}}\tag{11-28}$$

(3) 磁场强度 $\boldsymbol{H}$ 的切向分量一般情况下在此界面内外两侧是不连续的,差值相当于在此界面上流过的自由电流密度。假设研究对象金属材质和与其接触的媒介交界面上不存在自由电荷,利用结构方程式(11-7)和式(11-9)有

$$\boldsymbol{n}_{\text{内}}\times\left(\nabla\times\dfrac{\dot{A}_{\text{内}}}{\mu_{\text{内}}}\right)=\boldsymbol{n}_{\text{外}}\times\left(\nabla\times\dfrac{\dot{A}_{\text{外}}}{\mu_{\text{外}}}\right)\tag{11-29}$$

(4) 根据电流连续性定律,电场强度 $\boldsymbol{E}$ 的切向分量总是连续的,考虑到式(11-11),得出

$$\boldsymbol{n}_{\text{内}}\times(-\mathrm{j}\omega\dot{A}_{\text{内}}-\nabla\dot{\varphi}_{\text{内}})=\boldsymbol{n}_{\text{外}}\times(-\mathrm{j}\omega\dot{A}_{\text{外}}-\nabla\dot{\varphi}_{\text{外}})\tag{11-30}$$

根据式(11-27)的结果,并考虑标量电位 $\dot{\varphi}$ 只存在于涡流区内,于是有

$$\boldsymbol{n}\times(-\nabla\dot{\varphi})=0\tag{11-31}$$

(5) 根据电流连续性定律,考虑此界面两侧材质,只有涡流区表面存在传导电流,从而得到

$$\boldsymbol{n}\cdot(-\mathrm{j}\omega\sigma\dot{A}-\sigma\nabla\dot{\varphi})=0\tag{11-32}$$

2) 求解全域外边界 S

求解三维电磁场时,场域边界条件一般分为如下四种情况。

(1) 无穷远边界。

无穷远边界条件适用于开域问题,即电磁场能量并非局限于有限区域内,这种条件下可以认为在场域边界上电磁场能量几乎衰减到 0。

对于时变电磁场的涡流问题,无穷远边界条件定义为

$$\boldsymbol{A}=0, \quad \varphi=0 \tag{11-33}$$

(2) 满足 $\mu=\infty$,$\sigma=0$ 条件的边界。

边界上满足 $\sigma=0$,所以不存在涡流;边界上满足 $\mu=\infty$,所以磁力线垂直进入,即磁场强度 $\boldsymbol{B}$ 的切向分量为零,只存在法向分量。当铁磁材料在计算域外面,且不计其中的涡流时,该类边界条件适用。此时需要在边界上添加 S_n 类边界条件,即 $\boldsymbol{n}\times\dot{\boldsymbol{H}}=0$。用复矢量表达为

$$\frac{\partial \dot{A}_n}{\partial \boldsymbol{\tau}_2}-\frac{\partial \dot{A}_{\tau_2}}{\partial \boldsymbol{n}}=0, \quad \frac{\partial \dot{A}_{\tau_1}}{\partial \boldsymbol{n}}-\frac{\partial \dot{A}_n}{\partial \boldsymbol{\tau}_1}=0 \tag{11-34}$$

式中:$\boldsymbol{n}$ 为边界所在面的法向矢量;$\boldsymbol{\tau}_1$ 和 $\boldsymbol{\tau}_2$ 为边界所在面的两个互相垂直的切向矢量。

在引入库仑规范后,考虑到解的唯一性要求,在这类边界上要满足条件

$$\boldsymbol{n}\cdot\dot{\boldsymbol{A}}=0 \tag{11-35}$$

即在边界所在面上复矢量磁位 $\dot{\boldsymbol{A}}$ 的法向分量 $\dot{A}_n$ 处处为零,从而 $\dot{A}_n$ 沿边界所在面的切向 $\boldsymbol{\tau}_1$ 和 $\boldsymbol{\tau}_2$ 的变化率同样处处为零,即

$$\frac{\partial \dot{A}_n}{\partial \boldsymbol{\tau}_1}=\frac{\partial \dot{A}_n}{\partial \boldsymbol{\tau}_2}=0 \tag{11-36}$$

结合式(11-34),可得

$$\frac{\partial \dot{A}_{\tau_1}}{\partial \boldsymbol{n}}=\frac{\partial \dot{A}_{\tau_2}}{\partial \boldsymbol{n}}=0 \tag{11-37}$$

式(11-35)说明复矢量磁位 $\dot{\boldsymbol{A}}$ 的法向分量 $\dot{A}_n$ 为零,这是第一类齐次边界条件;式(11-37)说明复矢量磁位 $\dot{\boldsymbol{A}}$ 的两个切向分量 $\dot{A}_{\tau_1}$ 和 $\dot{A}_{\tau_2}$ 的法向导数为零,这是第二类齐次边界条件。

(3) 满足 $\sigma=\infty$ 条件的边界。

当边界所在面的 $\sigma=\infty$ 时,任意法向时变磁场进入此界面的时候,都会在此界面内产生涡流,把进入的法向磁场排挤出去,使得只存在磁场的切向分量,不存在法向分量。此时需要在边界上添加 S_τ 类边界条件,即 $\boldsymbol{n}\cdot\boldsymbol{B}=0$。

根据磁通连续性定律,时变磁场穿过该界面的磁感应强度 $\boldsymbol{B}$ 总和为零,结合斯托克斯定理,该时变磁场的磁感应强度 $\boldsymbol{B}$ 应满足条件

$$\int_s \boldsymbol{B}\cdot\mathrm{d}s=\int_s(\nabla\times\boldsymbol{A})\mathrm{d}s=\oint_l \boldsymbol{A}\cdot\mathrm{d}l=0 \tag{11-38}$$

在引入库仑规范后,考虑到解的唯一性要求,在这类边界上要满足条件

$$\boldsymbol{n}\times\dot{\boldsymbol{A}}=0 \tag{11-39}$$

$$\frac{\partial \dot{A}_n}{\partial \boldsymbol{n}}=0 \tag{11-40}$$

式(11-39)说明复矢量磁位 $\dot{\boldsymbol{A}}$ 的两个切向分量 $\dot{A}_{\tau_1}$ 和 $\dot{A}_{\tau_2}$ 为零,这是第一类齐次边界条件;式(11-40)说明复矢量磁位 $\dot{\boldsymbol{A}}$ 的法向分量 $\dot{A}_n$ 的法向导数为零,这是第二类齐次边界条件。

(4) 对称面边界。

在求解一些三维电磁场的涡流问题时,特定的结构可能存在对称面。假如以对称面为边界,就需要考虑对称面上不同的电磁参数状态。若在对称面上磁场强度 $\boldsymbol{H}$ 的切向分量为零,则可以按照情况(2)中给出的边界条件进行分析。若在对称面上磁感应强度 $\boldsymbol{B}$ 的法向分量为零,则可以按照情况(3)中给出的边界条件进行分析。

在以上所有讨论与分析的基础上,对于求解全域外边界 S 需要采用的所有边界条件总

结为

$$
\begin{cases}
\dot{\boldsymbol{A}} = 0 & \text{在边界 } S \text{ 上} \\[2mm]
\boldsymbol{n} \cdot \dot{\boldsymbol{A}} = 0, \dfrac{\partial \dot{A}_{\tau_1}}{\partial \boldsymbol{n}} = \dfrac{\partial \dot{A}_{\tau_2}}{\partial \boldsymbol{n}} = 0 & \text{在边界 } S_n \text{ 类上} \\[2mm]
\boldsymbol{n} \times \dot{\boldsymbol{A}} = 0, \dfrac{\partial \dot{A}_n}{\partial \boldsymbol{n}} = 0 & \text{在边界 } S_\tau \text{ 类上}
\end{cases}
\tag{11-41}
$$

第 3 节　电磁条件下多物理场数学模型

1. 假设条件

本节对螺旋电磁场条件下多物理场耦合数学模型进行分析,主要涉及传热、流动和传质过程。如图 11-1 和图 11-2 的简化物理模型所示,三维螺旋电磁场的求解全域包含金属炉料/铸钢锭、感应电炉结构/铸型、感应线圈及周围的空气区域,温度场的求解是全域问题,而流动场和传质场的求解限于金属炉料或铸钢锭区域。

感应电炉熔炼过程中,当感应线圈中通入一定频率的交流电时,炉内金属炉料会产生涡流而被加热,感应涡流产生的焦耳热作为内热源加热金属炉料至液态熔体。在金属凝固过程中,外加交流电的频率非常小,因此不会产生涡流,但是液态合金液切割磁力线产生的电磁力仍存在。该电磁力会抑制自然对流效果,从而改善传质效果。

因此,对于不同的物理过程,在构建控制方程时存在一定的区别。在感应电炉熔炼过程中,交变的电磁场会在固态金属炉料内部产生涡流场,涡流场产生的焦耳热作为内热源项添加到温度场控制方程中;而在金属凝固过程中,低频率的电磁场不会在液态合金液内部产生涡流,不会产生焦耳热,温度场控制方程中不需要该内热源项。

描述感应电炉熔炼和金属凝固过程物理场的基本规律为能量守恒定律、动量守恒定律和质量守恒定律。为了更好地建立合理的三维螺旋电磁场条件下多物理场耦合数学控制方程,作如下假设:

(1) 在感应电炉熔炼过程中,考虑涡流场焦耳热对温度的影响,尽管涡电流密度在径向由表及里按指数分布衰减,但实际金属炉料整个区域都存在涡电流,均会产生焦耳热,将此焦耳热作为内热源项添加至数学控制方程。

(2) 考虑涡流产生后液态金属流动带来的影响。在控制方程中,分别加入和不加入对流项;不加入对流项是单独研究传热过程机理,加入对流项后研究自然对流和电磁强制对流下流动对传热的影响机制。

(3) 金属材质表面与感应电炉炉体结构和铸型结构的传热方式为热传导,金属材质表面与感应电炉炉内空气和铸型外空气的传热方式为热辐射和热对流。不单独计算对流散热影响,只采用修正辐射换热系数的方法计算。

(4) 研究材质的热物性参数均视为温度的函数或者常数;液相黏度与密度假设为常数,仅在浮力项中考虑密度变化;感应线圈和金属材质表面黑度均视为常数。

（5）所研究的合金体系中，多元合金按照伪二元合金相图处理；只考虑固液两相，没有第三相；固相静止且不变形和无内应力；糊状区域固液界面局部热力学平衡；液相流动假设为不可压缩流。

2. 传热与流动耦合数学模型

1) 电磁场内涡电流的计算

前述内容已经详细阐述了如何求解整个场域单元网格内的复矢量磁位 $\dot{A}$ 和复标量电位 φ，由此可以得到金属材质内部由电磁场产生的涡电流；同时，液态金属流动时，会切割磁力线，同样会产生电流。在内热源项计算焦耳热时，需要考虑这两部分的电流，该电流 $\dot{J}_e$ 的求解公式为

$$\dot{J}_e = \sigma(\dot{E} + v \times B) = \sigma(-\nabla\dot{\varphi} - \mathrm{j}\omega\dot{A} + v \times B) \tag{11-42}$$

复矢量涡电流的有效值为

$$\dot{J} = \frac{\dot{J}_e}{\sqrt{2}} \tag{11-43}$$

2) 涡流场与传热流动耦合数学模型

温度场的求解采用三维非线性瞬态传热方程来描述。以金属材质为研究对象，传热行为主要为：金属材质内部的热传导，研究对象金属与接触介质的热传导和热辐射。但是在感应电炉熔炼过程中需要考虑内热源对金属炉料的加热。

根据傅里叶传热定律和能量守恒定律，将电流 $\dot{J}_e$ 产生的焦耳热作为内热源条件，并考虑液态金属流动对传热行为的影响，将对流项加入传热方程中，得到涡流场中温度场耦合非线性瞬态传热方程：

$$\rho C_p \frac{\partial T}{\partial t} + v \cdot \nabla T = \nabla \cdot (\lambda \nabla T) + \rho L \frac{\partial f_s}{\partial t} + \frac{|\dot{J}_e|^2}{\sigma} \tag{11-44}$$

式中：ρ 是密度，kg/m^3；C_p 是比热容，$J/(kg \cdot K)$；λ 是导热系数，$W/(m \cdot K)$；L 是相变潜热，J/kg；f_s 是固相率；T 是温度，K；v 是速度，m/s；t 是时间，s。

3) 边界条件

（1）金属材质与接触介质之间。

研究对象金属材质与接触介质之间可以认为是完全接触的，边界条件定义为

$$-\lambda \frac{\partial T}{\partial n} = h(T_m - T_f) \tag{11-45}$$

式中：h 是界面换热系数，J/K；T_m 和 T_f 分别是接触界面相邻的金属材质和接触介质单元网格温度，K；n 为接触界面的法向矢量。

（2）金属材质与空气之间。

金属材质与空气之间的传热方式为热辐射和热对流，按照柯西边界处理，即

$$-\lambda \frac{\partial T}{\partial n} = \kappa_C(T_m - T_a) + \kappa_R(T_m - T_a) \tag{11-46}$$

式中：κ_C 和 κ_R 分别是热对流和热辐射系数；T_a 是接触界面相邻的空气单元网格温度，K。

其中，热辐射系数 κ_R 需要按照斯特藩-玻尔兹曼定律求得，即

$$\kappa_R = \varepsilon\sigma_0(T_m^4 - T_a^4) \tag{11-47}$$

式中:ε 是材料表面辐射率系数;$\sigma_0 = 5.67 \times 10^{-8}$ W·m^{-2}·K^{-4} 是斯特藩-玻尔兹曼常数。

在本章假设条件中已经提到,将不单独计算对流换热部分,采用修正辐射换热系数的方法计算。根据经验值,取 $\kappa_C = 0.1\kappa_R \sim 0.3\kappa_R$,采用修正的辐射换热系数 κ'_R,将式(11-46)重新表达为

$$-\lambda \frac{\partial T}{\partial \boldsymbol{n}} = \kappa'_R (T_m - T_a) \qquad (11\text{-}48)$$

3. 流动与传质耦合数学模型

1) 洛伦兹力计算

研究对象金属为导电材料,当它处于涡电流密度为 J_e 的电磁场内时,又有磁感应强度为 B 的磁场垂直于涡电流穿过研究对象金属,液相合金液和固相金属均受到电磁力作用,该电磁力 F_{LZ} 可以描述为

$$F_{LZ} = J_e \times B \qquad (11\text{-}49)$$

该洛伦兹力为体积力,单位是 N/m^3。

2) 涡流场与流动传质耦合数学模型

假设研究对象金属在熔化和凝固过程中的液相流动为不可压缩流,密度视为温度的函数或者常数,则研究对象的熔化和凝固过程应满足连续性方程:

$$\frac{\partial \rho}{\partial t} + \frac{\partial u}{\partial x} + \frac{\partial v}{\partial y} + \frac{\partial w}{\partial z} = 0 \qquad (11\text{-}50)$$

实际上,在金属熔化和凝固过程中,固液相的转变不是瞬间完成的。在固液相线之间,存在糊状区域,熔化和凝固的过程实际上可以认为是糊状区域的推进过程。在构建动量守恒方程时,将糊状区域内两相作用力、液相黏性力和热溶质浮力考虑进去,源项中除了重力以外,还考虑电磁场产生的洛伦兹力,于是有

$$\frac{\partial (\rho v)}{\partial t} + \rho v \cdot \nabla v = \nabla \cdot (\mu_l \nabla v) - \frac{\mu_l}{K} v - \nabla p + \rho_b g + J_e \times B \qquad (11\text{-}51)$$

式中:μ_l 是液相黏度;K 是渗透率系数;ρ_b 是液相热溶质密度。

式(11-51)等号左边第一项为瞬态项,第二项为对流项,等号右边第一项为扩散项,第二项为达西(Darcy)项,第三项为压力项,最后两项合称为体积力项。

渗透率系数 $K = \dfrac{d^2}{180}\left(\dfrac{f_l^3}{f_s^2}\right)$,与二次枝晶间距 d、液相分数 f_l 和固相分数 f_s 相关。液相热溶质密度 $\rho_b = \rho - \rho[\beta_T(T - T_{ref}) + \beta_s(C_l^i - C_{ref}^i)]$,与参考温度 T_{ref}、热膨胀系数 $\beta_T = -\dfrac{1}{\rho}\left(\dfrac{\partial \rho}{\partial T}\right)$、溶质膨胀系数 $\beta_s = -\dfrac{1}{\rho}\left(\dfrac{\partial \rho}{\partial C_l^i}\right)$ 和某元素参考浓度 C_{ref}^i 相关。

无论是研究对象金属熔化还是凝固过程,溶质扩散系数在固相中要比液相中小很多,因此可以忽略,于是将金属熔化和凝固过程传质方程描述为

$$\frac{\partial (\rho C^i)}{\partial t} + \nabla \cdot (\rho v C^i) = \nabla \cdot (\rho f_l D_l^i \nabla C_l^i) \qquad (11\text{-}52)$$

式中:i 是某溶质元素;C^i 是该溶质元素浓度;C_l^i 是该溶质元素液相浓度;D_l^i 是该溶质元素液相扩散系数。

第4节　电磁条件下多物理场数学模型离散

1. 混合交错网格模型建立

前几节已经仔细分析讨论了铸造熔炼和凝固过程多物理场耦合的数学模型,本节主要针对已经建立的多物理场耦合控制方程,选取合适的数值算法,进行离散数值求解。在数值算法的选择上,对于三维电磁场和温度场求解采用有限差分法,对于流动场和传质场采用有限体积法。在数值求解的过程中,考虑到两种数值算法在网格节点方面的差异性,设计了基于六面体网格的混合交错网格模型,并设计网格节点值匹配算法。

1) 基本网格结构

所建立的基于六面体的混合交错网格模型如图 11-3 所示。首先建立微元体 P,中心坐标为 (i,j,k),方向边长分别为 Δx_P、Δy_P 和 Δz_P,微元体封闭曲面为 S_P,体积为 ΔV_P。在 x 正方向上相邻的微元体 E,中心坐标为 $(i+1,j,k)$,方向边长为 Δx_E、Δy_E 和 Δz_E,微元体封闭曲面为 S_E,体积为 ΔV_E,与微元体 P 的界面为 e;在 x 负方向上相邻的微元体 W,中心坐标为 $(i-1,j,k)$,方向边长为 Δx_W、Δy_W 和 Δz_W,微元体封闭曲面为 S_W,体积为 ΔV_W,与微元体 P 的界面为 w;在 y 正方向上相邻的微元体 N,中心坐标为 $(i,j+1,k)$,方向边长为 Δx_N、Δy_N 和 Δz_N,微元体封闭曲面为 S_N,体积为 ΔV_N,与微元体 P 的界面为 n;在 y 负方向上相邻的微元体 S,中心坐标为 $(i,j-1,k)$,方向边长为 Δx_S、Δy_S 和 Δz_S,微元体封闭曲面为 S_S,体积为 ΔV_S,与微元体 P 的界面为 s;在 z 正方向上相邻的微元体 T,坐标为 $(i,j,k+1)$,方向边长为 Δx_T、Δy_T 和 Δz_T,微元体封闭曲面为 S_T,体积为 ΔV_T,与微元体 P 的界面为 t;在 z 负方向上相邻的微元体 B,中心坐标为 $(i,j,k-1)$,方向边长为 Δx_B、Δy_B 和 Δz_B,微元体封闭曲面为 S_B,体积为 ΔV_B,与微元体 P 的界面为 b。

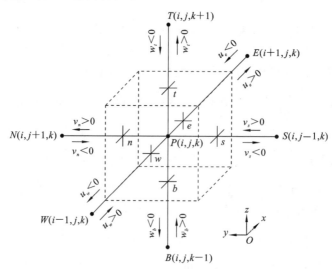

图 11-3　混合交错网格模型

2）交错网格和标识方法

对于三维矢量场网格求解问题，所建立的交错网格模型中有 4 套网格，前面已经介绍了第 1 套基本网格。在 x 方向上，沿 x 轴正方向与微元体 E 交错 $\delta x_P = \dfrac{\Delta x_E + \Delta x_P}{2}$ 网格步长，建立 u 控制容积，用来计算矢量沿 x 轴方向的分量值；在 y 方向上，沿 y 轴正方向与微元体 N 交错 $\delta y_P = \dfrac{\Delta y_N + \Delta y_P}{2}$ 网格步长，建立 v 控制容积，用来计算矢量沿 y 轴方向的分量值；在 z 方向上，沿 z 轴正方向与微元体 T 交错 $\delta z_P = \dfrac{\Delta z_T + \Delta z_P}{2}$ 网格步长，建立 w 控制容积，用来计算矢量沿 z 轴方向的分量值。

建立的交错网格中，实线表示网格线，实心圆点表示网格节点，即微元体中心点，虚线表示微元体界面。网格线用一系列的整数表示，微元体界面用相邻网格线的算术平均值表示。建立的标识系统可以表示任意一个网格节点和矢量分量节点的位置。各场量在节点和界面上的值分别用下标区分表示，不同时刻的值分别用上标区分表示。

为了更好地理解所建立的三维混合交错网格，以微元体 P 为研究节点，建立混合交错网格，并分别将 u 控制容积、v 控制容积和 w 控制容积在 xOy、xOz 和 yOz 系列平面投影标示，并用建立的标识方法标示网格节点与界面，如图 11-4 所示。

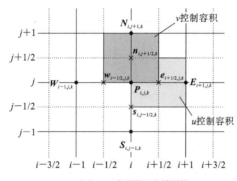

（a）xOy 系列平面交错网格

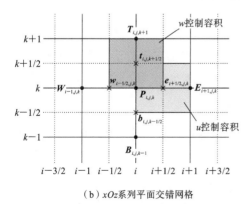

（b）xOz 系列平面交错网格　　　　　　（c）yOz 系列平面交错网格

图 11-4　交错网格与标识方法

3）节点值匹配算法

在三维电磁场有限差分法求解过程中，所需要求解的矢量包括磁场强度 $\boldsymbol{H}$、磁感应强度

B、电场强度 E、电流密度 J，将所有矢量均设置在微元体中心点；在温度场有限差分法求解过程中，将温度值 T 均设置在微元体中心点；在流动场和传质场有限体积法求解过程中，将压力值 p 和溶质浓度 w_C 设置在微元体中心点，将速度矢量 v 沿坐标轴的分量值 u、v 和 w 均设置在沿该坐标轴的正方向界面上。

在交错网格中，对不同节点值进行数学运算时，需要考虑当前参与计算的场量值是否位于相同节点。设计的节点值匹配算法的核心思想就是将所有参与数学运算的场量值采取插值算法，均匹配到当前计算微元体中心；当计算完成时，将所有参与计算的场量值均回归到该值所在的网格位置。当节点值位于不同网格时，本节采取直接插值法；当不同网格值进行差商计算时，采取先插值后差商的方法。

下面以 xOy 系列平面为例，其交错网格扩展图如图 11-5 所示，并以微元体 P 为研究对象，分别阐述节点值匹配算法求解过程。以单一值举例，其他值求解方法与之类似，下文不赘述。

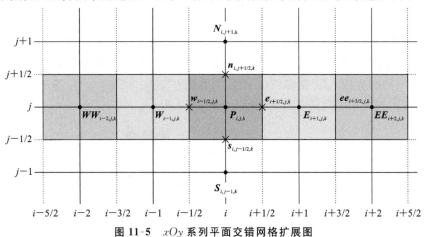

图 11-5　xOy 系列平面交错网格扩展图

（1）研究网格中心点上标量 Γ 值于界面 e 处的求解方法。此时，Γ 值位于网格中心点，界面 e 的 x 方向相邻值分别为 Γ_P 和 Γ_E，根据界面上通量密度连续性条件，此时界面 e 处的标量 Γ_e 值应满足

$$\frac{\delta x_P}{\Gamma_e} = \frac{\Delta x_P}{2\Gamma_P} + \frac{\Delta x_E}{2\Gamma_E} \tag{11-53}$$

（2）研究场矢量位于界面处的分量值 Γ 于网格中心点的求解方法。此时，Γ 值位于坐标轴正方向界面处，采用算术平均值方法，将其表达为

$$\Gamma_P = \frac{\Gamma_e + \Gamma_w}{2} \tag{11-54}$$

（3）研究该微元体内标量 Γ 值在 x 方向上的一阶差商。将差商关系转换为相邻界面处 Γ 值之差与对应网格步长的比例关系，得出

$$\left(\frac{\partial \Gamma}{\partial x}\right)_P = \frac{\Gamma_e - \Gamma_w}{\Delta x_P} = \frac{2\delta x_P}{\Delta x_P\left(\dfrac{\Delta x_P}{\Gamma_P} + \dfrac{\Delta x_E}{\Gamma_E}\right)} - \frac{2\delta x_W}{\Delta x_P\left(\dfrac{\Delta x_P}{\Gamma_P} + \dfrac{\Delta x_W}{\Gamma_W}\right)} \tag{11-55}$$

（4）研究该微元体内标量 Γ 值在 x 方向上的二阶差商。将二阶差商关系转换为相邻界面处 Γ 的一阶差商值之差与对应的网格步长比例关系，并参考上述的一阶差商求解方法，得出

$$\left(\frac{\partial^2 \Gamma}{\partial x^2}\right)_P = \frac{\left(\frac{\partial \Gamma}{\partial x}\right)_e - \left(\frac{\partial \Gamma}{\partial x}\right)_w}{\Delta x_P} = \frac{\frac{\Gamma_E - \Gamma_P}{\delta x_P} - \frac{\Gamma_P - \Gamma_W}{\delta x_W}}{\Delta x_P} \tag{11-56}$$

（5）研究场矢量位于界面处的分量值 Γ 在 x 方向上的一阶差商。此分量值 Γ 已被设置在沿 x 轴正方向界面上，考虑迎风格式，将差商关系转换为相邻网格的 Γ 值之差与对应网格步长的比例关系，得出

$$\left(\frac{\partial \Gamma}{\partial x}\right)_e = \frac{\Gamma_E - \Gamma_P}{\delta x_P} = \frac{\Gamma_{ee} - \Gamma_w}{2\delta x_P} \tag{11-57}$$

（6）研究场矢量位于界面处的分量值 Γ 在 x 方向上的二阶差商。将二阶差商关系转换为相邻网格 Γ 的一阶差商值之差与对应网格步长的比例关系，并参考上述一阶差商求解方法，得出

$$\left(\frac{\partial^2 \Gamma}{\partial x^2}\right)_e = \frac{\left(\frac{\partial \Gamma}{\partial x}\right)_E - \left(\frac{\partial \Gamma}{\partial x}\right)_P}{\delta x_P} = \frac{\frac{\Gamma_{ee} - \Gamma_e}{\Delta x_E} - \frac{\Gamma_e - \Gamma_w}{\Delta x_P}}{\delta x_P} \tag{11-58}$$

在利用复矢量磁位求解电磁场时，矢量磁位与时间的关系被转换为矢量磁位与频率的关系，因此在离散的时候不需要单独设定时间步长。结合交错网格模型，并基于有限差分法，对三维电磁场控制方程进行离散求解。下面分涡流区和非涡流区进行讨论。

2. 涡流区 V_m 内

根据式（11-19）所示涡流区方程，并引入库仑规范，离散求得研究对象金属内任意微元体 P 内的复矢量磁位 $\dot{A}_P$ 为

$$\dot{A}_P = \frac{1}{\mathrm{j}\omega\mu\sigma - \chi_P}(\chi_E \dot{A}_E + \chi_w \dot{A}_w + \chi_N \dot{A}_N + \chi_S \dot{A}_S + \chi_T \dot{A}_T + \chi_B \dot{A}_B - \mu\sigma \nabla \cdot \dot{\varphi}_P) \tag{11-59}$$

复标量电位 $\dot{\varphi}_P$ 为

$$\dot{\varphi}_P = -\frac{1}{\chi_P}(\chi_E \dot{\varphi}_E + \chi_w \dot{\varphi}_w + \chi_N \dot{\varphi}_N + \chi_S \dot{\varphi}_S + \chi_T \dot{\varphi}_T + \chi_B \dot{\varphi}_B - \mathrm{j}\omega \nabla \cdot \dot{A}_P) \tag{11-60}$$

式中：$\chi_E = \frac{1}{\delta x_P \cdot \Delta x_P}$，$\chi_w = \frac{1}{\delta x_W \cdot \Delta x_P}$，$\delta x_P = \frac{1}{2}(\Delta x_E + \Delta x_P)$，$\delta x_W = \frac{1}{2}(\Delta x_W + \Delta x_P)$；$\chi_N = \frac{1}{\delta y_P \cdot \Delta y_P}$，$\chi_S = \frac{1}{\delta y_S \cdot \Delta y_P}$，$\delta y_P = \frac{1}{2}(\Delta y_N + \Delta y_P)$，$\delta y_S = \frac{1}{2}(\Delta y_S + \Delta y_P)$；$\chi_T = \frac{1}{\delta z_P \cdot \Delta z_P}$，$\chi_B = \frac{1}{\delta z_B \cdot \Delta z_P}$，$\delta z_P = \frac{1}{2}(\Delta z_T + \Delta z_P)$，$\delta z_B = \frac{1}{2}(\Delta z_B + \Delta z_P)$；$\chi_P = -(\chi_E + \chi_w + \chi_N + \chi_S + \chi_T + \chi_B)$。

考虑到复标量电位 $\dot{\varphi}_P$ 不能直接求解梯度 $\nabla \dot{\varphi}_P$，需要分别对三维直角坐标轴方向求偏微分。而式（11-59）和式（11-60）的离散求解结果表明复矢量磁位 $\dot{A}_P$ 和复标量电位 $\dot{\varphi}_P$ 是耦合求解的。首先，将复矢量磁位 $\dot{A}_P$ 沿三维坐标轴方向的分量 $\dot{A}_P^x$、$\dot{A}_P^y$ 和 $\dot{A}_P^z$ 分别表达为

$$\begin{cases} \dot{A}_P^x = \beta_E^A \dot{A}_E^x + \beta_w^A \dot{A}_w^x + \beta_N^A \dot{A}_N^x + \beta_S^A \dot{A}_S^x + \beta_T^A \dot{A}_T^x + \beta_B^A \dot{A}_B^x + \beta_\varphi^A(\dot{\varphi}_E - \dot{\varphi}_P) \\ \dot{A}_P^y = \beta_E^A \dot{A}_E^y + \beta_w^A \dot{A}_w^y + \beta_N^A \dot{A}_N^y + \beta_S^A \dot{A}_S^y + \beta_T^A \dot{A}_T^y + \beta_B^A \dot{A}_B^y + \beta_\varphi^A(\dot{\varphi}_N - \dot{\varphi}_P) \\ \dot{A}_P^z = \beta_E^A \dot{A}_E^z + \beta_w^A \dot{A}_w^z + \beta_N^A \dot{A}_N^z + \beta_S^A \dot{A}_S^z + \beta_T^A \dot{A}_T^z + \beta_B^A \dot{A}_B^z + \beta_\varphi^A(\dot{\varphi}_T - \dot{\varphi}_P) \end{cases} \tag{11-61}$$

式中：$\beta_E^A = \frac{\chi_E}{\mathrm{j}\omega\mu\sigma - \chi_P}$；$\beta_w^A = \frac{\chi_w}{\mathrm{j}\omega\mu\sigma - \chi_P}$；$\beta_N^A = \frac{\chi_N}{\mathrm{j}\omega\mu\sigma - \chi_P}$；$\beta_S^A = \frac{\chi_S}{\mathrm{j}\omega\mu\sigma - \chi_P}$；$\beta_T^A = \frac{\chi_T}{\mathrm{j}\omega\mu\sigma - \chi_P}$；$\beta_B^A =$

$$\frac{\chi_B}{j\omega\mu\sigma - \chi_P}; \beta_\varphi^A = -\frac{\mu\sigma}{(j\omega\mu\sigma - \chi_P)x_P}.$$

同时,复标量电位 $\dot{\varphi}_P$ 表达为

$$\dot{\varphi}_P = \beta_E^\varphi \dot{\varphi}_E + \beta_W^\varphi \dot{\varphi}_W + \beta_N^\varphi \dot{\varphi}_N + \beta_S^\varphi \dot{\varphi}_S + \beta_T^\varphi \dot{\varphi}_T + \beta_B^\varphi \dot{\varphi}_B$$
$$+ \beta_\varphi^x(\dot{A}_E^x - \dot{A}_P^x) + \beta_\varphi^y(\dot{A}_N^y - \dot{A}_P^y) + \beta_\varphi^z(\dot{A}_T^z - \dot{A}_P^z) \tag{11-62}$$

式中: $\beta_E^\varphi = -\frac{\chi_E}{\chi_P}; \beta_W^\varphi = -\frac{\chi_W}{\chi_P}; \beta_N^\varphi = -\frac{\chi_N}{\chi_P}; \beta_S^\varphi = -\frac{\chi_S}{\chi_P}; \beta_T^\varphi = -\frac{\chi_T}{\chi_P}; \beta_B^\varphi = -\frac{\chi_B}{\chi_P}; \beta_\varphi^x = \frac{j\omega}{\chi_P \cdot \delta x_P}; \beta_\varphi^y =$

$\frac{j\omega}{\chi_P \cdot \delta y_P}; \beta_\varphi^z = \frac{j\omega}{\chi_P \cdot \delta z_P}.$

3. 非涡流区 V_o 内

根据式(11-19)所示非涡流区方程,离散求得非涡流区内任意微元体内的复矢量磁位 $\dot{A}_P$ 为

$$\dot{A}_P = -\frac{1}{\chi_P}(\chi_E \dot{A}_E + \chi_W \dot{A}_W + \chi_N \dot{A}_N + \chi_S \dot{A}_S + \chi_T \dot{A}_T + \chi_B \dot{A}_B + \mu \boldsymbol{J}_s) \tag{11-63}$$

在非涡流区内,线圈沿 z 轴方向布置,在考虑线圈螺距的情况下,其内通入的源电流 $\boldsymbol{J}_s$ 沿直角坐标系三个方向的有效值分别为 J_s^x、J_s^y 和 J_s^z,于是,将非涡流区内复矢量磁位 $\dot{A}_P$ 沿三维坐标轴方向的分量 $\dot{A}_P^x$、$\dot{A}_P^y$ 和 $\dot{A}_P^z$ 分别表达为

$$\begin{cases} \dot{A}_P^x = \beta_W^e \dot{A}_W^x + \beta_E^e \dot{A}_E^x + \beta_S^e \dot{A}_S^x + \beta_N^e \dot{A}_N^x + \beta_B^e \dot{A}_B^x + \beta_T^e \dot{A}_T^x + \beta_\varphi^J J_s^x \\ \dot{A}_P^y = \beta_W^e \dot{A}_W^y + \beta_E^e \dot{A}_E^y + \beta_S^e \dot{A}_S^y + \beta_N^e \dot{A}_N^y + \beta_B^e \dot{A}_B^y + \beta_T^e \dot{A}_T^y + \beta_\varphi^J J_s^y \\ \dot{A}_P^z = \beta_W^e \dot{A}_W^z + \beta_E^e \dot{A}_E^z + \beta_S^e \dot{A}_S^z + \beta_N^e \dot{A}_N^z + \beta_B^e \dot{A}_B^z + \beta_T^e \dot{A}_T^z + \beta_\varphi^J J_s^z \end{cases} \tag{11-64}$$

式中: $\beta_\varphi^J = -\frac{\mu}{\chi_P}$;其余同式(11-61)。

4. 求解域外边界上

参照前述边界条件,认为在外边界 S 上无磁场与电场泄漏,因而可以按照无穷远边界来处理。此时,求解域最外层网格内的复矢量磁位 $\dot{A}_P$ 为

$$\dot{A}_P = 0 \tag{11-65}$$

同样,将求解域最外层网格内的复矢量磁位 $\dot{A}_P$ 沿三维坐标轴方向的分量 $\dot{A}_P^x$、$\dot{A}_P^y$ 和 $\dot{A}_P^z$ 分别表达为

$$\dot{A}_P^x = \dot{A}_P^y = \dot{A}_P^z = 0 \tag{11-66}$$

5. 涡流区外边界上

从式(11-31)得知,研究对象金属材质与接触介质界面上网格单元的电位相等,而标量电位 φ 只存在于涡流区,因此假设涡流区的外表面单元网格的电位值为恒定值。对标量电位 φ 求梯度时,采用其相邻单元的电位差来近似替代。当这种方法应用到涡流区表面单元网格时,

必须考虑其相邻网格是否存在电位,于是在计算表面单元网格的复矢量磁位 $\dot{\boldsymbol{A}}_P$ 时,应根据当前单元网格与沿直角坐标系不同方向相邻单元网格的不同接触类型进行具体分析。根据研究对象金属材质与接触介质形状因素,交界面可能为 1、2 和 3 个面,下面对具体情况进行分析。

1) 研究对象金属材质与接触介质交界面为 1 个面

考虑到六面体网格单元特点,研究对象金属材质与接触介质交界面的外法向可能分别沿直角坐标系不同方向,因此计算的方法也存在差别。当研究对象金属材质表面网格单元只有 1 个面与其他介质接触时,与其外法向方向相邻单元网格处于非涡流区,不存在电位,从而可以利用式(11-32)求得,在其他方向上采用算术平均值。于是,将研究对象金属材质表面单元网格内复矢量磁位 $\dot{\boldsymbol{A}}_P$ 沿三维坐标轴方向的分量 $\dot{A}_P^x$、$\dot{A}_P^y$ 和 $\dot{A}_P^z$ 分别表达如下。

(1) 当外法向坐标轴为沿 x 轴正方向时:
$$\dot{A}_P^x = \frac{-(\dot{\varphi}_P - \dot{\varphi}_W)}{j\omega \cdot \delta x_W}, \quad \dot{A}_P^y = \frac{\dot{A}_N^y + \dot{A}_S^y}{2}, \quad \dot{A}_P^z = \frac{\dot{A}_T^z + \dot{A}_B^z}{2} \tag{11-67}$$

(2) 当外法向坐标轴为沿 x 轴负方向时:
$$\dot{A}_P^x = \frac{-(\dot{\varphi}_E - \dot{\varphi}_P)}{j\omega \cdot \delta x_P}, \quad \dot{A}_P^y = \frac{\dot{A}_N^y + \dot{A}_S^y}{2}, \quad \dot{A}_P^z = \frac{\dot{A}_T^z + \dot{A}_B^z}{2} \tag{11-68}$$

(3) 当外法向坐标轴为沿 y 轴正方向时:
$$\dot{A}_P^x = \frac{\dot{A}_E^x + \dot{A}_W^x}{2}, \quad \dot{A}_P^y = \frac{-(\dot{\varphi}_P - \dot{\varphi}_S)}{j\omega \cdot \delta y_S}, \quad \dot{A}_P^z = \frac{\dot{A}_T^z + \dot{A}_B^z}{2} \tag{11-69}$$

(4) 当外法向坐标轴为沿 y 轴负方向时:
$$\dot{A}_P^x = \frac{\dot{A}_E^x + \dot{A}_W^x}{2}, \quad \dot{A}_P^y = \frac{-(\dot{\varphi}_N - \dot{\varphi}_P)}{j\omega \cdot \delta y_P}, \quad \dot{A}_P^z = \frac{\dot{A}_T^z + \dot{A}_B^z}{2} \tag{11-70}$$

(5) 当外法向坐标轴为沿 z 轴正方向时:
$$\dot{A}_P^x = \frac{\dot{A}_E^x + \dot{A}_W^x}{2}, \quad \dot{A}_P^y = \frac{\dot{A}_N^y + \dot{A}_S^y}{2}, \quad \dot{A}_P^z = \frac{-(\dot{\varphi}_P - \dot{\varphi}_B)}{j\omega \cdot \delta z_B} \tag{11-71}$$

(6) 当外法向坐标轴为沿 z 轴负方向时:
$$\dot{A}_P^x = \frac{\dot{A}_E^x + \dot{A}_W^x}{2}, \quad \dot{A}_P^y = \frac{\dot{A}_N^y + \dot{A}_S^y}{2}, \quad \dot{A}_P^z = \frac{-(\dot{\varphi}_T - \dot{\varphi}_P)}{j\omega \cdot \delta z_P} \tag{11-72}$$

2) 研究对象金属材质与接触介质交界面为 2 个面

此时,存在 2 个接触面,与研究对象金属材质表面网格单元外法向相邻的单元网格处于非涡流区,这些单元不存在电位,同样利用式(11-32)求得,其他方向上的采用算术平均值。于是,将研究对象金属材质表面网格单元内复矢量磁位 $\dot{\boldsymbol{A}}_P$ 沿三维坐标轴方向的分量 $\dot{A}_P^x$、$\dot{A}_P^y$ 和 $\dot{A}_P^z$ 分别表达如下。

(1) 当外法向坐标轴为沿 x 轴负方向和 y 轴正方向时:
$$\dot{A}_P^x = \frac{-(\dot{\varphi}_E - \dot{\varphi}_P)}{j\omega \cdot \delta x_P}, \quad \dot{A}_P^y = \frac{-(\dot{\varphi}_P - \dot{\varphi}_S)}{j\omega \cdot \delta y_S}, \quad \dot{A}_P^z = \frac{\dot{A}_T^z + \dot{A}_B^z}{2} \tag{11-73}$$

(2) 当外法向坐标轴为沿 x 轴负方向和 y 轴负方向时:
$$\dot{A}_P^x = \frac{-(\dot{\varphi}_E - \dot{\varphi}_P)}{j\omega \cdot \delta x_P}, \quad \dot{A}_P^y = \frac{-(\dot{\varphi}_N - \dot{\varphi}_P)}{j\omega \cdot \delta y_P}, \quad \dot{A}_P^z = \frac{\dot{A}_T^z + \dot{A}_B^z}{2} \tag{11-74}$$

(3) 当外法向坐标轴为沿 x 轴负方向和 z 轴正方向时:
$$\dot{A}_P^x = \frac{-(\dot{\varphi}_E - \dot{\varphi}_P)}{j\omega \cdot \delta x_P}, \quad \dot{A}_P^y = \frac{\dot{A}_N^y + \dot{A}_S^y}{2}, \quad \dot{A}_P^z = \frac{-(\dot{\varphi}_P - \dot{\varphi}_B)}{j\omega \cdot \delta z_B} \tag{11-75}$$

（4）当外法向坐标轴为沿 x 轴负方向和 z 轴负方向时：

$$\dot{A}_P^x = \frac{-(\dot{\varphi}_E - \dot{\varphi}_P)}{j\omega \cdot \delta x_P}, \quad \dot{A}_P^y = \frac{\dot{A}_N^y + \dot{A}_S^y}{2}, \quad \dot{A}_P^z = \frac{-(\dot{\varphi}_T - \dot{\varphi}_P)}{j\omega \cdot \delta z_P} \tag{11-76}$$

（5）当外法向坐标轴为沿 x 轴正方向和 y 轴正方向时：

$$\dot{A}_P^x = \frac{-(\dot{\varphi}_P - \dot{\varphi}_W)}{j\omega \cdot \delta x_W}, \quad \dot{A}_P^y = \frac{-(\dot{\varphi}_P - \dot{\varphi}_S)}{j\omega \cdot \delta y_S}, \quad \dot{A}_P^z = \frac{\dot{A}_T^z + \dot{A}_B^z}{2} \tag{11-77}$$

（6）当外法向坐标轴为沿 x 轴正方向和 y 轴负方向时：

$$\dot{A}_P^x = \frac{-(\dot{\varphi}_P - \dot{\varphi}_W)}{j\omega \cdot \delta x_W}, \quad \dot{A}_P^y = \frac{-(\dot{\varphi}_N - \dot{\varphi}_P)}{j\omega \cdot \delta y_P}, \quad \dot{A}_P^z = \frac{\dot{A}_T^z + \dot{A}_B^z}{2} \tag{11-78}$$

（7）当外法向坐标轴为沿 x 轴正方向和 z 轴正方向时：

$$\dot{A}_P^x = \frac{-(\dot{\varphi}_P - \dot{\varphi}_W)}{j\omega \cdot \delta x_W}, \quad \dot{A}_P^y = \frac{\dot{A}_N^y + \dot{A}_S^y}{2}, \quad \dot{A}_P^z = \frac{-(\dot{\varphi}_P - \dot{\varphi}_B)}{j\omega \cdot \delta z_B} \tag{11-79}$$

（8）当外法向坐标轴为沿 x 轴正方向和 z 轴负方向时：

$$\dot{A}_P^x = \frac{-(\dot{\varphi}_P - \dot{\varphi}_W)}{j\omega \cdot \delta x_W}, \quad \dot{A}_P^y = \frac{\dot{A}_N^y + \dot{A}_S^y}{2}, \quad \dot{A}_P^z = \frac{-(\dot{\varphi}_T - \dot{\varphi}_P)}{j\omega \cdot \delta z_P} \tag{11-80}$$

（9）当外法向坐标轴为沿 y 轴负方向和 z 轴正方向时：

$$\dot{A}_P^x = \frac{\dot{A}_E^x + \dot{A}_W^x}{2}, \quad \dot{A}_P^y = \frac{-(\dot{\varphi}_N - \dot{\varphi}_P)}{j\omega \cdot \delta y_P}, \quad \dot{A}_P^z = \frac{-(\dot{\varphi}_P - \dot{\varphi}_B)}{j\omega \cdot \delta z_B} \tag{11-81}$$

（10）当外法向坐标轴为沿 y 轴负方向和 z 轴负方向时：

$$\dot{A}_P^x = \frac{\dot{A}_E^x + \dot{A}_W^x}{2}, \quad \dot{A}_P^y = \frac{-(\dot{\varphi}_N - \dot{\varphi}_P)}{j\omega \cdot \delta y_P}, \quad \dot{A}_P^z = \frac{-(\dot{\varphi}_T - \dot{\varphi}_P)}{j\omega \cdot \delta z_P} \tag{11-82}$$

（11）当外法向坐标轴为沿 y 轴正方向和 z 轴正方向时：

$$\dot{A}_P^x = \frac{\dot{A}_E^x + \dot{A}_W^x}{2}, \quad \dot{A}_P^y = \frac{-(\dot{\varphi}_P - \dot{\varphi}_S)}{j\omega \cdot \delta y_S}, \quad \dot{A}_P^z = \frac{-(\dot{\varphi}_P - \dot{\varphi}_B)}{j\omega \cdot \delta z_B} \tag{11-83}$$

（12）当外法向坐标轴为沿 y 轴正方向和 z 轴负方向时：

$$\dot{A}_P^x = \frac{\dot{A}_E^x + \dot{A}_W^x}{2}, \quad \dot{A}_P^y = \frac{-(\dot{\varphi}_P - \dot{\varphi}_S)}{j\omega \cdot \delta y_S}, \quad \dot{A}_P^z = \frac{-(\dot{\varphi}_T - \dot{\varphi}_P)}{j\omega \cdot \delta z_P} \tag{11-84}$$

3）研究对象金属材质与接触介质交界面为 3 个面

当研究对象金属材质表面网格单元有 3 个面与其他介质接触时，存在 3 个与其外法向相邻的单元网格处于非涡流区，这些单元不存在电位，同样利用式（11-32）求得。于是，将研究对象金属材质表面网格单元内复矢量磁位 $\dot{A}_P$ 沿三维坐标轴方向的分量 $\dot{A}_P^x$、$\dot{A}_P^y$ 和 $\dot{A}_P^z$ 分别表达如下。

（1）当外法向坐标轴为沿 x 轴负方向、y 轴负方向和 z 轴正方向时：

$$\dot{A}_P^x = \frac{-(\dot{\varphi}_E - \dot{\varphi}_P)}{j\omega \cdot \delta x_P}, \quad \dot{A}_P^y = \frac{-(\dot{\varphi}_N - \dot{\varphi}_P)}{j\omega \cdot \delta y_P}, \quad \dot{A}_P^z = \frac{-(\dot{\varphi}_P - \dot{\varphi}_B)}{j\omega \cdot \delta z_B} \tag{11-85}$$

（2）当外法向坐标轴为沿 x 轴负方向、y 轴负方向和 z 轴负方向时：

$$\dot{A}_P^x = \frac{-(\dot{\varphi}_E - \dot{\varphi}_P)}{j\omega \cdot \delta x_P}, \quad \dot{A}_P^y = \frac{-(\dot{\varphi}_N - \dot{\varphi}_P)}{j\omega \cdot \delta y_P}, \quad \dot{A}_P^z = \frac{-(\dot{\varphi}_T - \dot{\varphi}_P)}{j\omega \cdot \delta z_P} \tag{11-86}$$

（3）当外法向坐标轴为沿 x 轴负方向、y 轴正方向和 z 轴正方向时：

$$\dot{A}_P^x = \frac{-(\dot{\varphi}_E - \dot{\varphi}_P)}{j\omega \cdot \delta x_P}, \quad \dot{A}_P^y = \frac{-(\dot{\varphi}_P - \dot{\varphi}_S)}{j\omega \cdot \delta y_S}, \quad \dot{A}_P^z = \frac{-(\dot{\varphi}_P - \dot{\varphi}_B)}{j\omega \cdot \delta z_B} \tag{11-87}$$

（4）当外法向坐标轴为沿 x 轴负方向、y 轴正方向和 z 轴负方向时：

$$\dot{A}_P^x = \frac{-(\dot{\varphi}_E - \dot{\varphi}_P)}{j\omega \cdot \delta x_P}, \quad \dot{A}_P^y = \frac{-(\dot{\varphi}_P - \dot{\varphi}_S)}{j\omega \cdot \delta y_S}, \quad \dot{A}_P^z = \frac{-(\dot{\varphi}_T - \dot{\varphi}_P)}{j\omega \cdot \delta z_P} \tag{11-88}$$

(5) 当外法向坐标轴为沿 x 轴正方向、y 轴负方向和 z 轴正方向时：

$$\dot{A}_P^x = \frac{-(\dot{\varphi}_P - \dot{\varphi}_W)}{j\omega \cdot \delta x_W}, \quad \dot{A}_P^y = \frac{-(\dot{\varphi}_N - \dot{\varphi}_P)}{j\omega \cdot \delta y_P}, \quad \dot{A}_P^z = \frac{-(\dot{\varphi}_P - \dot{\varphi}_B)}{j\omega \cdot \delta z_B} \tag{11-89}$$

(6) 当外法向坐标轴为沿 x 轴正方向、y 轴负方向和 z 轴负方向时：

$$\dot{A}_P^x = \frac{-(\dot{\varphi}_P - \dot{\varphi}_W)}{j\omega \cdot \delta x_W}, \quad \dot{A}_P^y = \frac{-(\dot{\varphi}_N - \dot{\varphi}_P)}{j\omega \cdot \delta y_P}, \quad \dot{A}_P^z = \frac{-(\dot{\varphi}_T - \dot{\varphi}_P)}{j\omega \cdot \delta z_P} \tag{11-90}$$

(7) 当外法向坐标轴为沿 x 轴正方向、y 轴正方向和 z 轴正方向时：

$$\dot{A}_P^x = \frac{-(\dot{\varphi}_P - \dot{\varphi}_W)}{j\omega \cdot \delta x_W}, \quad \dot{A}_P^y = \frac{-(\dot{\varphi}_P - \dot{\varphi}_S)}{j\omega \cdot \delta y_S}, \quad \dot{A}_P^z = \frac{-(\dot{\varphi}_P - \dot{\varphi}_B)}{j\omega \cdot \delta z_B} \tag{11-91}$$

(8) 当外法向坐标轴为沿 x 轴正方向、y 轴正方向和 z 轴负方向时：

$$\dot{A}_P^x = \frac{-(\dot{\varphi}_P - \dot{\varphi}_W)}{j\omega \cdot \delta x_W}, \quad \dot{A}_P^y = \frac{-(\dot{\varphi}_P - \dot{\varphi}_S)}{j\omega \cdot \delta y_S}, \quad \dot{A}_P^z = \frac{-(\dot{\varphi}_T - \dot{\varphi}_P)}{j\omega \cdot \delta z_P} \tag{11-92}$$

6. 电磁收敛条件

在利用复矢量磁位求解时，复矢量磁位与时间的关系被转换为复矢量磁位与频率的关系，因此不需要考虑时间步长。但在求解过程中，需要保证数值解的稳定，还必须满足条件

$$\sum_k \sum_j \sum_i \frac{|\dot{A}_P^{n+1} - \dot{A}_P^n|}{\max|\dot{A}_P^{n+1}|} < 0.001 \tag{11-93}$$

式中：$\dot{A}_P^{n+1}$ 和 $\dot{A}_P^n$ 分别为迭代第 $n+1$ 次和第 n 次时网格单元 (i,j,k) 内的复矢量磁位。

第 5 节　电磁条件下多物理场模拟计算流程图

本章提出了螺旋电磁场下感应电炉熔炼和合金凝固过程多物理场耦合数学控制方程，详细讨论了数值求解技术和方法，数值求解流程包含三维造型、前置处理、计算分析和后置处理，如图 11-6 所示。

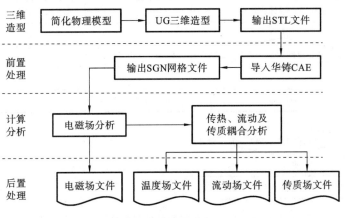

图 11-6　数值求解流程

数值模拟的核心内容是计算分析,在读取华铸 CAE 网格文件基础上,基于 VS2010 平台,采用 C++语言自主研发数值计算求解器,利用 Tecplot 软件对结果进行可视化分析与处理。多物理场耦合数值求解较为复杂,以电磁场求解为基础,电磁场求解算法流程示意图如图 11-7 所示;而后进行传热、流动与传质耦合物理场求解,其求解算法流程示意图如图 11-8 所示。

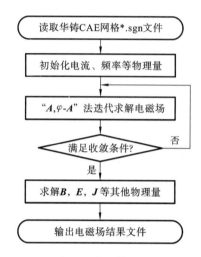

图 11-7　电磁场求解算法流程示意图

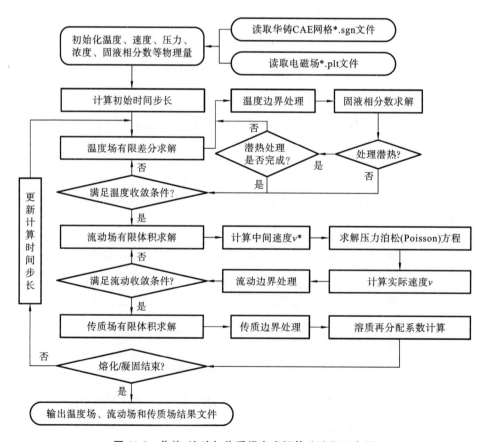

图 11-8　传热、流动与传质耦合求解算法流程示意图

本 章 小 结

　　本章介绍了电磁场数学模型与数值求解方法,重点介绍了如下内容:感应电炉熔炼/金属凝固过程与简化的物理模型及基本假设、电磁场数学模型、假设条件下传热与流动耦合/流动与传质耦合数学模型、电磁条件下多物理场数学模型离散方法和模拟计算的流程。

本 章 习 题

1. 请简述简化的感应电炉熔炼物理模型和铸钢锭凝固过程模型的假设内容。
2. 请写出电磁场的数学模型。
3. 请简述涡流场中温度场耦合非线性瞬态传热方程的求解过程。
4. 请简述电磁条件下多物理场模拟计算的流程。

第12章　电磁场模拟实例

学习指导

学习目标

(1) 进一步通过实例来掌握材料成形电磁场模拟的特点与难点;

(2) 进一步通过实例来掌握材料成形电磁场模拟及其作用。

学习重点

(1) 电磁场应用实例与实际应用场合;

(2) 电磁场模拟软件的主要作用。

学习难点

(1) 电磁场应用实例与实际应用场合;

(2) 如何正确理解电磁场模拟分析实例的作用。

第1节　感应电炉熔炼过程电磁场数值模拟算例

1. 引言

熔炼是铸造过程中极其重要的环节,熔炼质量很可能决定后续铸件产品的性能。感应电炉因其自身的优越性,被应用在更多的场合,其熔炼的基本原理是电磁感应原理和电流的热效应原理,产生的感生电流在存在一定电阻的金属炉料内部流动,电磁能转换为热能,将固态金属炉料熔化。虽然感应加热技术已经得到广泛的重视和应用,但是由于理论基础和计算工具的限制,目前感应加热设备的设计仍主要依靠经验与简化计算,而且熔炼过程因炉体结构为封闭式结构,内部金属熔体的传热、流动与传输行为无法直接观察,所以感应加热过程依旧很难精确预测和控制,计算机数值模拟技术为瞬态观察感应电炉熔炼过程中金属熔体传热和流动行为提供了非常有力的手段。

本章将在前述的简化后感应电炉熔炼过程物理模型基础上,详细讨论感应电炉熔炼过程中的电磁场、温度场和流动场,分析其熔化过程在有无流动条件下的传热行为机理,探讨电磁参数对传热行为的影响。

2. 模型网格与计算参数

感应电炉熔炼过程研究的物理模型如图 11-1 所示,本节将金属炉料简化为圆柱体形状,并将感应线圈考虑为无螺距结构,且该螺旋线圈轮廓为正方形,尺寸为 10 cm×10 cm。金属炉料尺寸为 ϕ120 cm×250 cm,炉体与炉盖的厚度均为 24 cm。包含外围空气层,整个模型外形尺寸为 240 cm×240 cm×350 cm。

模型的网格剖分使用华铸 CAE 软件,采用立方体网格进行剖分,网格剖分步长为 20 mm×20 mm×20 mm,总网格数为 $2.52×10^{6}$,二维网格剖分结果如图 12-1 所示,三维网格剖分结果如图 12-2 所示(外围的空气层被省略)。

本节数值计算中,将合金成分简化为 Fe-1.5%C 合金,所用到的固液相金属炉料、炉体、炉盖和空气的热物性参数见表 12-1,合金热物性参数见表 12-2。

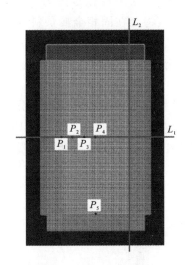

图 12-1 模型二维网格图

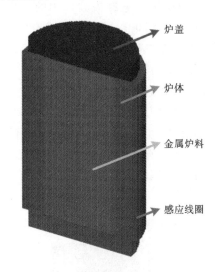

图 12-2 模型三维网格图(半剖,不包含空气层)

表 12-1 金属炉料、炉体、炉盖和空气的热物性参数

材料	$\rho/(\text{kg/m}^3)$	$\lambda/(\text{W}/(\text{m}\cdot\text{℃}))$	$C_p/(\text{J}/(\text{kg}\cdot\text{℃}))$	初始温度/℃
金属炉料(固相)	7750	470	20.8	30
金属炉料(液相)	7270	686.7	30.2	30
炉体	1900	1093	1.98	30
炉盖	2100	1130	0.93	30
空气	1.21	1005	0.0379	30

表 12-2　合金热物性参数

参　数	符　号	值
纯熔点/℃	T_m	1536.34
固相线温度/℃	T_s	1400
液相线温度/℃	T_l	1495
相变潜热/(J/kg)	L	2.51×10^5
运动黏度/(Pa·s)	μ_l	6.0×10^{-4}
电导率/(S/m)	σ	9.93×10^6

3. 电磁场模拟结果与分析

感应电炉熔炼过程数值模拟的基础是电磁场的数值计算,同时也是后续传热与流动计算的基础。感应电炉熔炼电磁参数采用的是中频中等大小电流,频率变化范围为 $500 \sim 2500$ Hz,电流变化范围为 $500 \sim 1500$ A。感应电炉内通入交流电,将会在固相金属炉料内部产生焦耳热,该焦耳热加热固相金属炉料使其熔化成为液相合金液;同时,液相合金液在炉内运动时将产生洛伦兹力,该力的方向与流体运动方向相反,能抑制自然对流,降低流体速度。

1) 磁场分布数值结果

如图 12-3 所示为 $f = 1000$ Hz,$J_s = 1000$ A 条件下计算所得全域的磁感应强度分布。从云图结果分布上看,电流的集肤效应和磁场的边缘效应均存在。图 12-4 为 $f = 1000$ Hz,$J_s = 1000$ A 条件下计算所得全域磁感线分布,结果与物理规律相符,磁力线沿与螺旋线圈垂直的方向穿透整个内部区域,且在螺旋线圈两侧方向相反。

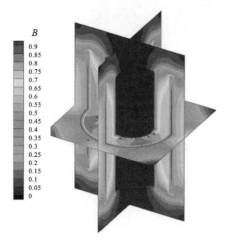

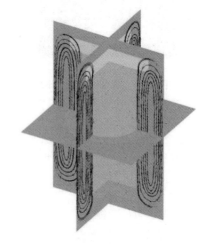

图 12-3　$f = 1000$ Hz, $J_s = 1000$ A 时的磁感应强度分布　　　图 12-4　$f = 1000$ Hz, $J_s = 1000$ A 时的磁感线分布

从图 12-3 中可以得出,磁感应强度最大的地方出现在最靠近感应线圈的外部区域,在当前电磁条件下,最大磁感应强度可以达到 1 T。因为集肤效应的存在,金属炉料区域磁场强度

非常小且磁感线分布很少。在金属炉料半径方向上最外围区域,中心部分的磁感应强度最大,随后向两端逐渐减小,这证明了在交流电源下磁场的边缘效应。

为了更为直观地定量表征磁感应强度的大小,取如图 12-1 中所示的取样直线 L_1 和 L_2,分别表征沿该取样直线上的磁感应强度大小和各分量大小,取样线 L_1 为高度一半处沿 xOz 平面上的直径,取样线 L_2 为沿金属炉料最外围高度方向的直线。图 12-5 和图 12-6 分别为不同取样线上对应的磁感应强度曲线。

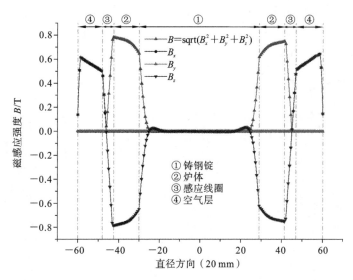

图 12-5　取样线 L_1 上磁感应强度曲线

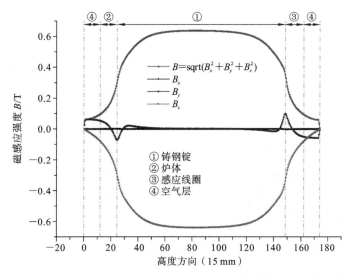

图 12-6　取样线 L_2 上磁感应强度曲线

从图 12-5 中可以看出,在不考虑感应线圈螺距的情况下,因为感应线圈对称,所以磁感应强度沿直径方向也是对称的。在金属炉料所在区域,磁感应强度 B 在 x 轴和 y 轴上的分量 B_x 和 B_y 几乎为 0,在 z 轴上的分量 B_z 决定了该处磁感应强度 B 的大小。B_z 的值为负,说明其方向朝下,与规定的正方向相反。在该取样直线上,金属炉料内部的磁感应强度 B 的大小从最外层的 0.65 T,向中心方向呈指数分布下降并迅速衰减为 0,这是符合集肤效应的。

图 12-6 所示结果,很好地说明了磁场的边缘效应,磁感应强度 B 的大小从金属炉料中心向两端逐渐减小。磁感应强度在中心位置两端很长一段距离内都保持为同一值,这说明,当感应线圈的高度超过金属炉料的高度时,金属炉料最外层的磁感应强度将保持在某一值不变,然后向中心衰减,这样可以保证截面为圆形的金属炉料同半径处的磁感应强度值相同,从而吸收的内热源大小相同,于是推出熔化时刻也应相同。从图中还可以得出,在金属炉料最上表层和最下表层,磁感应强度分量 B_y 大小几乎相同,方向正好相反,取该剖面磁感应强度三个分量分别绘制云图,如图 12-7 所示。

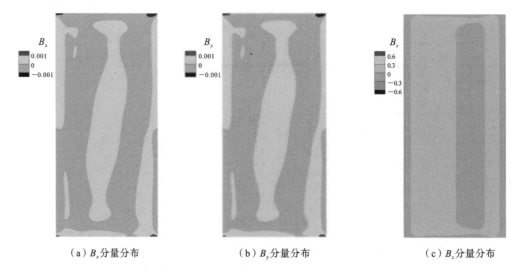

　　（a）B_x 分量分布　　　　　　（b）B_y 分量分布　　　　　　（c）B_z 分量分布

图 12-7　磁感应强度沿坐标轴分量分布云图

图 12-7 所示为 f＝1000 Hz,J_s＝1000 A 条件下金属炉料区域磁感应强度分量 B_x、B_y 和 B_z 的分布云图。可见在 xOz 系列平面上分量 B_y 呈明显的中心对称,这与感应线圈的分布有关,可以推出在 yOz 系列平面上分量 B_x 呈明显的中心对称,而其他不与坐标轴垂直的平面上分量 B_x 和 B_y 值都呈中心对称。为考察金属炉料最上层和最下层磁感应强度矢量方向,绘制相应位置的矢量图和局部放大图,如图 12-8 所示。

从上图的结果可以得出,金属炉料最外层磁感应强度最大,最上层与最下层的外围磁感应强度矢量方向正好相反,且左端与右端的水平方向也相反,这与图 12-7 中的结果是一致的。

2）电磁参数对磁场分布的影响

（1）频率对磁场的影响。

如图 12-9 所示为 J_s＝1000 A 时不同频率下,取样线 L_1 上的磁感应强度曲线;而图 12-10 为 J_s＝1000 A 时不同频率下,取样线 L_2 上的磁感应强度曲线。从曲线可以看出,随着频率的增加,最大磁感应强度增加,集肤效应逐渐凸显,电流透入深度减小。

保持源电流为 1000 A 不变,将频率从 500 Hz 增加到 2500 Hz 时,在取样线 L_1 上,金属炉料最外层磁感应强度增加,但是电流透入深度逐渐减小;在取样线 L_2 上,金属炉料中心位置磁感应强度从 0.531 T 增加到 0.6845 T。

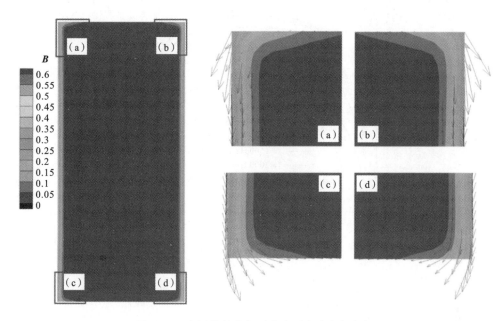

图 12-8   金属炉料内部磁感应强度分布与方向

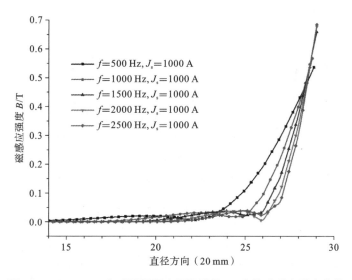

图 12-9 $J_s = 1000$ A 时不同频率下取样线 L_1 上的磁感应强度曲线

（2）源电流对磁场的影响。

如图 12-11 所示为 $f = 1000$ Hz 时不同电流下，取样线 L_1 上的磁感应强度曲线；而图 12-12 为 $f = 1000$ Hz 时不同电流下，取样线 L_2 上的磁感应强度曲线。与频率对磁感应强度的影响不同的是，电流的影响非常明显。

从这两幅曲线图中得出，当频率一定时，金属炉料区域的磁感应强度与输入的源电流成正比例关系。当源电流为 $J_s = 500$ A 时，$B = 0.2835$ T；$J_s = 750$ A 时，$B = 0.4252$ T；$J_s = 1000$ A 时，$B = 0.567$ T；$J_s = 1250$ A 时，$B = 0.7088$ T；$J_s = 1500$ A 时，$B = 0.9315$ T。

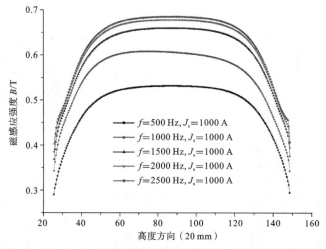

图 12-10　$J_s=1000$ A 时不同频率下取样线 L_2 上的磁感应强度曲线

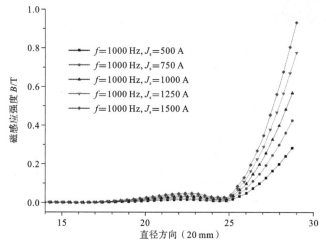

图 12-11　$f=1000$ Hz 时不同电流下取样线 L_1 上的磁感应强度曲线

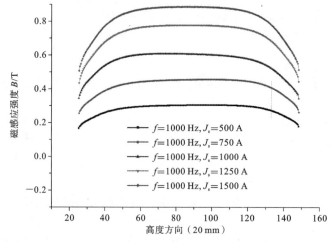

图 12-12　$f=1000$ Hz 时不同电流下取样线 L_2 上的磁感应强度曲线

4. 电磁传热耦合行为模拟结果与分析

1) 传热行为数值模拟结果分析

如图 12-13 所示为 $f=1000$ Hz，$J_s=1000$ A 条件下感应电炉熔炼过程中不同时刻金属熔体温度分布。从温度分布云图来看，金属炉料从最外层中心开始熔化，然后沿着半径方向向内、沿着高度方向向上和向下逐步熔化。

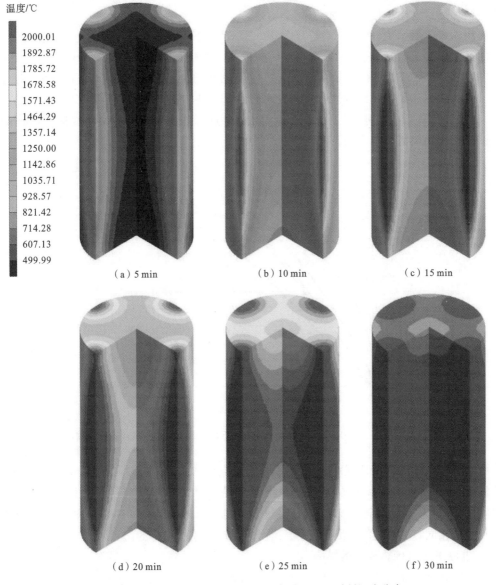

温度/℃

2000.01
1892.87
1785.72
1678.58
1571.43
1464.29
1357.14
1250.00
1142.86
1035.71
928.57
821.42
714.28
607.13
499.99

(a) 5 min (b) 10 min (c) 15 min

(d) 20 min (e) 25 min (f) 30 min

图 12-13　$f=1000$ Hz，$J_s=1000$ A 条件下不同时刻温度分布

在感应电炉熔炼过程中，$\dfrac{|J|^2}{\sigma}$ 作为内热源项，将固相金属炉料加热成为液相合金液。从

前述感应电炉熔炼过程三维电磁场模拟结果可知,在金属炉料高度一半处的最外层,电流与磁场强度最大,此处应是最先被加热的位置,并且升温速度最快。根据磁场的边缘效应可知,金属炉料最上部和最下部的中心位置磁场强度最小,此处应是最后被加热的位置,并且升温速度最慢。

为更好地分析感应电炉熔炼过程的升温特性,绘制图 12-1 中的 P_1、P_2、P_3、P_4 和 P_5 点的升温曲线。P_1、P_2、P_3 和 P_4 点位于取样线 L_1 上,其中 P_4 点也位于金属炉料的中心线上,P_1 点位于金属炉料最大半径处,P_2 和 P_3 点均匀分布在此取样线的半径方向上;P_5 点位于金属炉料最底部。P_1 点是整个金属炉料最先被加热且升温速度最快的位置,P_5 点是整个金属炉料最后被加热且升温速度最慢的位置。

如图 12-14 所示为 $f=1000$ Hz,$J_s=1000$ A 条件下取样线 L_1 上不同点的升温曲线。从曲线的结果得知:随着感应电炉熔炼过程的进行,P_1 点所处的位置首先被加热,并且此处的升温速度最快;P_5 点所处的位置最后被加热,并且此处的升温速度最慢。P_1 点所处的位置在第 574 s 开始熔化,达到固相线温度,然后从此处开始,固液相混合的糊状区域开始向金属炉料中心处、最顶部和最底部推进,并于第 1774 s 时在 P_5 点所处的位置达到液相线温度,固态金属炉料被完全熔化成液态合金液。

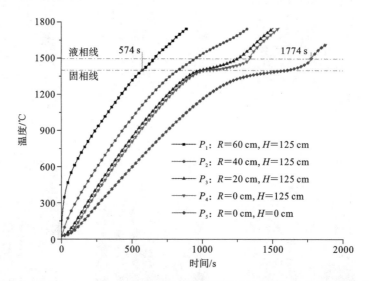

图 12-14　$f=1000$ Hz,$J_s=1000$ A 条件下取样线 L_1 上不同点的升温曲线

从固相线区间的升温曲线结果可知:因为 P_1 点处的内热源较大,升温速度很快,释放的潜热完全被固相金属炉料吸收,升温曲线没有出现平台。但是在 P_5 点,此处的升温速度最慢,释放的潜热来不及完全被吸收,此处潜热表达的平台最为明显。P_2、P_3 和 P_4 点的潜热表达也不完全相同,这与潜热的吸收与升温速度的物理规律是相符的。

2)电磁参数对传热行为的影响

图 12-14 所示的结果为 $f=1000$ Hz,$J_s=1000$ A 条件下不同点的升温曲线,而在感应电炉熔炼过程中,电磁参数对金属炉料升温过程也有影响。电磁参数主要是输出电源的频率和电流。但是,不同频率和电流对金属炉料熔化过程的升温行为机理并没有影响,升温过程仍然是从 P_1 点所处的位置开始,然后固液相混合的糊状区域开始向金属炉料中心处、

最顶部和最底部推进,直至最后 P_5 点所处的位置被完全熔化。电磁参数对金属炉料升温行为的影响主要体现为改变升温的速度,改变金属炉料内部不同位置达到固、液相线温度的时刻。

　　为更好地研究不同电磁参数对感应电炉熔炼过程金属炉料升温行为的影响机制,对 P_1 点和 P_5 点绘制不同电磁参数条件下的升温曲线。P_1 点为升温速度最快的位置,P_5 点为升温速度最慢的位置,而 P_2、P_3 和 P_4 点升温速度处于前述二者之间。

　　如图 12-15 所示为不同频率条件下 P_1 点升温曲线,而图 12-16 所示为不同频率条件下 P_5 点升温曲线。与前文推论相同,频率改变了感应电炉熔炼过程中金属炉料不同部位达到固、液相线温度的时刻。在相同电流条件下,随着频率的增加,金属炉料达到固相线温度和液相线温度的时刻均相应提前。

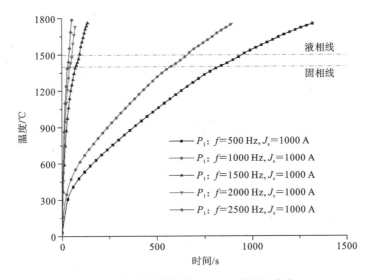

图 12-15　不同频率条件下 P_1 点升温曲线

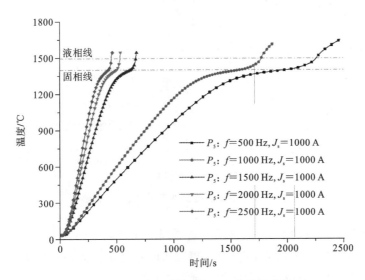

图 12-16　不同频率条件下 P_5 点升温曲线

图 12-17 和图 12-18 所示分别为不同电流条件下 P_1 点和 P_5 点升温曲线。与前文推论相同,电流改变了感应电炉熔炼过程中金属炉料不同部位达到固、液相线温度的时刻。在相同电流条件下,随着频率的增加,金属炉料达到固相线温度和液相线温度的时刻均相应提前。

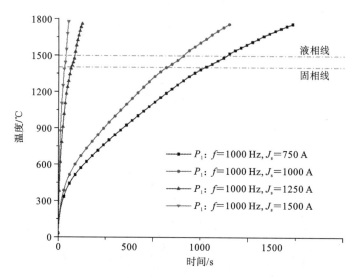

图 12-17　不同电流条件下 P_1 点升温曲线

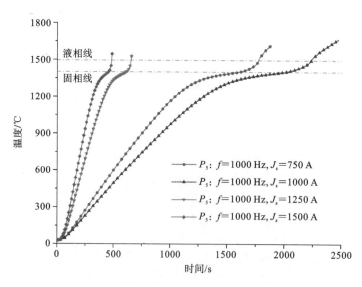

图 12-18　不同电流条件下 P_5 点升温曲线

表 12-3 为不同电磁参数下金属炉料 P_1 点达到固相线温度的时刻(熔化开始时刻)和 P_5 点达到液相线温度的时刻(熔化结束时刻)。熔化历时被认定为固液相糊状区域从开始出现,到固相金属炉料完全熔化成液相合金液的时间长度。

表 12-3　不同电磁参数下熔化开始与结束时刻

电磁参数	熔化开始时刻/s	熔化结束时刻/s	熔化历时/s
$f=500$ Hz, $J_s=1000$ A	830.5	2261	1430.5
$f=1000$ Hz, $J_s=750$ A	772.5	2232.5	1460
$f=1000$ Hz, $J_s=1000$ A	574	1774	1200
$f=1500$ Hz, $J_s=1000$ A	74.5	673	598.5
$f=1000$ Hz, $J_s=1250$ A	69	656	587
$f=2000$ Hz, $J_s=1000$ A	42.5	535	492.5
$f=1000$ Hz, $J_s=1500$ A	31	485	454
$f=2500$ Hz, $J_s=1000$ A	31	458.5	427.5

从表中数据可知:保持源电流 $J_s=1000$ A 不变时,当频率从 $f=500$ Hz 增加到 $f=2500$ Hz, P_1 点达到固相线温度的时刻从第 830.5 s 提前到第 31 s, P_5 点达到液相线温度的时刻从第 2261 s 提前到第 458.5 s,熔化历时从 1430.5 缩短到 427.5 s。该结果说明频率的增大使得金属炉料外部 P_1 点所在的区域的磁场强度与电流增大,且增大的涡电流强度使得升温速度提高,从而缩短了熔化历时,这与图 12-9 中三维电磁场的模拟结果是一致的。

保持频率 $f=1000$ Hz 不变时,当输入电流从 $J_s=750$ A 增加到 $J_s=1500$ A, P_1 点达到固相线温度的时刻从第 772.5 s 提前到第 31 s, P_5 点达到液相线温度的时刻从第 2232.5 s 提前到第 485 s,熔化历时从 1460 缩短到 454 s。该结果说明电流的增大使得金属炉料外部 P_1 点所在的区域的磁场强度与电流增大,且增大的涡电流强度使得升温速度提高,从而缩短了熔化历时,这与图 12-11 中三维电磁场的模拟结果是一致的。

5. 传热与流动行为耦合模拟结果与分析

前文详细分析了无流动条件下感应电炉熔炼过程中的金属炉料传热行为与机理,而在实际的感应电炉熔炼过程中,当炉内体系产生液相合金液的时候,液相合金液会在重力与电磁力的作用下流动,而流动必然会导致传热行为的改变。

如图 12-19 所示为不同时刻金属炉料熔化温度分布与速度矢量图。从图中的结果可知,重力与电磁力的相互作用,改变了液相合金液的流动行为,从而改变了金属熔体的传热行为。在熔化前期,固态金属炉料依然从最外层开始熔化,这是由电磁场的内热源项 $\frac{|J|^2}{\sigma}$ 决定的。当初生的液相合金液形成时,重力与电磁力相互作用,牵引液相合金液开始流动。向上的电磁力要明显大于向下的重力,且液相合金液的密度要小于固相金属炉料的密度,故熔化的液相合金液向上流动,并在已熔化的液相合金液上部形成漩涡流,固液相界面前沿随着漩涡流逐步向下推进;在流动的过程中,液相合金液的温度逐渐趋于一致,并最终完全熔化,形成体系温度较为均匀的液相合金液,如图 12-19(c)所示。

如图 12-20 所示为熔化完成时液相合金液速度分量分布云图。从 x 方向速度 u 的分布可知,在合金液上部将会形成两个漩涡流,且漩涡流方向沿着金属炉料高度方向,而在合金液下部却形成沿着金属炉料半径方向的漩涡流。 y 方向速度 v 的模拟结果表明在合金液顶部形成

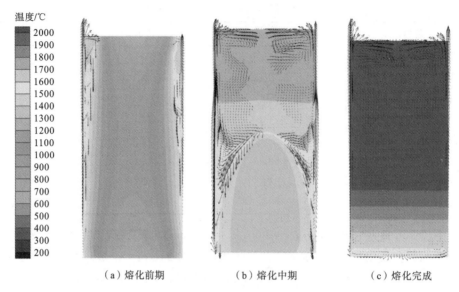

（a）熔化前期　　　　　　　（b）熔化中期　　　　　　　（c）熔化完成

图 12-19　不同时刻金属炉料熔化温度分布与速度矢量图

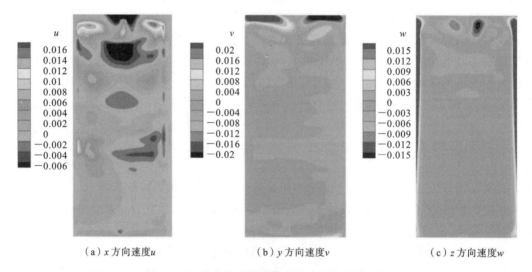

（a）x 方向速度 u　　　　　　（b）y 方向速度 v　　　　　　（c）z 方向速度 w

图 12-20　熔化完成时液相合金液速度分量分布

沿高度方向的漩涡，结果与 x 方向速度 u 分布吻合。z 方向速度 w 的模拟结果说明在合金液高度方向上将形成沿半径方向的流动，该流动与合金液底部的速度 u 引起的流动合成后，将在合金液底部形成两个漩涡流。图 12-19 中的速度矢量图不能完全反映金属炉料熔化过程中的液相合金液流动状态，需要绘制流线图，如图 12-21 所示。

　　如图 12-21 所示为不同时刻液相合金液熔化流线图，数值模拟结果很好地反映了感应电炉熔炼过程中的液相合金液流动状态。在熔化中期，当金属炉料顶部被完全熔化时，液相合金液顶部的漩涡流即形成。该漩涡流继续搅动液相合金液向下流动，并将固相金属炉料全部熔化。当整个体系全部变为液相时，流动状态如图 12-21(b) 所示。合金液顶部和底部均有两个漩涡，这与螺旋线圈电磁场条件下感应熔化过程的四漩涡流动状态相符。

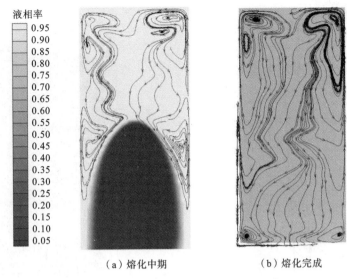

图 12-21　不同时刻液相合金液熔化流线图

第 2 节　铸钢锭凝固过程电磁场数值模拟算例

1. 引言

本节将在第 10 章描述的简化后的铸钢锭凝固物理模型基础上,选取 Fe-0.8%C-0.15%Si 合金为研究对象,详细讨论铸钢锭凝固过程中的电磁场、温度场、流动场和溶质场,分析自然对流和电磁场条件下钢锭传热、流动与传质行为的差异,探讨电磁参数对传质行为的改善机制。

2. 模型网格与计算参数

凝固过程研究的钢锭模型二维几何尺寸如图 12-22 所示,该钢锭的几何模型根据 H. Combeau 等报道的 3.3 吨大型铸钢锭试验件而来。对其模型进行修改,在外围增加一层螺旋线圈,该层螺旋线圈的截面轮廓为圆形,直径为 6 cm,螺距为 10 cm。包含外围空气层,整个模型的外形尺寸为 120 cm×120 cm×210 cm。

模型的网格剖分采用华铸 CAE 软件,采用立方体网格进行剖分,网格剖分步长为 10 mm ×10 mm×10 mm,总网格数为 $3.024×10^6$,网格剖分的结果如图 12-23 所示(外围的空气层被省略)。

数值计算中,将合金简化为 Fe-0.8%C-0.15%Si 合金,铸钢锭、金属型和绝热材料的热物性参数见表 12-4,合金的热物性参数见表 12-5。研究对象液态钢液初始凝固温度为 1503 ℃,金属型、绝热材料和外围空气层的初始温度均为 25 ℃。与空气接触的材质的换热系数分别如下:

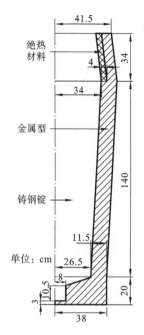

图 12-22　钢锭模型二维几何尺寸(半剖)

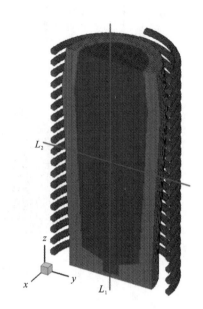

图 12-23　模型三维网格图(半剖,不包含空气层)

铸钢锭与空气的换热系数为 8 W/(㎡·℃),金属型与空气的换热系数为 100 W/(㎡·℃),绝热材料与空气的换热系数为 5 W/(㎡·℃)。

表 12-4　铸钢锭、金属型和绝热材料的热物性参数

材　　料	$\rho/(kg/m^3)$	$\lambda/(W/(m·℃))$	$C_p/(J/(kg·℃))$	初始温度/℃
铸钢锭	7300	28.4	723	1503
金属型	7000	26.3	540	25
绝热材料	1040	1.4	185	25

表 12-5　Fe-0.8%C-0.15%Si 合金的热物性参数

参　　数	符　　号	值
纯熔点/℃	T_m	1536.34
碳溶质液相斜率/(℃/(%))	r_l^C	−78
硅溶质液相斜率/(℃/(%))	r_l^{Si}	−17.1
碳溶质分配系数	k^C	0.34
硅溶质分配系数	k^{Si}	0.59
相变潜热/(J/kg)	L	$2.7×10^5$
热膨胀系数/℃⁻¹	β_T	$2.0×10^{-4}$
碳溶质膨胀系数/(%)⁻¹	β_s^C	0.011
硅溶质膨胀系数/(%)⁻¹	β_s^{Si}	0.019
碳溶质液相扩散系数/(㎡/s)	D_l^C	$2.0×10^{-9}$
硅溶质液相扩散系数/(㎡/s)	D_l^{Si}	$2.0×10^{-9}$

参　　数	符　　号	值
运动黏度/(Pa·s)	μ_l	6.0×10^{-4}
二次枝晶间距/m	d	1.0×10^{-4}
电导率/(S/m)	σ	9.93×10^{6}

3. 电磁场模拟结果与分析

电磁场的数值计算是后续传热、流动与传质耦合计算的基础。铸钢锭凝固过程中采用的电磁条件为低频率、大电流。低频率的电流不会产生集肤效应,也不会在钢锭内部产生涡流和焦耳热,因此钢锭才能在冷却条件下凝固。液态金属流体在磁场内运动时将产生洛伦兹力,该力的方向与流体运动方向相反,能抑制自然对流,降低流体速度。大电流的输出是为了产生较强的磁感应强度,从而能产生较大的洛伦兹力,对自然对流的抑制效果更为明显。

1) 磁场分布数值结果

图 12-24 所示为 $f=0$ Hz, $J_s=10$ kA 条件下计算所得全域磁感应强度分布。从云图结果分布上看,电流的集肤效应不存在,但磁场的边缘效应仍存在。磁感应强度的分布接近于直流电场下的稳恒磁场。图 12-25 所示为 $f=0$ Hz, $J_s=10$ kA 条件下计算所得全域磁感线分布,结果与物理规律相符,磁力线沿与螺旋线圈垂直的方向穿透整个内部区域,且在螺旋线圈两侧方向相反。

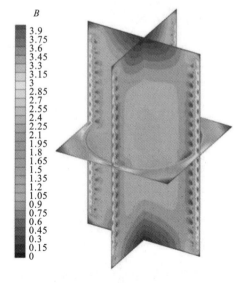

图 12-24　$f=0$ Hz, $J_s=10$ kA 时
的磁感应强度分布

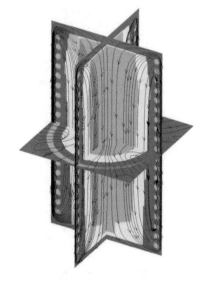

图 12-25　$f=0$ Hz, $J_s=10$ kA 时
的磁感线分布

从图 12-24 中可以得出,磁感应强度最大的地方出现在最靠近感应线圈的外部区域,在当前电磁条件下,最大磁感应强度可以达到 3.9 T。因为没有集肤效应的存在,磁力线穿透整个铸钢锭区域,且铸钢锭内部磁感应强度大小变化并非很明显。在铸钢锭最中心区域的磁感应强度最大,并向两端逐渐减小,这也进一步证明了磁场的边缘效应。为了更为直观地定量表征

磁感应强度大小,取如图 12-23 中所示的取样线 L_1 和 L_2,分别表征沿该取样线上的磁感应强度和各分量大小,图 12-26 和图 12-27 所示分别为该条件下对应的磁感应强度分布曲线。

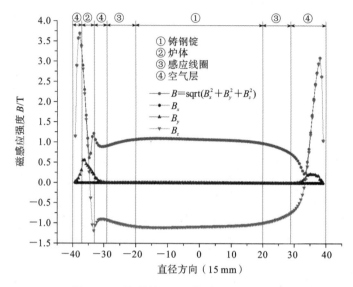

图 12-26　取样线 L_2 上的磁感应强度曲线

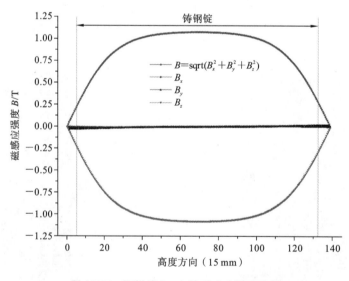

图 12-27　取样线 L_1 上的磁感应强度曲线

　　与上节感应电炉熔炼模型中电磁场数值计算的结果不同的是,铸钢锭凝固过程模型电磁场数值计算的结果并非对称的,这是因为本数值计算模型考虑了螺旋线圈的螺距,因此在水平方向上不可能是对称的,从而结果也必然不对称。

　　从图 12-26 中可以看出,在铸钢锭所在区域,磁感应强度 $\boldsymbol{B}$ 在 x 轴和 y 轴上的分量值 B_x 和 B_y 几乎为 0,在 z 轴的分量值 B_z 决定了该处磁感应强度 $\boldsymbol{B}$ 的大小。B_z 的值为负,说明其方向朝下,与规定的正方向相反。在该取样线上,铸钢锭内部的磁感应强度 $\boldsymbol{B}$ 的大小基本保持在 1 T。图 12-27 很好地说明了磁场的边缘效应,磁感应强度 $\boldsymbol{B}$ 的大小从铸钢锭中心向两端逐渐减小。

取铸钢锭区域为研究对象,图 12-28 所示为 $f=0$ Hz,$J_s=10$ kA 条件下在铸钢锭与 x 轴垂直的直径截面上磁感应强度分布与上部和下部矢量分布。

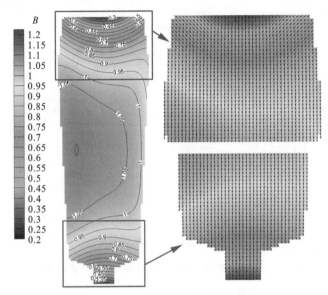

图 12-28　铸钢锭内部磁感应强度分布与方向

从上图的结果可以得出,铸钢锭内部中心位置磁感应强度值最大,在流体速度一定的时候,该处产生的洛伦兹力最大,该力有利于抑制自然对流,改善流体运动条件,达到抑制带状偏析的目的。

2)电磁参数对磁场分布的影响

(1)频率对磁场的影响。

如图 12-29 所示为 $J_s=10$ kA 时不同频率下取样线 L_2 上的磁感应强度曲线,而图 12-30

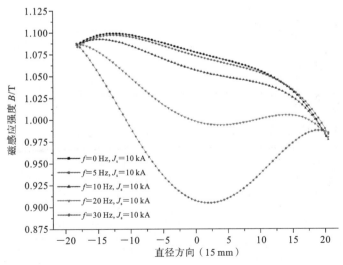

图 12-29　$J_s=10$ kA 时不同频率下取样线 L_2 上的磁感应强度曲线

所示为 $J_s = 10$ kA 时不同频率下取样线 L_1 上的磁感应强度曲线。从曲线可以看出,随着频率的增加,磁感应强度减小,并且伴随频率的增加,集肤效应逐渐凸显。

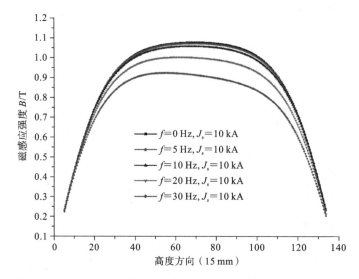

图 12-30　$J_s = 10$ kA 时不同频率下取样线 L_1 上的磁感应强度曲线

保持源电流为 10 kA 不变,将频率从 0 Hz 增加到 30 Hz 时,在取样线 L_2 上,铸钢锭中心位置磁感应强度从 1.075 T 下降到 0.900 T,铸钢锭最外围的磁感应强度基本不变,在 x 负方向保持在 1.08 T,在 x 正方向保持在 0.98 T;在取样线 L_1 上,铸钢锭最顶端和最底端的磁感应强度几乎不变,保持在 0.2 T。

（2）源电流对磁场的影响。

如图 12-31 所示为 $f = 0$ Hz 时不同电流下取样线 L_2 上的磁感应强度曲线,而图 12-32 所示为 $f = 0$ Hz 时不同电流下取样线 L_1 上的磁感应强度曲线。没有外界频率,没有集肤效应,

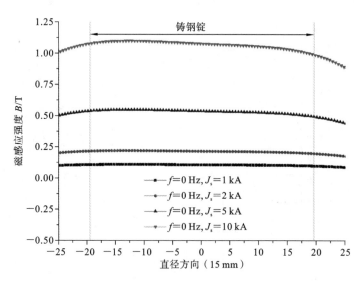

图 12-31　$f = 0$ Hz 时不同电流下取样线 L_2 上的磁感应强度曲线

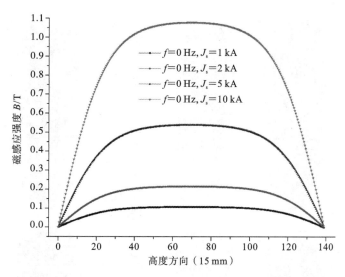

图 12-32　$f=0$ Hz 时不同电流下取样线 L_1 上的磁感应强度曲线

铸钢锭区域的磁感应强度变化很小。伴随着源电流的增加,磁感应强度增加,且电流对磁感应强度的影响比频率对磁感应强度的影响显著很多。

　　从这两幅曲线图中,可得出结论:铸钢锭区域的磁感应强度与输入的源电流成正比例关系。当源电流为 $J_s=1$ kA 时,$B=0.1099$ T;$J_s=2$ kA 时,$B=0.2198$ T;$J_s=5$ kA 时,$B=0.5496$ T;$J_s=10$ kA 时,$B=1.099$ T。

4. 传热行为数值模拟结果与分析

　　如图 12-33 所示为自然对流和电磁条件下铸钢锭凝固过程中不同时刻固相率和温度分布云图。从温度分布来看,电磁场对传热铸钢锭凝固过程中的传热行为几乎没有影响。观察该工艺条件下铸钢锭凝固过程的传热行为,冒口处绝热材料的保温效果很明显,铸钢锭从底部开始逐渐向上凝固,这是有利于最后冒口补缩的。因为金属型对铸钢锭底部和壁面的冷却,在凝固中期铸钢锭中心会形成狭长的液相区域,在凝固后期该狭长的液相区域缩短为桃形液相区,并最终完全凝固。

　　为了更为直观地理解电磁条件对传热行为的影响,取铸钢锭圆心处中心线上的固相率和温度绘制成曲线,如图 12-34 所示。

　　如图 12-34 所示的曲线很好地解释了图 12-33 所示的云图分布结果。从曲线图中可以得出,该二元合金体系的固、液相温度不是固定值,与当前合金体系内溶质浓度有关。铸钢锭从最底部开始凝固,在高度方向上,由于冒口套绝热材料的保温作用,固液界面沿着中心线向上推进;在直径方向上,由于铸型的冷却作用,固液界面由铸钢锭外围向内推进。

　　从图 12-34(c)中得出,在凝固接近完成的时候,自然对流和电磁条件下,铸钢锭中心位置的温度和顶端的固相率分布稍有差异。这是由于加入电磁条件后,电磁力改变了液相钢液的流动行为。接下来分析不同工艺条件下的流动行为数值模拟结果。

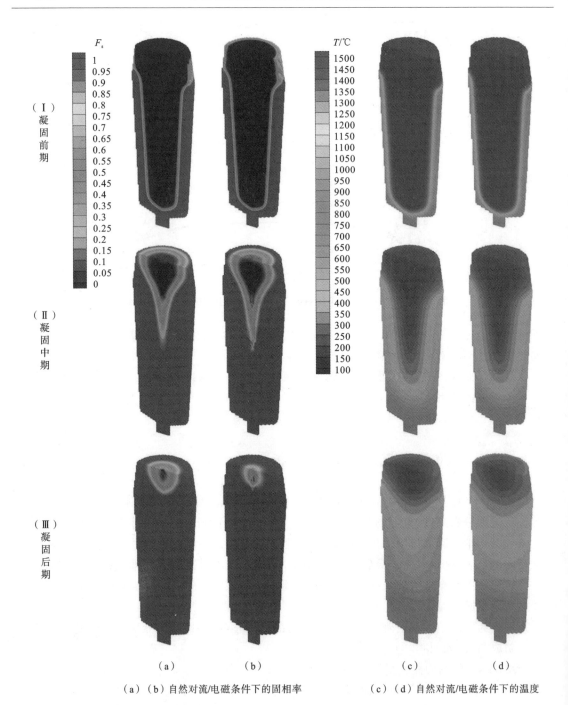

（a）（b）自然对流/电磁条件下的固相率　　　　（c）（d）自然对流/电磁条件下的温度

图 12-33　不同凝固时刻、不同工艺条件下铸钢锭凝固过程中固相率和温度分布云图

5. 流动行为数值模拟结果与分析

　　如图 12-35 所示为自然对流条件下凝固前期的流线图与速度矢量图；而图 12-36 所示为 $f=0$ Hz，$J_s=10$ kA 电磁条件下凝固前期的流线图与速度矢量图。对比两图所示的数值模

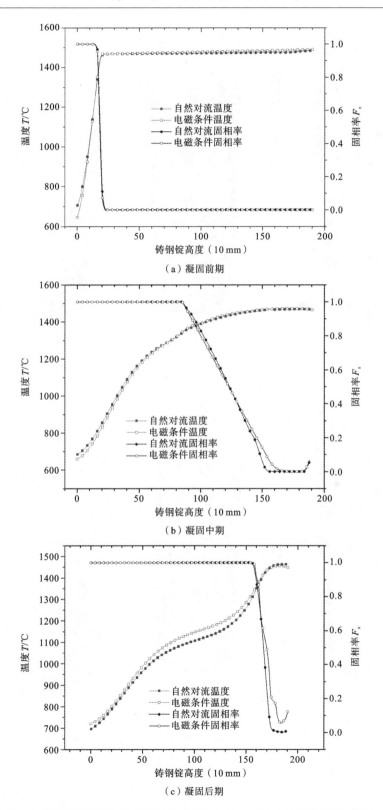

（a）凝固前期

（b）凝固中期

（c）凝固后期

图 12-34　不同凝固时刻、不同工艺条件下铸钢锭中心线上的温度与固相率曲线

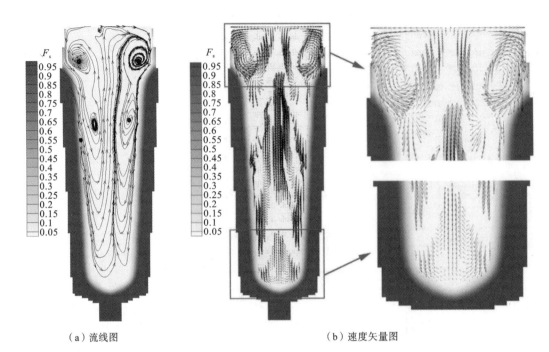

（a）流线图　　　　　　　　　　　（b）速度矢量图

图 12-35　自然对流条件下凝固前期的流线图与速度矢量图

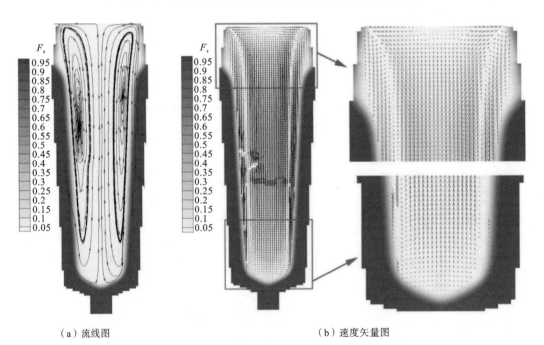

（a）流线图　　　　　　　　　　　（b）速度矢量图

图 12-36　$f=0$ Hz, $J_s=10$ kA 电磁条件下凝固前期的流线图与速度矢量图

拟结果可得出,电磁力的作用导致液相钢液的流动行为改变。

从图 12-35 所示的模拟结果分析可知:在自然对流条件下,合金体系中 $\dfrac{|r_1\beta_T|}{|\beta_s|}<1$,凝固界

面前沿析出的溶质所引起的热溶质流为流动主体,元素富集导致液态金属密度减小,形成向上的溶质流。此溶质流与铸钢锭中部因自然对流作用而形成的流动碰撞形成漩涡流,且溶质流与自然对流形成的漩涡流没有合并,二者均在独自流动。伴随凝固的进行,液相钢液逐渐冷却形成固相钢锭,析出的溶质流将逐渐占据主导。

从图 12-36 所示的模拟结果分析可知:在电磁条件下,铸钢锭在凝固前期时,没有形成与自然对流条件下相同的漩涡流。因为电磁力的存在,自然对流被削弱,析出的富集元素溶质流占据主导地位,向上的溶质流遇到铸钢锭顶部阻碍,向左、向右分流,并形成左、右两个漩涡流。同时,洛伦兹力的存在,使得液相钢液内部的流动区域流速降低。

为了更好地表达电磁条件对流动行为的影响,选取中心截面上速度矢量 v 在三个方向的分量 u、v 和 w 并绘制分布云图,如图 12-37 和图 12-38 所示。

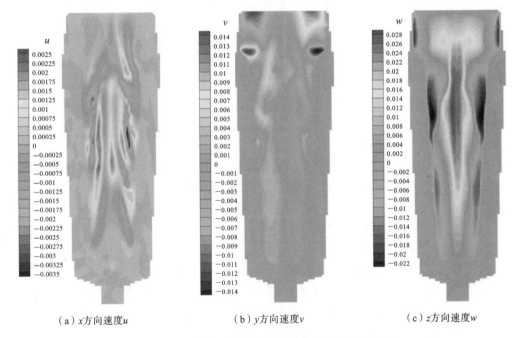

(a) x 方向速度 u　　　　　　(b) y 方向速度 v　　　　　　(c) z 方向速度 w

图 12-37　自然对流条件下凝固前期速度分布云图

如图 12-37 所示为自然对流条件下凝固前期速度矢量 v 在三个方向的分量 u、v 和 w 的分布云图,而图 12-38 所示为 $f=0$ Hz,$J_s=10$ kA 电磁条件下凝固前期速度矢量 v 在三个方向的分量 u、v 和 w 的分布云图。对比两种条件下的数值模拟结果,可以得出:电磁条件对液态钢液的流动状态和流速都有影响。从流速上看,x 方向流速度 u 的最大值从 2.5×10^{-3} m/s 减小到 7.5×10^{-4} m/s,y 方向流速 v 的最大值从 1.4×10^{-2} m/s 减小到 5×10^{-4} m/s,z 方向流速 w 的最大值从 2.8×10^{-2} m/s 减小到 3×10^{-3} m/s。

从流动状态上看,电磁力对流动状态的影响非常明显。x 方向速度 u 改变了铸钢锭中部紊乱的漩涡流,最终只剩下铸钢锭中心界面一个漩涡流。y 方向速度 v 并未改变铸钢锭顶部的流动状态,而是在铸钢锭高度方向上,在半径一半的区域形成漩涡流,该漩涡流的方向与速度 u 形成的漩涡流方向一致。z 方向速度 w 对流动状态的改变不明显,主要为减弱了该方向的流动速度。

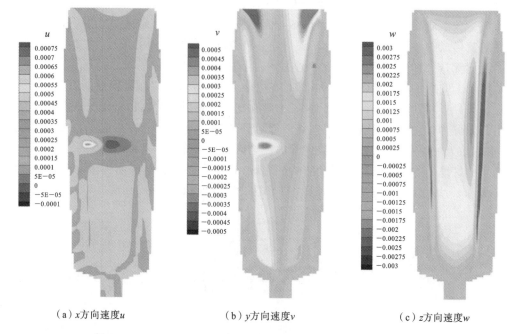

（a）x方向速度u　　　　　　　（b）y方向速度v　　　　　　　（c）z方向速度w

图 12-38　$f=0$ Hz,$J_s=10$ kA 电磁条件下凝固前期速度分布云图

从上述分析可知,电磁条件明显改变了铸钢锭凝固过程中的流动状态,而传质行为的结果与流动密不可分,下面具体分析铸钢锭凝固过程中的传质行为。

6. 传质行为数值模拟结果与分析

1) 网格步长对数值结果的精度影响

从前文的分析可知:电磁条件对铸钢锭凝固过程中的传热行为影响并不是非常明显,但是对流动行为的影响却十分明显,而流动行为对传质行为的结果有直接影响。网格步长的选取对数值计算很重要,合适的网格步长不仅可以满足数值计算结果的精度要求,更可以大幅度节约数值计算时间。基于铸钢锭数值计算模型,分别对自然对流条件下网格步长为 10 mm 和 15 mm 时的流动和传质数值计算结果精度差异进行阐释。

（1）不同网格步长下的流动状态。

在进行数值计算的过程中,网格步长对计算结果的精度也有影响。图 12-35 所示为自然对流条件下网格步长为 15 mm 时的流动场流线图与速度矢量图,图 12-39 所示为自然对流条件下网格步长为 10 mm 时的流动场流线图与速度矢量图。

从流线图可知:网格步长对流动状态的影响并不明显,并未改变整体流动行为。在不同网格参数下,铸钢锭中上部形成的四个漩涡流均存在,只是在单位网格单元内的速度矢量分布稍有不同,如图 12-35(b)和图 12-39(b)所示。在铸钢锭的上部,顶部的漩涡流和中心处的向上流动状态相同;在铸钢锭底部,流动状态并未有差异。

从上述不同网格步长下的流动结果分析可知,网格步长对流动状态几乎没有影响,但是轻微的流动差异也会导致传质结果的不同。

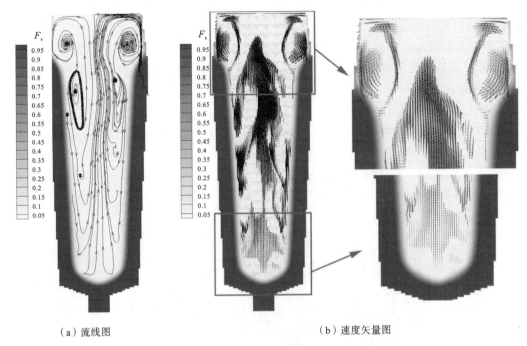

　　（a）流线图　　　　　　　　　　　　　　　　（b）速度矢量图

图 12-39　自然对流条件下凝固前期的流线图与速度矢量图

（2）不同网格步长下的传质结果。

　　如图 12-40 所示为自然对流条件下不同网格步长的传质模拟结果。从数值计算结果可知，网格步长越小，计算结果精度越高，可靠性越高。当网格步长为 15 mm 时，自然对流条件下铸钢锭的通道偏析很难计算，而当网格步长为 10 mm 时，通道偏析的计算结果明显。网格步长变小，要求计算的时间步长更短，能在更小的单位时间内体现铸钢锭整体流动状态，使流

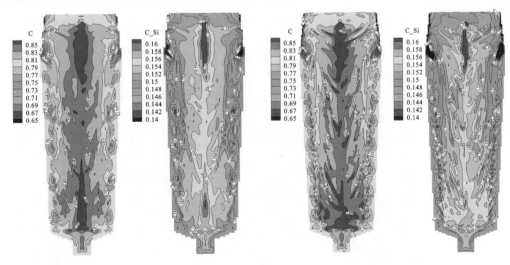

　　　（a）网格步长为15 mm　　　　　　　　　　　　　（b）网格步长为10 mm

图 12-40　自然对流条件下不同网格步长的传质模拟结果

动计算结果更为精确,而传质的计算结果直接受流动状态影响。但是随着网格步长的减小,网格数量激增,计算耗时更长。

　　根据上述不同网格步长下的流动和传质结果对比分析,考虑计算结果的精度和可靠性,在计算宏观偏析数值模拟时采用 10 mm 网格步长,不仅能保证计算结果的精度,而且计算耗时也可以接受。

　　2) 宏观偏析数值模拟结果分析

　　如图 12-41 所示为不同工艺条件下铸钢锭凝固过程中的宏观偏析模拟结果,合金体系为 Fe-0.8%C-0.15%Si,图(Ⅰ)所示为凝固过程完成后 C 元素分布,图(Ⅱ)所示为 Si 元素分布。从图中的模拟结果可知,添加螺旋线圈电磁场以后,不同电磁条件对宏观偏析的抑制效果也不一样,并非输入电流越高,对宏观偏析的抑制效果越明显,得到的成分分布更均匀。

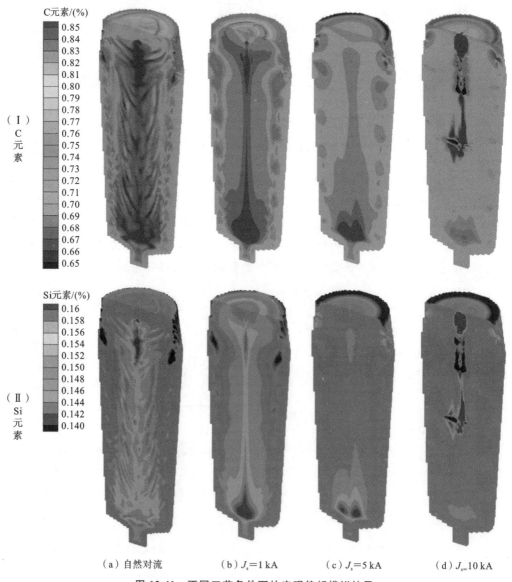

（a）自然对流　　　　（b）$J_s=1\,kA$　　　　（c）$J_s=5\,kA$　　　　（d）$J_s=10\,kA$

图 12-41　不同工艺条件下的宏观偏析模拟结果

　　图 12-41(a)所示为自然对流条件下铸钢锭完全凝固后的宏观偏析模拟结果。图 12-39 所示的流线图表明自然对流条件下铸钢锭凝固过程中形成了一个紊乱的热溶质流动,该紊乱的热溶质流动导致了最终铸钢锭内部成分非常不均匀,且分布杂乱。温度场的模拟结果表明铸钢锭从底部开始凝固,在凝固前期,析出的富集元素溶质流随冷却液体向下流动,在铸钢锭底部形成明显的正偏析区域;伴随凝固过程的进行,铸钢锭的凝固从底部和侧面向中心推进,在半径方向出现通道偏析,富集的 C 元素和 Si 元素伴随枝晶长大形成正偏析。

　　如图 12-41(b)所示为 $J_s=1$ kA 条件下铸钢锭完全凝固后的宏观偏析模拟结果。图 12-39 所示的流线图结果表明紊乱的热溶质流关于铸钢锭中心线趋于对称。该模拟结果表明电磁条件有效地抑制了枝晶流动,阻碍了通道偏析的形成,但是在该电磁条件下,铸钢锭中心线附近的热溶质流不能被有效抑制,除了凝固前期在底部形成的正偏析区域外,凝固完成后沿铸钢锭中心线附近形成正偏析带。由此可见,该电磁条件并不能完全有效抑制宏观偏析的产生。

　　如图 12-41(c)所示为 $J_s=5$ kA 条件下铸钢锭完全凝固后的宏观偏析模拟结果。该模拟结果表明:铸钢锭凝固前期底部正偏析区域的形成得到抑制,该区域减小;在该电磁条件下,铸钢锭内的枝晶流动得到有效抑制,通道偏析明显消除,且在铸钢锭中心线附近,没有形成明显的正偏析带,整体铸钢锭区域元素分布较为均匀,宏观偏析现象得到很好的抑制。

　　如图 12-41(d)所示为 $J_s=10$ kA 条件下铸钢锭完全凝固后的宏观偏析模拟结果。该模拟结果表明:随着输入电流的增加,铸钢锭内部的磁感应强度增大,铸钢锭内液相钢液的流速明显减缓,其凝固前期的流速分布如图 12-38 所示。凝固前期铸钢锭底部正偏析区域的形成得到显著抑制,但是在铸钢锭中心线的中上部区域,形成了杂乱的正负偏析区域,该区域的形成主要发生在铸钢锭凝固后期。

　　而图 12-41 所示的模拟结果显示 C 元素与 Si 元素的传质结果呈相同分布,在铸钢锭完全凝固后,宏观偏析主要产生在铸钢锭中心线附近区域,因此取铸钢锭中心线上的偏析率绘制曲线并进行分析。

　　如图 12-42 所示为铸钢锭中心线上元素偏析率曲线,图(a)所示为 C 元素偏析率,图(b)所

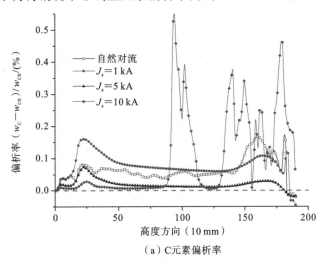

(a)C元素偏析率

图 12-42　铸钢锭中心线上元素偏析率曲线

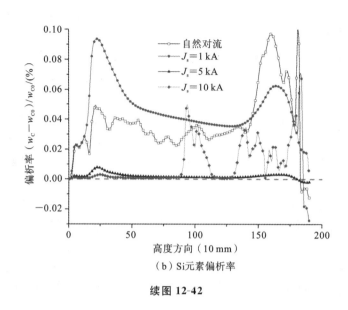

（b）Si元素偏析率

续图 12-42

示为 Si 元素偏析率。从图中可知：在铸钢锭中心线上，只有顶部区域才出现负偏析，这是因为此处热溶质流向两边扩散，富集的元素随热溶质流移动到别处，该处形成负偏析区域，而铸钢锭中心线整体都呈明显的正偏析。在自然对流条件下，正偏析率稍高的区域位于铸钢锭中上部，铸钢锭从开始凝固到凝固中后期，偏析率偏差不明显。在 $J_s=1$ kA 条件下，偏析率并未减小，反而增大，这是因为电磁条件下在铸钢锭中心线附近区域形成明显的向上热溶质流。在 $J_s=5$ kA 条件下，偏析率得到明显的抑制，只在铸钢锭高度为 25 cm 处附近出现明显的正偏析；在凝固后期，铸钢锭顶部对流现象明显，出现偏析率稍高的正负偏析区域。在 $J_s=10$ kA 条件下，凝固前期铸钢锭底部正偏析被明显抑制，在凝固周期进行一半之前，整个铸钢锭区域的宏观偏析得到明显抑制，但是在凝固中后期，偏析率出现明显的振荡，这是由凝固后期铸钢锭中上部不规则的流动状态引起的。

如图 12-43 所示为 $J_s=5$ kA 和 $J_s=10$ kA 条件下铸钢锭凝固一半时，铸钢锭中上部和高度一半处横截面的流线图。当 $J_s=5$ kA 时，在横截面上，热溶质流从固液相凝固前沿向铸钢锭中心流动，中心处的热溶质向上流动，在固液相凝固界面推进的同时，搅拌液相区域，使析出的元素均匀分布。当 $J_s=10$ kA 时，在横截面上，在固液相凝固前沿出现流动中心，在该截面上形成一个涡流，导致此截面附近区域的元素无法随热溶质流移动到其他区域，当凝固完成后，便在该区域形成了正负偏析区域。此外，在铸钢锭中上部，形成无序的漩涡流，该漩涡流与中部的漩涡流相互独立，在铸钢锭凝固完成后，在铸钢锭中上部形成了明显的正负偏析区域。

综上所述，合适的电磁条件可以明显地改变铸钢锭凝固过程的流动状态，抑制宏观偏析的产生。在铸钢锭凝固前期，铸钢锭内部磁感应强度达到 1 T，可以明显抑制底部正偏析区域的形成，并且消除通道偏析；在凝固进行一半之后，应减小磁感应强度，在液态钢液区域内形成对称的搅拌漩涡流，使析出的元素分布更为均匀，从而抑制整体铸钢锭宏观偏析的产生。

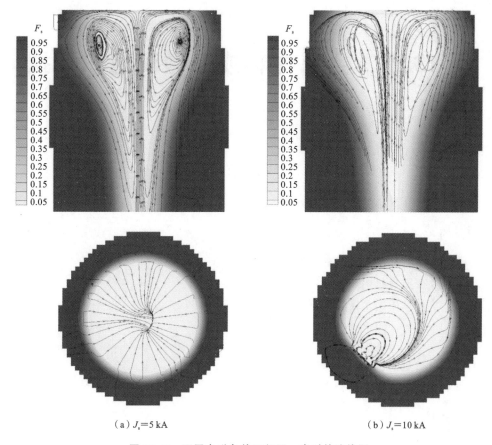

（a）$J_s = 5\,\text{kA}$　　　　　　　　　　　　　　（b）$J_s = 10\,\text{kA}$

图 12-43　不同电磁条件下凝固一半时的流线图

本 章 小 结

　　本章结合第 10 章浓度场数值模拟算例,以熔炼与钢锭凝固两个对象作为计算实例,首先介绍了两种过程电磁场分布的数值模拟结果,以及不同参数对电磁场分布的影响;其次,重点阐述了不同的电磁场工艺参数对熔炼过程与凝固过程传热行为、流动行为以及传质行为的影响规律,并通过调节电磁场工艺参数来控制偏析缺陷。本章内容也说明了电磁场数值模拟在液态成形中的应用。

本 章 习 题

　　1. 结合实例,论述现阶段电磁场数值模拟的主要影响参数。
　　2. 结合实例,论述现阶段电磁场在熔炼过程中的主要影响规律。
　　3. 结合实例,论述电磁场如何在铸钢锭凝固过程中抑制其偏析。
　　4. 结合书中例子,说明电磁场在其他材料成形领域的数值模拟应用实例。

第13章 金属材料成形微观组织模拟

学 习 指 导

学习目标

(1) 掌握金属材料成形微观组织模拟的基本概念;

(2) 掌握合金凝固组织模拟数理基础和数值方法;

(3) 进一步通过实例来掌握微观组织模拟的实际应用。

学习重点

(1) 合金凝固组织、微观组织模拟的数值方法;

(2) 微观组织模拟应用实例与实际应用场景。

学习难点

(1) 合金凝固组织模拟的数值方法;

(2) 微观组织模拟应用实例的应用场合。

第1节 概 述

铸造过程的微观组织模拟,主要是指在微观的尺度(1 μm~0.1 mm)上对铸件的温度场、浓度场、形核、晶粒长大以及枝晶生长等变化过程进行计算机数值模拟。随着计算机技术和数值模拟方法的不断发展,微观组织的数值模拟近来已成为一个新的研究热点。

微观组织是决定铸件力学性能和使用性能的关键因素,以往对于凝固组织的研究主要是采用实验的方法,对不同条件下制备的试样进行金相分析,以得出其组织形成的规律性。这种方法虽然具有直观和可操作性强等优点,但费用高、工作量大,并且具有一定的盲目性。对合金凝固过程的微观组织进行数值模拟,可以在较少工作量的基础上,预测铸件微观组织的形成,进而预测铸件的力学性能,最终获得主要工艺参数与最终产品的组织结构的定量关系。因此,材料成形过程的微观组织模拟与优化的研究,具有重要的应用价值。

要精确模拟铸件微观组织的形成过程,需建立能准确描述铸件微观组织形成过程的数学模型,并且要有精确高效的数值计算方法来求解。经各国学者长期的努力,微观组织的数值模拟经历了从定性模拟、半定量模拟到定量模拟的过程。从定点形核到随机形核，从纯物质微观组织的模拟到对多元合金微观组织的模拟，数学模型和研究方法也不断在完善，但目前应用较少，大部分仍然处于学术研究阶段。

第 2 节　微观组织模拟方法

1. 合金凝固组织模拟数理基础

1）形核模型

形核过程是液体中的游动原子集团逐渐长大到一定尺寸并形成固体质点（即稳定的原子集团），并使周围原子能向上堆砌的过程。

液体金属中形核以后，液体中的原子陆续向晶体表面排列堆砌，晶体便不断长大。因此晶体的生长是液相中原子向晶体表面的堆砌过程，也是固液界面不断向前推移的过程。晶体的生长主要受以下因素的影响：① 界面前沿的温度条件；② 界面的结构；③ 对合金而言，晶体的生长还与界面前的浓度及合金本身的性质有关。

在 1966 年，Oldfield 首先提出了连续形核模型。该模型假设晶核数与过冷度保持连续的依赖关系，将形核密度表示成过冷度的函数，其数学表达式为

$$N_1 = A(\Delta T)^n \tag{13-1}$$

$$N = \frac{\mathrm{d}N_1}{\mathrm{d}t} = nA(\Delta T)^{n-1} \frac{\mathrm{d}T}{\mathrm{d}t} \tag{13-2}$$

式中：N_1 为共晶团密度；N 为形核率；A 为与实验相关的常数；ΔT 为过冷度；n 为指数。

在 1984 年，Hunt J. D. 依据经典的凝固理论提出了瞬时形核模型。瞬时形核模型的主要假设就是所有核心都是在形核温度下形成的。形核率与过冷度呈指数关系，其数学表达式为

$$I = K_1(n_0 - n_t) \exp\left[-\frac{K_2}{T(\Delta T)^2}\right] \tag{13-3}$$

式中：I 为形核率；n_0 为最初的形核质点密度；n_t 为 t 时刻晶粒的形核质点密度；K_1 为正比于熔体中原子与形核质点碰撞频率的常数；K_2 为与晶核、形核质点和液体间界面能相关的常数；ΔT 为过冷度；T 为温度。

在 1987 年，Rappaz 等提出了准连续形核模型，认为在某一过冷度下，形核密度是某一分布函数（如高斯分布）的积分，其数学表达式为

$$n(\Delta T) = \frac{n_{\max}}{\Delta T_\sigma \sqrt{2\pi}} \int_0^{\Delta T} \exp\left[\frac{(\Delta T - \Delta T_N)^2}{2\Delta T_\sigma^2}\right] \mathrm{d}(\Delta T) \tag{13-4}$$

式中：$n(\Delta T)$ 为过冷度为 ΔT 时的晶核密度；$n_{\max}$ 为最大形核密度；ΔT_N 为平均形核过冷度；ΔT_σ 为标准偏差形核过冷度。

Maxwell 和 Hellawell 发展了一种更基本的模型：

$$\mathrm{d}N/\mathrm{d}t = (N_s - N_i)\mu_2 \exp\left[-\frac{f(\theta)}{\Delta T^2(T_p - \Delta T)}\right] \tag{13-5}$$

式中：N_s 为 s 时刻已经形核的质点数；N_i 为 i 时刻已经形核的质点数；T_p 为包晶温度；$f(\theta)$ 为

接触角函数;μ_2 为系数。

上述模型都可以比较成功地预测形核过程,但哪一个模型更为精确,仍在争论之中。一般而言,对于具有很窄结晶区间的合金,推荐使用瞬时形核模型,因为这种模型节省运算时间。但是为了更准确地反映实际情况,应该采用连续形核模型。

2) 生长模型

固相晶核形成后,紧接着就是晶粒的生长过程。描述微观组织生长的基本理论仍然基于与热扩散和溶质扩散相同的连续理论。晶粒生长模型的建立主要是为了计算晶粒的生长速率。共晶合金和枝晶合金的晶粒结构不同,使得晶粒生长模型分成两种不同的模型。

(1) 共晶合金。

对共晶合金的晶粒生长,常采用简化的动力学模型,把晶粒的生长速率表示成过冷度的函数,其数学表达式为

$$v = \frac{\mathrm{d}R}{\mathrm{d}t} = B(\Delta T)^2 \tag{13-6}$$

式中:v 为晶粒的生长速率;ΔT 为晶粒的生长过冷度;R 为晶粒的生长半径;B 为常数,取决于实验条件。

对于等轴晶生长,Maxwell 和 Hellawell 把等轴晶粒当成完全固相的球体;Dustin 和 Kurz 则认为在等轴晶粒内存在一个为常数的内部固相分数 f_i,并把等轴晶的固相率 f_s 表示成等轴晶的体积率 f_g 与 f_i 的乘积;而 Rappaz 和 Thevoz 建立了更为详尽的溶质扩散模型,他们提出的溶质扩散模型基于如下假设:

① 由于晶粒内快速的热扩散,整个晶粒的温度相同,都等于枝晶尖端的温度;

② 在整个晶粒范围内,液相完全混合;

③ 晶粒外围存在一个球形扩散层;

④ 固相内无逆扩散;

⑤ 整个扩散层溶质守恒;

⑥ 满足热平衡条件;

⑦ 球形晶粒的半径增大速率由枝晶尖端的生长速率决定。

他们认为晶粒的生长主要受溶质扩散控制,并把等轴晶的内部固相分数 f_i 表示成溶质浓度的过饱和度 Ω 与溶质浓度的贝克来数 Pe 的函数,在此基础上推导出了枝晶的生长速率表达式:

$$\frac{\mathrm{d}r_g}{\mathrm{d}t} = \frac{D_L}{\pi^2 m C_0 (k-1)} (T^* - T_\infty)^2 \tag{13-7}$$

式中:r_g 为生长晶粒外壳的半径;D_L 为溶质扩散系数;C_0 为合金最初的浓度;k 为分配系数;T^* 为枝晶尖端的温度;T_∞ 为远离枝晶尖端的温度;m 为液相线斜率。

(2) 枝晶合金。

枝晶合金的凝固生长情况比较复杂,这主要是因为:

① 树枝状的枝晶晶粒不能像共晶团那样当作完全固相的球体来处理;

② 凝固过程中的溶质再分配和扩散使枝晶长大不仅受动力学过冷影响,而且还受成分过冷影响;

③ 对于柱状晶,还须考虑柱状晶向等轴晶的转变(CET 转变)。

为此,Lipton 等提出如下假设:① 枝晶在一恒定过冷度熔体中稳态生长;② 枝晶尖端为等温面或等浓度面;③ 传热、传质由扩散控制(忽略对流的影响)。他们在这些假设的基础上,全面考虑了溶质再分配、潜热释放及界面曲率的作用,并运用临界稳定性原理来决定枝晶尖端半径,建立了等轴枝晶的生长模型(LGK 模型)。该生长模型的数学表达式为

$$\Delta T = \Delta T_c + \Delta T_R + \Delta T_k + \Delta T_t$$

$$R = \sqrt{\frac{\Gamma}{\sigma^* (mG_c \xi_c - G_{eff})}} \qquad (13\text{-}8)$$

$$v = 2D_L Pe / R$$

式中:ΔT 为枝晶尖端的过冷度;ΔT_c 为成分过冷度;ΔT_R 为曲率过冷度;ΔT_k 为动力学过冷度;ΔT_t 为热过冷度;R 为晶粒的生长半径;Γ 为吉布斯-汤姆逊系数;σ^* 为稳定性常数;G_c 为枝晶尖端液相浓度梯度;G_{eff} 为枝晶尖端的平均温度梯度;v 为晶粒的生长速率;D_L 为溶质扩散系数;Pe 为溶质浓度的贝克来数;ξ_c 为 Pe 的函数。

对于柱状晶生长,Hunt 和 Flood 为预测 CET 转变,将晶粒形核、生长与热流计算进行耦合,并在模型(13-6)的基础上把枝晶尖端的生长速率表示成过冷度的函数,其简化的数学表达式为

$$v = \frac{C_1}{C_0} (\Delta T)^2 \qquad (13\text{-}9)$$

式中:v 为晶粒的生长速率;C_1 为材料常数;C_0 为合金的最初浓度;ΔT 为枝晶尖端的过冷度。

2. 组织模拟的数值方法

经过多年的研究,出现了多种微观组织模拟的方法。这些方法各有其优缺点,但都在一定程度上比较准确地模拟了合金的凝固组织。但是,由于实际的凝固过程比较复杂,它们都作了很多假设,因此离实际的凝固组织相去甚远。随着计算方法及计算机硬件的不断发展,对合金微观组织的准确模拟将成为可能。

1) 确定性模拟方法(deterministic modeling)

确定性模拟方法的建立往往依据经典形核和枝晶生长理论,认为型壁或液相中晶粒的形核密度和晶粒生长速度是过冷度的函数,并对晶粒形态进行了近似处理,如将等轴晶视为球状,将柱状晶视为圆柱状等。它忽略了枝晶的晶体学生长特征,着重于铸件中的晶粒总数、各区域的平均晶粒尺寸和平均二次枝晶臂间距的模拟。因为这种方法完全不考虑晶粒形核和生长过程中的一些随机因素,所以从相同的初始条件开始计算会得到完全一样的结果。

2) 随机性模拟方法(stochastic modeling)

随机性模型出现于 20 世纪 80 年代末期,是相对较新的一类枝晶生长模型,其主要特点是采用概率方法来研究晶粒的形核和长大,包括形核位置的随机分布和晶粒晶向的随机取向,能实现动态显示每个晶粒的具体形态及其生长演变。凝固过程中的传质过程以及能量和结构起伏是随机过程,因此,采用概率方法来研究微观组织的形成过程更能接近实际。随机性模型比确定性模型更成熟。发展较好的随机性模拟方法主要有蒙特卡罗方法和元胞自动机方法两种。

（1）蒙特卡罗（Monte Carlo）方法。

蒙特卡罗方法是建立在最小界面能原理基础上，以概率统计理论为主要理论基础，以随机抽样为主要手段的随机性模拟方法。图 13-1 为蒙特卡罗模型的示意图。

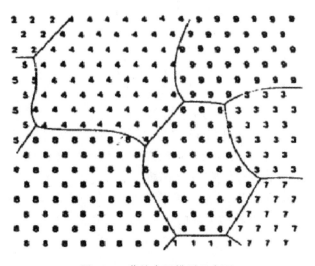

图 13-1　蒙特卡罗模型示意图

它将计算区域剖分成更细小的单元，一般为正方形或六边形网格，为每个网格中的结点 i 赋一个正整数（从 1 到晶粒总数）P_i，以表示其晶向。晶向相同并相邻的结点组成一个晶粒，不同晶向的结点之间形成晶界。在形核开始之前 $P_i=0$（表示液态）。当温度低于合金液相线时，在网格中随机选取一个初始结点 i，计算其形核概率 P_n，其表达式为

$$P_n = \delta N \cdot V_m \tag{13-10}$$

式中：V_m 为每个网格单元的体积；δN 为 t 时刻单元体积内熔体的形核数目，其值可由 Oldfield 连续形核模型或 Rappaz 形核模型求出。

将 P_n 与一个随机数 $r(0 \leqslant r \leqslant 1)$ 作比较，若 $P_n > r$，则该单元形核凝固，随机赋予 P_i 一个晶向值。其生长概率模型为

$$P_g = \begin{cases} 0 & \Delta T \leqslant 0 \\ \exp\left(-\dfrac{\Delta E_g}{k_B T}\right) & \Delta T > 0 \end{cases}$$

$$\Delta E_g = \Delta E_V + \Delta E_s \tag{13-11}$$

式中：P_g 为网格单元的生长概率；ΔT 为过冷度；ΔE_g 为总的自由能变化；ΔE_V 为体积自由能变化；ΔE_s 为界面自由能变化；k_B 为玻尔兹曼常数。

（2）元胞自动机（cellular automata）方法。

元胞自动机方法是在 Hesselbarth 和 Gobell 模拟再结晶的基础上发展起来的，虽然与蒙特卡罗方法的模拟结果类似，但是该方法具有一定的物理基础，并且能够定量反映过冷度和溶质浓度的影响。其模型示意图如图 13-2 所示。

它遵循以下规则：

① 体系被划分为相同尺寸形状的网格单元（cell），在二维平面上，这些网格单元的形状多为四边形或六边形；

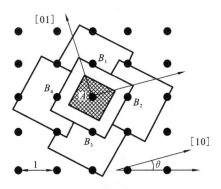

图 13-2 元胞自动机模型示意图

② 标记每个单元的相邻单元、次相邻单元等;

③ 每个网格单元以一定的变量(如温度、结晶取向)和状态(液态或固态)来表征它的属性;

④ 每个网格单元在时间步长里的转变(从液态到固态)由其相邻单元、次相邻单元的变量或状态决定。

在模拟计算中,每个网格单元的形核概率采用确定性模型,生长概率则为

$$P_g = L(t)/l \times (\cos\theta + |\sin\theta|) \tag{13-12}$$

式中:P_g 为网格单元的生长概率;l 为网格单元的间距;θ 为网格单元的长大方向与坐标轴的随机夹角($-45° < \theta < 45°$);$L(t)$ 为网格单元生长到 t 时刻的半对角线长。在计算出 P_g 之后,将其与一随机数 $r(0 \leqslant r \leqslant 1)$ 比较,若 $P_g > r$,则其相邻单元被捕获,属性由液态变为固态,然后相邻单元又遵循同样的机制,捕捉与其相邻的单元,依此类推,直到全部网格单元被捕捉,凝固完毕。

3) 相场(phase-field)法

相场模型最初是为了绕开凝固组织模拟中追踪固液界面的困难而提出的,其后在各种类型的组织演化问题中得到广泛应用,相场法也得到了快速发展,成为模拟凝固组织、界面形貌广泛选用的方法。

相场模型通过引入在界面处急剧变化但连续的相场变量 φ($\varphi = 1$ 时表示固相,$\varphi = -1$ 或 0 时表示液相),考虑有序化势与热力学驱动力的综合作用来建立相场方程,其解可描述金属系统中固液界面的形态和界面的移动,从而避免了跟踪复杂固液界面的困难。此外,相场法通过相场与温度场、溶质场、流场及其他外部场的耦合,在液态金属凝固过程中可有效地将微观与宏观尺度相结合。

相场变量随时间的变化被假定为与自由能的变化函数成正比,即

$$\frac{\partial \varphi}{\partial t} = -M \frac{\delta F}{\delta \varphi} \tag{13-13}$$

式中:φ 为相场变量;M 为与界面驱动力有关的相场移动速率;F 为自由能函数。

自由能函数 F 可表示为

$$F = \int_V \left[\frac{1}{2}\varepsilon^2 |\nabla \varphi|^2 + f(\varphi, T) \right] dV \tag{13-14}$$

则相场方程可表示为

$$\frac{\partial \varphi}{\partial t}=M[\varepsilon^2(\theta)\nabla^2\varphi-f_\varphi] \tag{13-15}$$

自由能密度可表示为

$$f(\varphi,T)=h(\varphi)f^S+(1-h(\varphi))f^L+Wg(\varphi) \tag{13-16}$$

式中：$h(\varphi)$ 为势函数，$h(\varphi)=\varphi^3(10-15\varphi+6\varphi^2)$ 或 $h(\varphi)=\varphi^2(3-2\varphi)$；$g(\varphi)$ 为剩余自由能函数，$g(\varphi)=\varphi^2(1-\varphi)^2$；$W$ 是双阱势能的高度；f^S 和 f^L 分别是固、液相的自由能。

那么详细的相场方程可表示为

$$\frac{\partial \varphi}{\partial t}=M[\varepsilon^2\nabla^2\varphi+h'(\varphi)(f^L-f^S)-Wg'(\varphi)] \tag{13-17}$$

20 世纪 90 年代初期，相场方程的求解普遍采用的是基于均匀网格剖分的有限差分法。采用均匀网格使得相场模型求解计算量巨大，因此这种方法只能用于极小区域内的凝固组织演化模拟。

为了克服有限差分法计算量大的缺点，研究者采用了自适应网格技术（有限元法），不仅提高了求解效率，同时也极大地扩大了所能够计算区域的大小。研究结果表明，采用自适应网格的计算量正比于计算区域边长的平方 L^2，而采用均匀网格的计算量正比于 L^3。

作为一种表象模型，相场模型具有广泛适用性，可以描述包含多种不同的物理机制的组织演化问题。然而，相场模型计算结果对输入参数十分敏感，而通常这些参数是经验参数或者很难进行测量，这是限制其工业应用的一大原因。目前，相场模型发展的一个新的趋势是与其他模拟方法相结合，从而实现对组织演化问题的定量模拟。

第 3 节　液态成形凝固组织模拟实例

1. 元胞自动机方法枝晶组织模拟实例

一般来说，元胞自动机（CA）方法可以模拟晶粒生长和枝晶形貌，还可以实现模拟从柱状晶到等轴晶的转变。CA 方法可以与有限差分法结合（CAFD 模型），也可以与有限元法结合（CAFE 模型），从而实现与宏观能量方程的耦合。如图 13-3 所示为采用 CA 方法模拟单个枝晶生长过程的示意图。合金为 Fe-0.6%C 合金，计算区域网格大小为 1 μm，网格数为 $400\times400\times400$。模拟结果表明，过冷度较大时，枝晶生长过程中的分枝更为繁茂。

不同取向的多个等轴枝晶生长过程如图 13-4 所示。模拟条件如下：Fe-0.6%C 合金，初始过冷度为 1 K，冷却速率为 5 K/s，计算区域网格大小为 1 μm，网格数为 $400\times400\times400$。本次模拟了 9 个随机取向枝晶的生长过程。

采用 CA 方法进行定向温度场条件下的枝晶生长过程数值模拟，结果如图 13-5 所示，网格数为 $400\times100\times1000$，计算区域网格大小为 5 μm。温度梯度为 5000 K/m，考虑凝固过程中的晶粒形核过程，体形核密度为 1×10^{10} m^{-3}，临界形核过冷度为 11 K。初始时刻，底部设置 4 个形核种子，均一排布在底部，区域设置如图 13-5(a)所示。模拟结果表明，随着冷却速率从 1 K/s 提高到 10 K/s，枝晶生长过程由柱状晶生长向等轴晶生长转变。

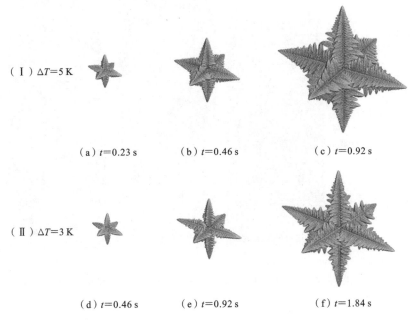

（Ⅰ）$\Delta T = 5\,\mathrm{K}$

（a）$t = 0.23\,\mathrm{s}$　　　（b）$t = 0.46\,\mathrm{s}$　　　（c）$t = 0.92\,\mathrm{s}$

（Ⅱ）$\Delta T = 3\,\mathrm{K}$

（d）$t = 0.46\,\mathrm{s}$　　　（e）$t = 0.92\,\mathrm{s}$　　　（f）$t = 1.84\,\mathrm{s}$

图 13-3　CA 方法模拟单个枝晶生长过程的示意图

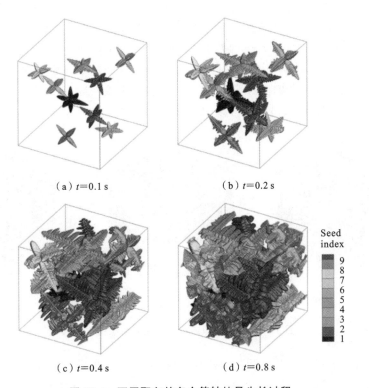

（a）$t = 0.1\,\mathrm{s}$　　　　　　（b）$t = 0.2\,\mathrm{s}$

（c）$t = 0.4\,\mathrm{s}$　　　　　　（d）$t = 0.8\,\mathrm{s}$

Seed index

9
8
7
6
5
4
3
2
1

图 13-4　不同取向的多个等轴枝晶生长过程

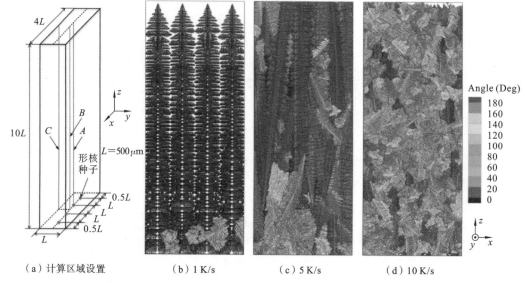

（a）计算区域设置　　　（b）1 K/s　　　（c）5 K/s　　　（d）10 K/s

图 13-5　定向温度场条件下的枝晶生长过程数值模拟结果

2. 元胞自动机方法晶粒结构模拟实例

为了研究工艺参数对铸件凝固组织晶粒结构的影响,采用元胞自动机方法模拟了不同凝固条件下的晶粒结构。不同冷却速率下等轴晶组织模拟结果如图 13-6 所示。计算区域形核和生长过程温度场均匀,数值计算区域网格数设置为 $200 \times 200 \times 200$,网格大小 Δx 设置为 0.0001 m,考虑不同冷却速率对合金凝固组织的影响,冷却速率分别设置为 1 K/s、10 K/s、100 K/s,这里形核参数只考虑内部形核,熔体内部最大形核密度($n_{\max}$)为 1×10^{10} m^{-3},形核平均过冷度(ΔT_N)为 3 K,形核过冷度方差(ΔT_σ)为 0.5 K。

（a）1 K/s　　　　　（b）10 K/s　　　　　（c）100 K/s

图 13-6　不同冷却速率下等轴晶组织模拟结果

不同冷却速率下柱状晶向等轴晶组织转变模拟结果如图 13-7 所示。数值计算区域网格数为 $60 \times 180 \times 600$,网格大小 Δx 设置为 0.0001 m。温度梯度设置为 1000 K/m,冷却速率分别设置为 1 K/s、10 K/s、100 K/s。结果表明,随着冷却速率提高,凝固组织向等轴晶转变,冷却速率为 100 K/s 时,凝固组织为细小的等轴晶。

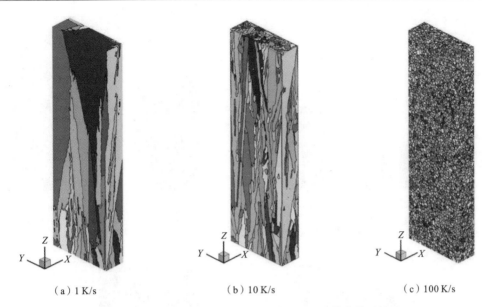

（a）1 K/s　　　　　　　　（b）10 K/s　　　　　　　　（c）100 K/s

图 13-7　不同冷却速率下柱状晶向等轴晶组织转变模拟结果

不同温度梯度下等轴晶向柱状晶组织转变模拟结果如图 13-8 所示。计算区域网格数为 $60 \times 180 \times 600$，网格大小 Δx 设置为 0.0001 m。冷却速率设置为 10 K/s，温度梯度分别设置为 500 K/m、1000 K/m 及 1500 K/m。随着温度梯度增加，凝固组织向柱状晶转变。

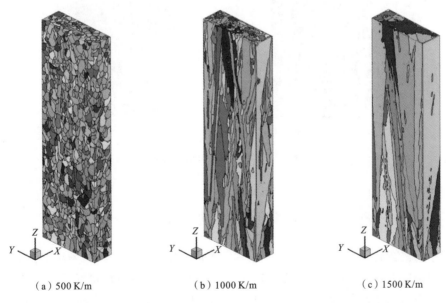

（a）500 K/m　　　　　　　（b）1000 K/m　　　　　　　（c）1500 K/m

图 13-8　不同温度梯度下等轴晶向柱状晶组织转变模拟结果

此外，对 Al-7%Si 铸锭定向凝固过程组织演化行为进行了模拟，模拟的圆柱形铸锭的晶粒组织如图 13-9 所示。

将模拟结果与实验结果进行对比，如图 13-10 所示，可以看出模拟结果与实验结果具有良好的一致性，底部及中间位置为柱状晶，顶部为等轴晶。

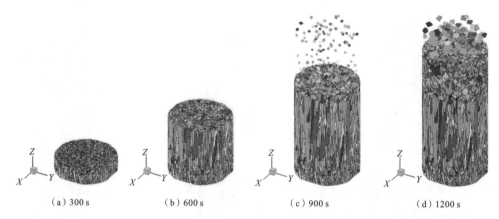

(a) 300 s　　　　(b) 600 s　　　　(c) 900 s　　　　(d) 1200 s

图 13-9　圆柱形铸锭定向凝固过程组织演化行为模拟结果

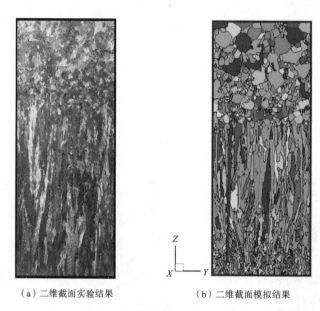

（a）二维截面实验结果　　　　（b）二维截面模拟结果

图 13-10　铸锭晶粒结构的模拟结果与实验结果对比

3. 相场法二元及多元合金组织模拟实例

　　随着相场法在凝固微观组织模拟中的应用越来越深入,所建立的相场模型也越来越复杂,相场模型的数值求解方法也相应地不断改进。国内外利用相场法模拟凝固微观组织的研究经历了从纯物质到二元合金、从自由枝晶到定向凝固、从没有流场到包含流场的逐步深入的发展历程,取得了显著成果。

　　对纯金属凝固过程中的枝晶生长过程进行数值模拟,采用无量纲参数,其中各向异性强度参数 ε 为 0.05,常数 C_1 为 1.5957,过冷度 ΔT 为 0.7,导热系数 D 为 2,进行网格数值模拟的时间步长 Δt 为 0.016 s,最小网格尺寸 Δx_{min} 为 0.8。模拟结果如图 13-11 所示。

　　对铜镍二元合金凝固过程中的枝晶生长的模拟结果如图 13-12 所示。整个计算区域的温

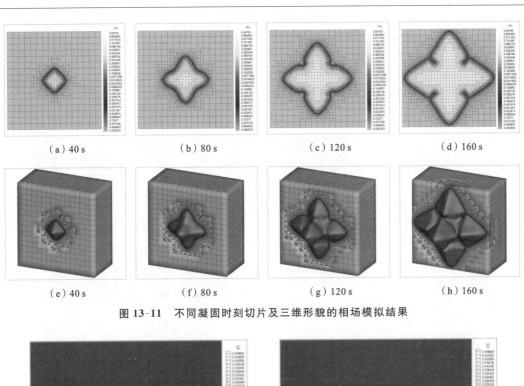

图 13-11　不同凝固时刻切片及三维形貌的相场模拟结果

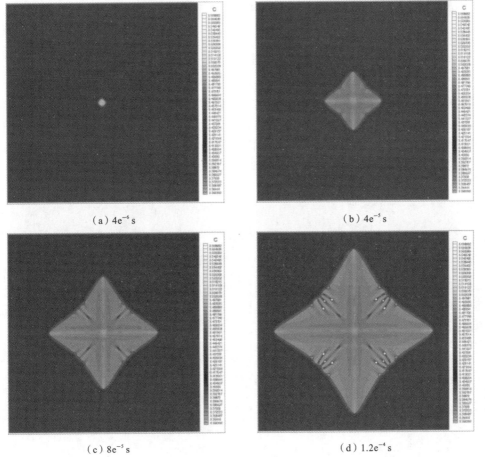

图 13-12　不同时刻溶质成分变化

度设置为 1356 K。不同时刻溶质的变化如图所示。

　　采用相场法对三元合金凝固过程进行模拟,Al-1.5%Mg-0.5%Si 合金(摩尔分数)在等温凝固条件下的模拟结果如图 13-13 所示。计算区域的过冷度为 5 K 的均一过冷度,网格大小为 0.01 μm,网格数量为 1000×1000。

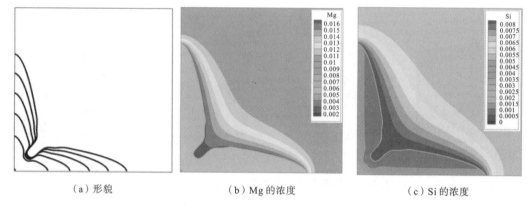

　　　　　(a) 形貌　　　　　　　　　(b) Mg 的浓度　　　　　　　　(c) Si 的浓度

图 13-13　Al-1.5%Mg-0.5%Si 合金(摩尔分数)凝固过程枝晶形貌及溶质浓度分布

4. 相场法两相及多相组织模拟实例

　　对多相组织的模拟更为复杂,需要处理多个相界面。如在共晶生长中,对 α 和 β 两个固相,需要处理固相之间的相界面。为此,对考虑固相之间界面能各向异性的共晶生长进行了模拟。模拟结果如图 13-14 所示。结果表明,不同片层间距(从 15.0 μm 到 30.0 μm)条件下,共晶片层的生长发生了转变,片层形貌发生了显著变化。

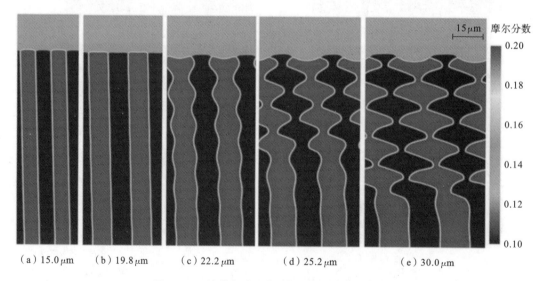

　　(a) 15.0 μm　　　(b) 19.8 μm　　　(c) 22.2 μm　　　(d) 25.2 μm　　　(e) 30.0 μm

图 13-14　旋转角为 70° 时片层形貌的模拟结果

图 13-15 所示为 Al-36％Ni 合金（质量分数）凝固过程中，考虑包晶反应时的组织演变模拟结果。模拟参数如下：冷却速率为 3 K/min。呈枝晶状的为 Al_3Ni_2 相，与之接触的为 Al_3Ni 相，其余为液相。结果表明，随着凝固温度降低，液相中首先析出枝晶状的 Al_3Ni_2 相，随着凝固过程进行，发生包晶反应，枝晶间开始析出 Al_3Ni 相。

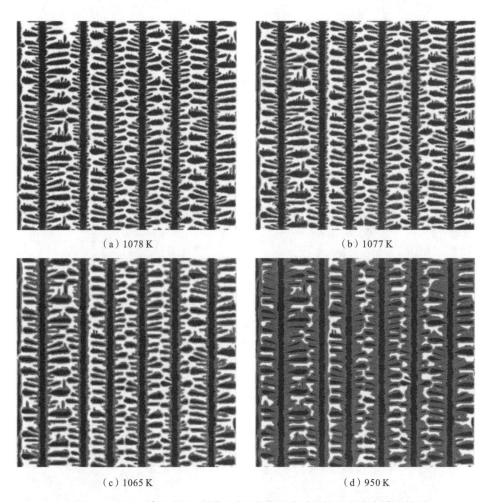

(a) 1078 K   (b) 1077 K

(c) 1065 K   (d) 950 K

图 13-15 Al-36％Ni 合金（质量分数）包晶反应过程的组织演变模拟结果

采用多元多相的相场模型对亚共晶 Al-Si 合金凝固过程组织演变进行了模拟。图 13-16 所示为 P 含量对凝固组织的影响的模拟结果。分析表明，极小的 P 含量的改变会对凝固过程析出的第二相形貌产生较大的影响。

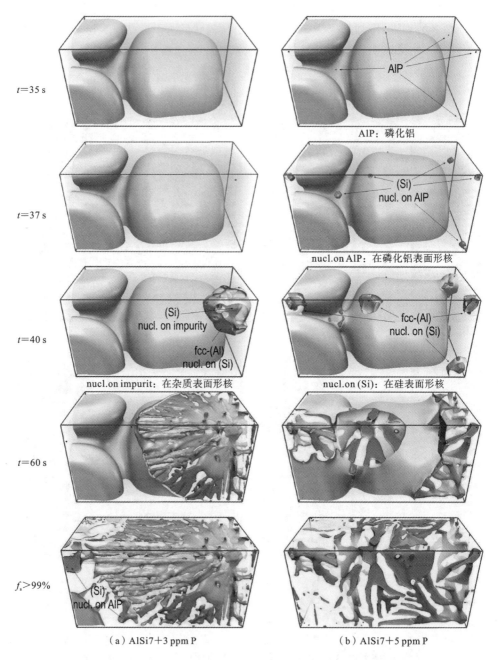

$t=35\text{ s}$

AlP：磷化铝

$t=37\text{ s}$

nucl. on AlP：在磷化铝表面形核

$t=40\text{ s}$

nucl. on impurit：在杂质表面形核　　nucl. on (Si)：在硅表面形核

$t=60\text{ s}$

$f_s>99\%$

（a）AlSi7+3 ppm P　　　　（b）AlSi7+5 ppm P

图 13-16　P 含量对凝固过程组织演变的影响的模拟结果

本 章 小 结

　　本章介绍了微观组织模拟的基本概念、微观组织模拟方法以及组织模拟的实例。读者能从本章了解金属材料成形微观组织模拟的研究内容和实际应用情况。

本 章 习 题

1. 合金凝固组织模拟的数理模型有哪些？请分别说明它们的特点。
2. 请简述微观组织模拟的方法及其优缺点。
3. 请结合实例，说说你对组织模拟的认识。

参 考 文 献

[1] 周建新. 铸造熔炼过程模拟与炉料优化配比技术[M]. 北京:机械工业出版社,2021.

[2] 周建新,殷亚军,沈旭,等. 铸造充型凝固过程数值模拟系统及应用[M]. 北京:机械工业出版社,2020.

[3] 刘瑞祥,林汉同,闵光国,等.铸造凝固模拟技术研究(Ⅰ)-华铸文集第 1 卷[M]. 武汉:华中科技大学出版社,2015.

[4] 陈立亮,等.铸造凝固模拟技术研究(Ⅱ)-华铸文集第 2 卷[M]. 武汉:华中科技大学出版社,2015.

[5] 陈立亮,等. 材料加工 CAD/CAM 基础[M].北京:机械工业出版社,2010.

[6] 周建新,廖敦明,等.铸造 CAD/CAE[M].北京:化学工业出版社,2009.

[7] 陈立亮,等. 材料加工 CAD/CAE/CAM 技术基础[M]. 北京:机械工业出版社,2006.

[8] 董湘怀,等. 材料成形计算机模拟[M].北京:机械工业出版社,2006.

[9] 周建新,刘瑞祥,陈立亮,等. 华铸 CAE 软件在特种铸造中的应用[J]. 铸造技术,2003(03):174-175.

[10] 周建新. 铸造计算机模拟仿真技术现状及发展趋势[J]. 铸造,2012,61(10):1105-1115.

[11] 殷亚军. 基于八叉树网格技术的相场法组织模拟的研究 [D]. 武汉:华中科技大学,2013.

[12] 汪洪. 螺旋电磁场下铸造熔炼和凝固过程多物理场耦合数值模拟[D]. 武汉:华中科技大学,2015.

[13] 沈旭. 航空航天复杂精铸件充型凝固过程物理模拟与数值模拟及工艺优化 [D]. 武汉:华中科技大学,2015.

[14] DONG C,SHEN X,ZHOU J,et al. Optimal design of feeding system in steel casting by constrained optimization algorithms based on InteCAST[J]. China Foundry,2016,13(6):375-382.

[15] 沈厚发,陈康欣,柳百成. 钢锭铸造过程宏观偏析数值模拟[J]. 金属学报,2018,54(02):151-160.

[16] 王同敏,魏晶晶,王旭东,等. 合金凝固组织微观模拟研究进展与应用[J]. 金属学报,2018,54(02):193-203.

[17] 周建新,殷亚军,计效园,等. 熔模铸造数字化智能化大数据工业软件平台的构建及应用[J]. 铸造,2021,70(02):160-174.

[18] 中国铸造协会. 铸造行业"十四五"技术发展规划[EB/OL]. [2023-02-24]. http://zhuzaotoutiao.com/xw/html/4101.shtml.